건축이라는 우리들의 사실

건축이라는 우리들의 사실

지은이 박길룡 **펴낸이** 김선문 **펴낸곳** 도서출판 발언 **주   소** 서울 동대문구 용두동 두산 베어스타워 203-1호 **출판등록** 199

1일 제 10-827호 **전화** (02) 929-3546 **팩스** (02) 929-3548 **1판 2쇄** 2006년 2월 25일 **값** 15,000원

머리말

이 책은 현대건축의 세계를 쉽게 이해하기 위한 것이다.
통념상 건축이란 것이 매우 전문적인 영역이어서, 이 문을 여는 것이 쉽지 않을 것이라는 선입감은 오해이다. 건축은 우리가 사는 집이다. 그것은 그렇게 특별하지도 않고, 관념적인 것도 아닌 우리의 일상이다. 다만 건축을 물건으로만 볼 수 없는 것은 우리의 삶이 단순한 생존의 문제가 아니듯이, 건축이라는 사실에도 예술성과 사회성이 게재되기 때문이다.

누구든지 집에 살지만, 우리들 중에는 그것이 부동의 자산이나, 생존 도구 이상의 뜻을 알지 못하는 사람들이 많다. 이 책은 그러한 사람들을 위한 것이다.
건축은 세계문화의 사실이다. 어떤 세계관광의 프로그램을 따라가 보아도 그 내용의 대부분은 건축을 따라 이끌어지는 것을 알 수 있다. 건축은 모든 시대의 사회와 문화를 함축하고 있기 때문이다. 그리고 우리의 세계는 삶의 개별성 만큼이나 다채롭다.
세계를 문화로 말하기 위해서는 건축이 사회적 상식이어야 한다. 그래서 이 책은 건축을 통해 문화를 사실로 알게 할 것이다.
건축을 좀더 가까이 접근할 때, 우리는 너무도 다양한 경로가 열려 있음을 알게 된다. 여러 가지 이해의 창 중에서도 먼저 '개론'을 통해 전체를 조망하는 일이 효과적일 것이다. 이 책은 건축에 입문하는 사람들을 위한 첫째의 창이다.

어떤 건축도 소유자에게 주어진 개별의 자산이 아니라, 우리가 역사적으로 공유하게 될 사회적 가치임을 먼저 강조하고자 한다. 그것이 제 1장의 뜻이다.

건축은 이미 5,000년 동안 인류가 이루어 온 원초적 문화 행위이다. 그것은 유산일 뿐만이 아니라 시간의 끈을 통해 이 시대에 촉각되는 역사의 사실이다. 그것이 건축을 역사로 이해할 제 2장이다.

건축은 여러 장르가 결합되는 일이다. 그것은 공간, 기술, 표현이 종합되는 예술이다. 그것이 제 3장이며 이 책의 몸체이다.

건축의 가치는 궁극적으로 윤리의 문제이고, 좋고 나쁜 건축을 가리는 책임이 꼭 전문가에게만 있는 것은 아니다. 우리 문화시대를 위해 이 책의 목적도 우리의 대중을 건축 비평가로 전도하는 데에 있다.

저자 박길룡

차례

1. 사회문화로서 건축, 그 사회의 거울

1.1. 건축이라는 일 • 14

1.2. 우리 이웃의 건축 • 19

1.3. 나이 또는 시간의 아름다움 • 22

1.4. 건축문화의 사회적 지지 • 27

1.5. 생활 문화 또는 민중 문화로서 건축 • 34

1.6. 이데올로기와 건축 또는 정치적 프로퍼갠더 • 37

1.7. 건축가 • 47

2. 역사에서의 건축, 시간의 모습

2.1. 고대, 시간의 향기 • 54

2.2. 모더니즘의 개화, 아방 가르드의 꽃밭 • 88

2.3. 모더니즘, 세계의 합창 • 112

2.4. 모더니즘 이후, 개념의 시장 • 155

3. 조형예술로서 건축, 아름다움과 그 수단

3.1. 도시와 장소와 대지, 건축의 시작점 • 170

3.2. 공간, 건축예술의 으뜸 요소 • 182

3.3. 형태, 아름다움에 이름 • 202

3.4. 구조, 건축을 세우는 법 • 217

3.5. 기능, 건축을 인간에 가깝게 하기 • 241

3.6. 빛의 조형, 보이는 것 이상 • 254

3.7. 재료와 색채의 조형, 우리 눈앞의 일상 • 265

3.8. 환경 시스템으로서 건축, 그 생태학적 노력 • 282

3.9. 건축이라는 종합적 사실 : 기술과 예술과 문화의 합창 • 290

1 사회문화적 사실로서 건축, 그 사회의 거울

건축은 하나하나가 창의적 사실이지만, 동시에 사회에 공여되어 집체를 이루면서 사회적 사실이 된다.
그래서 건축은 윤리적으로 지지되어야 함께 할 수 있으며 공존의 가치를 평가받는다. 도시에서 건축은 법의 약속이 엄연하고 그것은 문화의 윤리를 벗어나지 않는다. 건축가는 개별적 사실을 만들려는 지적 게임을 벌이지만, 건축은 이러한 사회적 속성 때문에 다른 예술과 달리 이해하기 어렵다.

1.1. 건축이라는 일

건축가를 영어로 말하면 Architect 또는 Builder라고도 한다. 이 구분은 건축Architecture과 빌딩Building의 구분만큼이나 분명하다. 보통 작가의 예술적 의지가 우선하는 작업을 '건축'이라 해왔고, 단순한 부동산의 가치로 짓게되는 것을 빌딩이라고 이해하면 좋을 것이다. 여기에서 아키텍트란 자신의 창의를 바탕으로 예술적 혼을 심는 자이고, 빌더란 건물을 이루기 위한 기술적 직능인을 주로 말한다.

건축을 만드는 사람, 건축가

건축가 故김수근의 추모 기념식

건축을 연극에 비유하면 도시와 대지가 무대이다. 그 안에 시민이라는 등장인물들이 생활이라는 내용의 장면을 만든다. 연극은 허구이지만 건축은 일상의 사실이다. 이 모두는 무대 전면에서 보이는 상황이고, 무대 뒷면에는 초조한 표정으로, 마른 침을 계속 삼키며 서성이는 사람이 있다. 그가 건축가이다.

무대 뒤에는 연출가와 함께 더 많은 사람, 즉 스탭들이 바쁘다. 그렇게 건축은 엔지니어, 프로젝트 관리 등 여러 분야의 지원에 의해 사실화가 가능한 것이다.

연극은 제작자라는 특별한 목적인들이 이루지만 건축은 건물을 지으려는 모든 투자가들이 할 수 있다. 그만큼 건축은 보편적 예술이다.

건축이라는 무대에 등장하는 인물들은 '아무나' 이다. 정해져 있지도 않고, 어떻게 바뀔지 예상할 수도 없는 불특정 다수이다. 건축은 그래서 공유의 문화인만큼 매우 어렵다.

종합적으로 말한다면 건축은 자본과 사회의 목적으로, 개발자가 투자하며, 프로그래머에 의해 기획이 추진되고, 그 결과를 건축가가 자기의 개념을 불어넣어 가시화시킨다. 설계는 여러 전문 영역의 엔지니어들의 지원으로 사실을 만드는데, 건축가는 이 과정을 감독한다. 그리고 건축이 완성되어 사회에 내놓는 순간, 그의 손을 떠난다. 그러나 아직 그는 편하지가 않다. 그의 앞에는 항상 비판적 관점에 이골이 난 비평가와 대중의 심판이 기다리고 있기 때문이다.

건축가 사무실(공간종합건축사무소)

건축이라는 사회문화

건축은 순수예술과 달리 사회성에 연동되는 사실부터 간곡하게 말하고자 한다. 건축의 사회성은 음악이나 미술과 같은 순수예술과 달리 그것이 존립하게 되는 구체적인 이유가 된다. 사회는 항상 공유하고자 하는 보편성으로 접착되어 있다. 그러나 우리가 소중하게 생각하는 것은 그 보편성을 넘어, 우리의 가슴을 울리는 낯섦이다. 보편성이란 보통의 가치로 귀중한 것이지만, 있지 않던 것을 만들려는 에너지 때문에 문화는 진화한다. 그래서 건축은 항상 시대사회의 의미에 대해 끊임없이 질의를 받는다.

건축은 결국 사람들이 꾸미는 모의이다. 이 사람들은 현재만이 아니라, 우리 다음의 시대로 계속 넘겨진다. 그러면서 역사적 사실이 되는 것이다. 많은 건축은 이 시간 속으로 스러져가지만, 운 좋게 또는 시민들의 각별한 애정을 타고 문화재가 되기도 한다. 아마 그 건축은 뒷날 자신의 모습을 통해 과거를 말해줄 책임을 질 것이다. 우리는 그렇게 기대하며 건축역사를 쓴다.

건축은 그의 일생동안 여러 번 재생되거나 회생되며 생명을 유지해 간다. 이 놀라운 생명력이 전통을 이룬다. 그러나 멀쩡하던 건축이 아주 우스운 동기, 화재, 전쟁 등의 탓으로 소멸되기도 한다. 그래서 건축에게, 어떻게 더 건강한 생명력을 부여하는가는 건축가와 우리라는 사회의 책임이다.

건축의 복합적 성질

서암 김유성, 산수도(1763~64) 전통적으로 산수와 건축은 분리되지 않는다. 그래서 건축은 풍경이 된다.

건축은 그 자체만으로도 여러 가지 사실이다. 건축을 그냥 만들어 보는 경우는 없다. 건축은 분명하지만, 아주 다양한 목적 위에 만들어진다.

건축은 사회에 공익으로 받아들여지고, 건축가에게는 창조의 일이기는 하나, 동시에 건축자신은 용도의 목적 때문에 이루어진다. 어떤 건축도 쓰여짐으로써의 부가가치를 위해 만들어진다. 그리고 용도란 '사람'이 쓰는 것이기에, 그것은 곧 건축을 인간화시키는 문제이다.

또한 건축은 사람이 안전하고 쾌적하게 살아야 할 기대에서 고도의 기술적 방법을 필요로 한다. 건축을 세우는 역학적 방법, 즉 뼈대, 상하수도와 공기를 조화하는 설비, 그리고 공간의 성능을 밝히는 에너지와 조명, 각종 통신과 정보 미디어의 수단과 같은 신경조직을 해결해야 한다. 어느 경우에는 건축의 시스템 자체가 디자인을 지배하듯이, 기술은 공학적 해결에 그치는 것이 아니라 곧 조형의 수단이기도 하다.

재료는 그 자체가 건축의 물성을 이루는 주제이며, 테크놀로지는 건축 양식 결정에 절대적인 이유가 되어 왔다. 어느 시대에서도 구조,

재료, 환경 공학의 수단의 진보없이는 건축의 진화를 추진할 수 없었다.

건축은 잘 쓰여지기 위한 성능을 갖추어야 하며, 우리가 공유할 사회적 자산이며 누적될 역사로 인식되고, 최적의 기술적 해결을 통해 한 작가의 예술적 감성과 합치되기를 기대한다.

단원 김홍도, 기와이기(18C 후반) 기와 얹기. 목수의 작업을 오른 편의 대목大木이 감독한다. 이 노동의 장면은 흥겹다.

건축예술을 말하는 방법

예술사

양식론은 예술을 역사적으로 말하는 보편적 방법으로서 각 시대의 스타일을 유형화하는 방법이다. 여기에서는 양식의 원인으로써 정치, 사회, 기술, 문화의 배경을 아는 일이 중요하다.

예술의 이념사는 주로 예술운동의 신기원을 이룬 이념을 따라 해석하되, 주로 사회사적 개념이 중심이 된다.

미학적 접근은 아름다움의 철학적 근거를 밝히는 일이다. 그것은 곧잘 언어학, 종교학, 심리학 등의 이웃 학문과 어깨를 안고 걷는다.

단원 김홍도, 단원도檀園圖(1784) 어느 맑은 날 아회雅會의 장면. 그림 위의 글에 의하면 이 집은 김홍도 자신의 거처이고, 당대 최고의 화가들인 친구를 초대하였다.

작가·작품론

작가론은 어떤 작가의 예술 개념과 작업 방법의 이해를 중심으로 하는 것이다. 한 시대가 주목할만한 가치를 찾기 위해 특정 작가의 개별적 또는 공유하는 가치를 밝히는 일이다.

작품론은 독립된 작품의 가치 또는 유형학적 해석, 연대기적 해석 등의 줄기 찾기이다.

조형론

건축을 조형으로 이해하는 것은 쉽게 '형태미'로 생각되지만, 궁극적으로는 공간, 요소, 기술 등의 총화로서 심미의 세계이다.

형태론

형태는 건축의 표층구조를 이루는 것이기 때문에 조금 더 쉽고 직접적이다. 모양을 이루는 규범, 비례, 리듬, 조화, 대비, 상징 등의 원리와 그 응용의 결과로써 미적 체험이 해석된다.

벨라스께스, The Spinner of The Fable of ARAGNE 그림의 앞쪽은 하인의 공간, 중앙 멀리는 귀족 공간으로 구분된다. 이 두 공간의 밝기가 다르다.

공간론

건축이 가지고 있는 공간이란 단순히 말한다면 물상物象이지만, 건축가들은 공간 자체에 의미를 부여하며 상징과 표현의 대상으로 삼아왔다. 그것은 결국 공간이란 우리의 시지각과의 관계에서 벌어지는 극적인 사실이다.

요소론

건축은 매우 많은 요소들의 집체라고도 할 수 있다. 재료는 건축을 이루는 제일의 원소이며, 그것이 곧 표질이 된다. 재료는 색채를 동반하지만 더 많은 인공 색채가 우리의 시각을 지배한다. 또한 현상적 사실로써 모든 환경 요소, 즉 에너지, 빛, 소리가 조형의 대상이 된다.

빛은 생활기능을 위한 조건일 뿐만이 아니라, 여러 가지 의미와 상징의 체계로 삼아왔다. 그것은 시지각적 체험에서 빛이 어떻게 정서적 감동을 일으키는지를 아는 일이다.

히로시마 원폭 돔 건축은 역사를 전하는 메신저가 되기도 한다. 1945년 원폭으로 괴멸된 도시에서 이 건물만이 유구로 남아 당시의 상황을 말한다. 원경으로 보이는 것이 평화기념공원이다.

도시와 장소론

모든 건축은 대지 위에 선다. 도시는 건축 집합의 윤리, 방법, 심미의 조건을 따로 갖는다. 건축은 자연과 함께 풍경의 일부 또는 자체가 된다. 그래서 건축은 도시와 자연의 풍경을 그리는 일이다.

1.2. 우리 이웃의 건축

건축이 사회적 사실이라는 것은 개별에서 집체까지 여러 관계에서 형성되는 시스템이기 때문이다. 이 사회화 과정에서 의사소통이 이루어지고, 경제를 주고받으며, 윤리가 만들어진다. 도시는 공유하고자 하는 심미의 관계를 엮는다. 그리고 오랜 시간을 두고 누적되는 이 관계는 역사적 맥락으로 한 도시의 아름다움을 이루는 것이다.

이와 같이 건축을 사회적 맥락에서 먼저 강조하는 것은 다른 예술과 달리, 그것은 전적으로 작가 개인에 맡겨진 일이 아니라는 것이다. 물론 건축은 건축가가 창작하지만, 결국 사회가 공유하게 되며 시간 속으로 남겨진다.

우리가 가족을 이루고 씨족을 형성하며 국가를 구축하는 것과 같이, 건축이 모여 마을을 이루며 도시를 만든다. 모든 건축은 사회적 동기를 가지고 이루어지며, 모여서 더 넓은 사회적 의미를 만든다. 어느 누가 완전히 개인적인 이유로 이웃을 벗어나 자기 멋대로 건축을 만들지 않는다.

이 건축의 사회는 여러 가지 이해에 얽혀서 구축되므로 건강한 집합이 순조롭지만은 않다. 거기에는 각기 다른 이해 사이에 알력이 생기고, 다른 주장 사이에 갈등이 개입되기 마련이다.

좋은 건축과 나쁜 건축을 가리는 것은 우리의 사회 속에서 좋은 분과 나쁜 놈을 가리는 것과 크게 다르지 않다.

도시를 내다보면 많은 건축적 몸짓과 성격이 사람과 닮는 것을 흔히 볼 수 있다. 당장 서울을 둘러보아도 쉽게 가려 내어볼 수 있는 이웃들이 있다. 크기가 적당하지 않아 문제인 이웃은 대부분 권력 또는 자본력이 클수록 그러하다.

세상은 크다고만 생각하는 무지막지한 덩치만을 자랑하는, 서울역 앞의 대우빌딩.

힘껏 멋을 부렸으나 전혀 세련되지 못한, 서울 원서동의 현대 그룹 본사.

돈은 꽤 들였으나 어눌한 덩어리, 서울 서소문의 삼성 본관.

물론 건축은 자본재의 가치에서 시작된다. 그러나 문제는 양이 생산적 가치를 결정짓는다는 '대량대가大量代價'의 생각이다.

이웃과의 관계에서는 의사소통이 필요하다. 그들은 자신의 뜻을 건네며, 남의 의사를 전달받는다.

어떤 건축은 겸손하며 이웃과의 관계를 더 중요하게 여기는 건축이 있다. 그런가 하면 보다 많은 건물이 도시를 시끄럽게 하고 문화의 격조를 방해한다.

권위라는 뜻으로 거드름만 피우는, 여의도의 국회의사당.

시각 공해인 만큼 제멋대로 생긴 비건축가에 의한 대부분의 버려진 소생.

진정한 종교적 가치관보다는 상업주의에 찌든 교회, 시대를 잊은 대부분의 뾰죽당들.

현대빌딩 양식을 의식하는 조형이지만, 옛 서울의 원서동 정서를 제압할 만큼 너무 크다.

이데올로기나 정치적 프로퍼갠더를 대신하는 공공건축들.
이보다 훨씬 많은 무뢰한, 껄렁패, 깡패들.
법규를 지키지 않는 비겁하거나 야비한 건물.
어떤 건축은 자신의 모습이 참 부끄럽다. 그는 주변에 비해 자신의 꾸밈이 지나치고, 그 대부분이 허세라는 것을 알게 될 것이다.
고졸古拙하다는 시간의 아름다움이 있지만, 주름을 쉽게 감추려 화장으로 범벅이 된 얼굴로 우리에게 연민을 느끼게 하는 건축도 있다. 개기름이 흐르는 건축이 있는가 하면, 악을 쓰며 자신이 있음을 부르짖는 건물도 있다.
반대로 비록 작은 규모이면서 쉽게 발견되지는 않지만, 사려 깊고 이웃 건물과 친화하며 대중에게 미적 쾌감을 주는 건축이 의식있는 건축가들에 의해 생산되고 있다.
한 시대가 천재적 건축가를 만나지 못하는 것도 불행한 일이지만, 형편없는 보편의 건축이 그 시대문화로서는 더 비극이다. 선진 서구의 도시건축과 우리의 형편을 비교하여 우울해지는 것은 우리의 도시가 걸작을 갖지 못한다는 사실보다도, 도시의 대다수인 보통 건축이 형편없다는 문제이다.

대우빌딩 서울역을 압도하는 덩어리가 한 도시의 대문간에서 시민의 정서를 지배한다. (왼쪽)

국회의사당 많은 건축가들의 불협화 합창이 관료주의에 의해 지휘되었다. 열주랑과 돔의 모습이 권위주의의 상징이다. (오른쪽)

1.3. 나이 또는 시간의 아름다움

앙스모드 이 생경한 고전풍은 서구를 흠모하는 주인의 사대적 문화의식을 알게 한다.

새 것의 아름다움이 눈부시지만, 오래될수록 짙어지는 연륜의 아름다움이 가슴부친다. 어떤 건축은 시간 속으로 소멸되고 어떤 건축은 시간을 거쳐 남아 오늘까지 전한다. 웬만하면 오래되었다는 사실만으로도 중요해진다.

건축도 긴 시간을 사람들에게 봉사하며 나이 들어간다. 피부는 늘어나는 주름만큼이나 탄력을 잃어가고, 내부의 신진대사와 기관은 버그적거린다. 그러나 언듯 버즘 핀 얼굴 위에 연륜의 아름다움이 있다. 고택古宅.

건축이 수령을 유지하려면 사회가 함께 하는 보양이 필요하지만, 시간의 아름다움은 절대로 시간을 필요로 한다. 그래서 고전 양식을 빌리는 현대건축은 항상 어눌하고 어색하다. 간혹 옛 것을 복원한 건축이 생경한 것은 시간으로 마모되지 않은 표질의 이유 때문이다. 아무리 유려하게 옛 양식을 본떠 보아도, 시간의 의미가 함께 하지 못한 까닭으로 어색해지는 것이다. 서울의 옛 인사동 거리나, 북촌을 보존하려는 이유는 어떤 새로운 세련성도 대신하지 못하는 시간의 미학 때문이다.

건축이 노화를 일으키는 이유는 많다. 바람, 자외선, 습기와 건조, 맨살로 견뎌내야 하는 추위와 더위가 반복되며 건축을 늙게 한다. 언제부터인가 건축가들은 건축을 더욱 벌거벗기기 시작하였다. 좀 더 넉넉한 지붕이라도 있으면 좋겠다.

여러 가지 공해와 먼지가 때에 찌들게 한다. 그러나 건축이 주어진 수령을 다하지 못하게 하는 것은 건축을 만드는 사람들 자신이다. 사람들에 의한 상해傷害가 보다 일찍 건축을 쇠진시킨다. 대부분 경제적 효용을 충분히 못하는 이유로 건물이 제거되어 간다. 도시에서는 흔히 토지의 낮은 효율때문에 기존 건물을 부수고 새 건축을 지어 보다 큰 경제를 효용시키고자 한다. 그것이 재개발이다. 아이러니컬하게도 대충 짓는 건축이 쉽게 늙고, 이들을 급히 소멸시키는 일이 건축가에게 일거리를 제공한다.

높은 문화적 가치에도 불구하고 이러한 효용의 한계로 멸실되는 건축은 많다. 용하게도 위기를 견뎌내며 생명이 부지되지만, 기형이 되거나 쓰임을 잃은 박제가 되는 유적도 많다.

일본의 신사神社는 20년 마다 헌 집을 헐고 새 집을 옆에 다시 짓는 식년천궁식年遷宮式이라는 형식이 있다. 신사의 권역에는 두 채를 지을 수 있는 대지를 확보하고, 먼저 지은 신사가 20년 되면 완전히 헐어버리고 그 옆에 새 신사를 지어 신을 옮긴다. 그래서 건축은 수령의 한계를 극복한다. 그 덕분에 몇 백년이 지나도 원래의 고유한 양식성을 잃지 않고 후대에 지속되는 것이다.

건축이 수령을 다하는 과정에서 건축은 다른 용도, 다른 목적으로 전환되는 경우가 많다. 건축의 물리적 수령은 멀쩡한데 내용이 적절하게 대응하지 못할 경우, 재축, 개축, 개조의 수단이 필요하다. 역사적인 가치의 건물이 리노베이션을 통해 새로운 명품으로 다시 태어나는 경우는 유럽의 도시건축에서는 아주 흔

이세신궁伊勢神宮 좌측의 빈 대지가 차후에 천궁할 여유이다. 현재 있는 건축은 20년전에 비워 둔 땅에 다시 지은 것이다. 61번째 천궁이 1993년에 있었다. 이렇게 일본은 전통의 신사 양식을 하여 흔들리지 않고 보존할 수 있었다.

까를로 스까르빠, 베끼오 성관(1956~64) 옛 성관城館이 박물관으로 개조되어 시민에 공여되었다. 시간을 뛰어넘는 디자인, 스까르빠에 의해 중세의 성관은 세계적인 박물관으로 다시 태어난다.

사회문화로서 건축, 그 사회의 거울 23

한 일이다.

우리나라의 옛 중앙청, 즉 옛 조선총독부가 국립중앙박물관으로 개조되어 한동안 한국문화의 보고로 여겨 왔다. 이 건축물은 결국 사회적 사망으로 그 수령을 다하지 못하고 헐려 버렸다. 당시 일본 본토의 어떤 건축보다도 뛰어난 격조의 르네상스 양식이었지만, 원래 태생이 잘못된 건축이었다.

건축은 역사 속에 잠기어 사라지지만, 고고학의 힘으로 수많은 유적들이 회생되어 역사에 다시 등장한다. 수많은 이집트의 유적이 3000년만에 햇빛을 다시 보고, 고대 메소포타미아의 유적이 회생되었다. 영국의 오스틴 레이어드는 법률가 가문에서 자랐지만 장래가 보이지 않는다는 가문의 냉대 속에서 청년시절을 보냈다. 그러나 그는 영국에서 유럽대륙을 건너 터키를 횡단하고 천신만고 끝에 티그리스 강에 이르러, 메소포타미아 문화를 발굴한다. 그의 업적은 현재 대영박물관을 세계 최고의 근동 문화재를 보유하게 하였다.

트로이 역사건축의 발굴, H.슐레만의 역사적 상상력으로 고대 그리스문화가 2000년만에 햇빛을 보았다.

역사상 가장 극적인 발굴은 아마츄어 고고학자인 H.슐레만이 갖던 그리스의 일리아드 신화가 현실이 분명하다는 상상력의 결과이다. 그것이 1870년 터키에서 발굴된 트로이Troy의 유적이다. 그는 이 성과에 고무되어 그리스 본토의 미케네Mycenae와 티린스Tyryns를 계속하여 찾아내었다.

주민들의 마당에 널려있는 도자기의 파편을 눈여기던 A.에번스는 기원전 1500년의 크레타 미노아Minoa 문명을 발굴하였다.

화산폭발로 일순간 잿더미 속에 사라졌던 폼페이, 티그리스 강가 아시리아, 버려진 땅에서 발굴된 기원전 8세기의 도시 니네베Nineveh, 마야, 아즈텍 문명이 다시 지상에 오른 것은 얼마되지 않은 일이고 아직도 중앙 아메리카 어느 밀림 속에 숨죽이고 있는 유적이 많을 것이다. 크메르의 앙코르와트 사원도 왕조가 멸망한 뒤

크노소스 궁전, 땅속에 묻혔던 미노아 문명이 햇빛을 보지만, 발굴자 A.J.에번스의 지나친 상상력이 원형의 가치를 훼손시키기도 하였다.

400년간 밀림 속에 묻혀 있다가 1861년에야 다시 발견되었다. 위대한 땅의 기억.
19세기말 서구의 문화계는 고고학 발굴의 신드롬이 일고, 곧 역사학의 관심을 고조시켜 신고전주의의 동기가 된다.

지역성 또는 전통의 가치

건축은 사회적으로 지지받아야 하며 생활문화를 담아 온다. 더 분명히 말한다면 지리와 기후와 토착 재료, 그리고 구사할 수 있는 기술 수단이 건축의 양식을 결정짓는다.
그렇게 하여 전통은 구체적인 시각형식으로 떠오른다. 그러나 전통은 과거의 재현이 아니다. 전통은 시간의 길에서 보아, 과거의 예견이다. 증조 할아버지의 존재는 중요하지만, 내가 할아버지를 닮을 수는 없다.
세계적 보편성이 지역적 가치를 넘어 더 큰 테두리의 가치를 갖는다는 모더니즘은 세계 건축의 지역적 가치를 표백시켜 갔다. 국제주의의 큰 파도가 지역의 전통을 희석해 가며, 세계를 하나의 가치 체계로 통합할 것 같은 기세였으나 그 믿음은 60년대에 이르러 제3세계 국가들에 의해 무너진다. 세계적 보편성을 등 뒤로 하면서, 우리나라의 60~70년대 건축은 전통의 가치, 지역성에 대한 되물음은 당시 제3세계의 나라들에게 공통된 것이기도 하였다. 멕시코의 바라간 L.Baragan, 브라질의 코스타 L.Costa 등이 그러하다.
문화 역시 종種의 다양성만큼 고유성은 귀중한 것이다. 다만 그 독자성이 폐색閉塞된 것일 때, 근친상간이 종을 퇴행시킨다는 생물학적 교훈은 건축에도 적용된다. 이와 반대로 하나의 고유성이 새로운 문화와 만나며 교접하고 서로 영향을 주고 진화하는 경험은 역사에

요시노가리吉野ケ里(야요이彌生시대 BC.3C-3C) 고대 수혈주거는 지역마다 비슷한 점이 많다. 지상의 목구조 부분은 소멸되었지만, 기둥을 박았던 흔적을 찾아 복원을 시도한다 자연히 다른 사료와 역사가의 상상력에 의존하는 부분이 많다. 어차피 발휘하는 상상력인데 그 상상력은 나라마다 차이가 있다.

서울 암사동의 수혈주거 일본 역사학자들의 풍부한 상상력과 한국 역사학자들의 빈약한 상상력을 비교하는 것 같다.

서 자주 만난다.

유태인에게는 문화 태도의 양면성이 있다. 그들의 삶은 완강한 히브리어와 유태교의 틀에서 벗어나지 않지만, 끊임없이 여러 지역을 전전하며 텃세 문화와 융화해야 했다. 이집트, 아나톨리아, 러시아, 유럽 그리고 미국 등에서의 유태문화가 그러하다. 그들은 가는 곳마다 정착촌을 고유문화와 현지문화를 융화시켜 나갔다.

유럽의 기독교와 동방의 문화가 결합되는 비잔틴 예술은 중세 이전 한 시대를 풍미하였다. 그것은 이미 퇴락하기 시작한 로마 문화에 새로운 생기를 얻게 하였다. 또한 동로마를 제압한 오스만 터키는 비잔틴 예술을 수용하며 빛나는 터키 이슬람 건축을 만들었다. 다시 말해 비잔티움은 동방문화를 흡수하고, 오스만 터키는 비잔틴 건축을 자신의 텍스트에 섞어 넣는다. 세계에서 가장 상극의 문화인 기독교와 이슬람의 상호침투인 것이다. 스페인의 기독교 문화와 이슬람의 교합으로 생기는 무데하르Mudejar 문화, 이는 다시 기독교 문화와 결합된다.

이슬람과 힌두의 절묘한 혼합으로 이루어지는 타지마할은 그 이전에 아리안에 의해 바탕을 이룬 그리스 문화를 지나칠 수 없다. 말레이시아의 토착문화와 중국문화가 교접되어 바바뇨니아 문화라는 튀기 문화를 만든다. 보통 이 잡종문화를 순수하지 못한 것으로 말하고 순수를 치켜세우지만, 문화에도 근친상간의 논리가 엄연히 작용한다. 일본이 명치유신明治維新 이후 모든 몸짓을 다하여 받아들이는 서양문화는 다른 아시아의 국가들의 타율성에 비해 자의적이고도 적극적이었다. 그것이 일본과 중국 근대화의 차이이고, 그 반세기 후의 결과는 엄청난 것이었다. 그것이 정체된 순수보다 강한 잡종강세의 힘이다.

우리나라의 문화가 그렇게 힘주어 설득하려고 하는 고유성이 순결의 가치만으로 중요한 것은 아니다. 혼자만이 갖고 있다고 믿는 것

알까사르 황실(931~1364~66) 무데하르 양식으로 스페인의 이슬람 영향을 받았다. 이 궁전은 이슬람 시기에 술탄 왕궁으로 건설되었으나, 에스파니아 시기에 재건되어 고딕-르네상스-바로크의 양식이 혼재된다.

강봉진, 국립민속박물관(1966~71) 20세기에 재현되는 구 시대의 양식이 곧 문화 발전을 지체시키는 국수성이다.

바바뇨니아 스타일 중국 문화와 말레이시아 토속문화와의 결합

이 사실인지도 잘 확인하여야 한다. 문제는 그 독자성이 이 시대적 가치로서 보편성 위에 성립되는가를 알아 보아야 한다는 것이다. 그것이 국수주의 또는 내셔널리즘을 경계해야 하는 이유이다.

1.4. 건축문화의 사회적 지지

양식적으로 유의할 만한 가치와 사회적 가치가 꼭 일치하는 것은 아니다. 예를 들어 베르사이유 궁전은 뛰어난 심미의 로코코 양식이지만, 그것은 봉건 사회의 질곡이었다. 서민의 피를 말려 얻은 궁전의 호사는 시민혁명의 승리로 물거품이 되지만, 그 유산은 이 시대의 보물이 되었다. 즉 건축은 당대시대의 사실로서 가치를 갖지만, 동시대성이라는 의미에서는 과거를 보는 예견이기도 하다.

고종高宗의 졸렬한 통치와 한국의 근대기, 끈질긴 청조淸朝에의 사

르네상스의 패트런, 팔라쪼 메디치(1444) 이탈리아 르네상스의 대부이며 패트런인 메디치 가문의 궁실.

조지 길버트 스콧, 알버트 기념탑(1863~75)
영국 빅토리아 여왕의 부군 알버트 공의 문예 중흥을 위한 노력을 기념한다.

대주의, 일본에 대한 두려움, 은근히 러시아에 기대는 눈치, 그리고 유럽 제국들에 편들어 주기, 이러한 뒤범벅의 국제상황에서 대한제국은 스스로는 아무런 판단도 하지 못한다. 일제에 의해 주물러지는 구한말의 한성漢城은 서양의 양식을 날조하는 일로 시작된다. 자연히 뒤의 것이 앞의 것을 가벼이 여기거나, 전통의 것을 새 것이 배척하는 모습으로 나타난다. 여기에서 서양의 것은 우성이요, 조선의 것은 열성으로 취급된다.

비록 근대로의 전이는 당연하더라도, 구한말의 정체는 혼미에 빠지고 지식인은 허탈에서 헤어나지 못한다. 대중은 일본이 가져다 심는 서양식 건축을 놀라움의 눈으로 바라볼 뿐이었다. 한국의 근대사회와 근대문화와 근대건축은 이렇게 시작되었다.

좋은 건축이 잘 성립되기 위해서는 사회적 지지를 필요로 한다. 건축가의 시대를 앞서가려는 창조 욕구와 이를 주저하는 보수성은 곧잘 갈등을 일으킨다. 한 작가의 시대정신이 진보적이라 하더라도, 사회가 이에 대해 더 분명한 찬동을 표시하여 줄 때, 훨씬 더 씩씩하게 진척된다. 지리멸렬한 건축의 개념 시대에는 문화의 진척도 지지부진할 수밖에 없다. 대중들은 어설픈 심미안으로 건축을 만들고, 건축주들은 자신의 아마추어 예술관으로 건축가를 압박하려 한다. 19세기말 낭만주의의 시대가 그러하였다. 예술가들은 모더니즘의 가치를 역설하며 새로운 시대의 전이를 도모하지만, 항상 그 사회적 동조가 그렇게 순조로웠던 것은 아니다. 오스트리아 근대 건축의 기수인 로스가 외친 시대정신은 결국 모더니즘의 짙은 거름이 되지만, 그의 고독한 투쟁은 처절한 것이었다.

헐리우드식의 이야기이지만, 한 모던 시대의 건축가가 보수적 아카데미 문화에 젖어있는 타성과 대항하는 장렬한 모습이 영화 '마천루 Fountainhead'에 잘 그려져 있다.

르네상스 이후 사실상 건축의 문화적 전진은 사회와 후원자의 예술

지원에 의한다. 이탈리아 르네상스가 꽃피우기 위해서는 후원자인 메디치가의 존재가 중요하다. 19세기 영국의 빅토리아 여왕 시절, 그 찬란한 예술과 과학의 진흥은 식민지 경제의 힘과 알버트 경의 지원에 힘입는다. 독일 다름슈타트의 예술인 촌 Matildenhöhe을 만든 에른스트 루드비히 Ernst Ludwig의 예술지원으로 독일 아방가르드의 건강성이 거두어질 수 있었다.

안토니 가우디, 궤엘공원 패트런 궤엘에 의해 바르셀로나의 모더니즘이 독자적인 세계를 이룬다. 이 공원은 궤엘이 바르셀로나 시민에게 공여한 것이다.

올브리호, 결혼예배당(1901-06-07-08) 패트런 Ernst Ludwig의 예술지원에 의해 독일 모더니즘의 거점이 만들어 진다.

사회문화로서 건축, 그 사회의 거울　29

스페인 바르셀로나가 건축가 가우디A.Gaudi에게 모아준 전폭적 지지는 현재의 바르셀로나의 모던 문화를 가능케 한 것이다. 그에게는 궤엘Güell이라는 절대적인 지지자이자 후원자가 있었다.

하나의 건축이 도시 또는 나라의 이름을 떨치게 하는 경우는 여럿 있다. 파리의 에펠 탑, 뉴욕의 엠파이어스테이트 빌딩은 그 도시와 국가의 상징으로 당당하다. 1957년 오스트렐리아의 시드니가 오페라 하우스를 짓기로 하고 국제공모하였는데, 여기에서 당선된 작가가 덴마크의 신예 건축가 요른 웃손 Jørn Utzon이었다. 그리고 시드니 시는 곧 큰 고민에 빠진다. 예상하였던 건설예산의 수배를 초과하는 건설비용도 문제이거니와 이 난해한 돔을 해결할 실제의 기술 엔지니어를 찾지 못하는 것이다. 담당하기 어려운 예산과 기술적 문제 때문에, 포기해야 할 유혹을 몇 번 넘어, 이 건축은 1973년에야 준공되었다. 16년이 걸린 셈이다. 하여튼 시드니는 이 세기의 명작을 갖게 되었고 이 건축은 돈으로는 환산할 수 없는 엄청난 가치로써 시드니를 알리는 가장 강력한 홍보 수단이 되었다.

건축과 경제

고대 이집트의 건축을 시대의 줄기로 따라가 보면 당대의 국가의 힘을 엿볼 수 있다. 국가의 힘이 융성하던 시기의 건축은 단단한 양질의 석재에 부조가 깊고 강하다. 반면에 파라오의 힘이 약하고 국가재정이 여의치 않을 때의 신전은 석재도 빈약하고 조각의 힘도 여려진다. 대체로 국가와 종교가 문화예술을 지배하던 중세까지에 나타나는 공통된 현상이다.

세계 4대 문명의 기원이라고 하는 황허, 인더스, 이집트, 메소포타미아의 모두가 동방에 있었다. 이 고대 문명은 쇠락하는 경제와 함께 문화의 패권도 상실하고 만다. 세계 근대문화의 중심이 유럽에서 미국으로 옮겨가는 현상도 자본에 실린 문화의 장악력에 의한다.

자본과 건축

모더니즘의 건축적 유토피아는 자본주의의 경제적 이데올로기를 태반으로 한다.

표준화와 규격화, 공장 생산의 시스템은 건축 문화의 대중화를 가능하게 한 동인이다. 2차 세계대전 이후 경제적으로 열악한 사정에 놓여 있던 대부분의 후진 국가들이 모더니즘이 갖는 경제적 효율에 눈을 뜬 것이다.

백담사 갑자기 커진 절간, 한적하기만 하였던 산사가 1990년대 이후 급증한 관광객으로 이상해 진다. 계획없이 건물이 늘어나면서 전체의 구도가 산만해 진다.

하여튼 건축도 일단은 투여되는 자본의 크기에 따라 질과 양이 달라지는 것은 사실이다. 비싼 건축이 있고 싼 건축이 있다. 건축의 비용은 토지 가격, 건물의 축조 비용, 설비와 관리시스템의 정도에 따라 결정된다. 자연히 싼 건축은 나쁜 교통과 위치, 저급한 자재와 마감 수준, 불편한 시스템 등을 감수해야 한다. 어떤 사회적 가치와 미학적 기준에도 불구하고 건축은 투자가를 필요로 한다. 그것이 공공 투자이건 개인의 호주머니 돈이던 건축을 구현시키기 위해서는 막대한 자본이 소요된다. 여기에서 오해가 시작된다. 문제는 건축적 격조와 비용의 수지 상관이 그렇게 절대적이지 않다는 사실이다.

얼마나 창조적인 개념을 갖고 있는가. 얼마나 좋은 이웃 관계에 있는가. 그리고 얼마나 시간과 사람들이 사랑하는가는 경제가치를 뛰어 넘는다. 대개의 건축투자가들은 이러한 가치관을 웃어넘기지만….

르 꼬르뷔지에는 그의 노구를 이끌고 인도의 샹디갈 도시 건설을 진행하면서 동시에 프랑스의 벽촌에 있는 한 라뚜레뜨 수도원을 건축하느라 대륙을 넘나들었다. 당시 인도는 세계 최빈국 중의 하나이었고, 수도원은 수도사와 동네 사람들이 공여한 노동으로 만든 건축이었다. 인도보다 더 가난하였던 방글라데시의 정부청사를 설계하기 위해 루이스 칸이 건너간다.

종교와 건축

인류가 주거 목적 이외에 처음 양식적 건축을 짓기 시작한 것은 종교건축이다.

고대 이집트 왕조는 모두 3000년에 걸친 대장정의 역사로 기록된다. 우리 단군 이후의 역사 만한 시간을 고대 왕조로만 지낸 셈이다. 이집트에서는 시간의 스케일이 다르다. 테베Thebe의 카르낙Karnak 대신전의 건립기간은 BC 1550년에서 AD 30년까지 모두 1600년에 이른다. 파라오는 그의 재임기간 중 선대의 신전을 지속적으로 증대시켜가야 할 '신전 증축의 의무' 가 있다. 이렇게 하여 수십 왕조를 거치면서 모두 20ha(6만 평)에 이르는 신전의 규모를 다져간다. 놀라운 것은 이 오랜 시간 동안 대를 이어 건설하면서도 전체가 통일된 공간의 규범과 질서를 유지하여 가는 일이다.

로마의 기독교 공인 이후 서양건축사를 지배하는 것은 교회건축이다. 중세의 고딕 시기에 이르러 이러한 종교적 열정은 극치에 이르고 이른바 고딕 건축양식을 이루었다.

중세의 도시는 건축의 밀도가 도시공간에서의 보편적 문제이었다. 이미 4~5층 짜리 건물이 13세기부터 세워지기 시작한다. 도시는 건물의 높이를 제한하는데, 파리는 18m로 대충 6층 이하, 바다 위의 도시 베네치아는 21m, 톨레도는 22.5m, 피렌체는 30m로 넘어서는

바티칸 싼 삐에뜨로 성당 최고의 종교 권위가 큰 규모와 호사로운 장식으로 대체된다.(왼쪽)

밀라노 대성당 지붕 위에서의 도시 전경, 근세까지도 도시는 성당보다 높은 건물을 짓지 못하였다.(오른쪽)

안 될 최고 높이를 정하였다. 그 모두가 도시의 대성당의 처마 보다 높을 수 없는 규제이다. 그래서 도시 풍경 속에 성당만이 우뚝 솟은 모습을 보인다.

교회 앞 광장에서 힘찬 종소리, 성당 안에서는 오르겐의 울림, 이런 것들이 다 건축에 포함된다. 그것이 단지 소리가 아닌 것은 감정의 울림을 위한 의도이기 때문이다. 어디부터가 의식이고 어디까지가 물상인지 분명하지 않다. 이렇게 점차 종교건축의 의미는 넓어진다. 고딕의 양식은 르네상스에 이르러 인문주의라는 로맨틱한 이상과 결합된다. 바티칸의 성 뻬에뜨로 대성당이 갖는 엄청난 규모가 신에 대한 종교적 열정이라고 하지만, 예수가 원하였던 신전이란 이런 것이었던가. 우리는 이 장려한 건축 앞에서 오히려 종교의 의미에 회의를 느끼게 된다. 곧 기독교의 종교개혁은 교회 형식의 커다란 변화, 자유로움을 던지지만, 교회는 고딕의 종교적 상징성을 좀처럼 놓지 않는다. 거기에서 뾰죽당이라는 기호를 교회 건축이 갖게된다. 세계 최고의 밀도를 가진 한국의 교회, 어떠한 빈약한 교회, 심지어

아미엥 성당 프랑스 중세 고딕의 대표적인 종교 건축(왼쪽)

한국에서 대부분의 개척 교회 뾰죽당, 뾰죽탑은 어느 교회나 자신의 간판으로 필수요소가 되었다.(오른쪽)

르 꼬르뷔지에, 알지에 개발계획(1932) 식민지 시대문화, 이미 있던 대지, 환경의 정서는 무시되고, 작가는 회심의 그림을 그린다.

상가 건물에 세를 들어 개척한 교회도 이 뾰족탑만은 절대로 가져야 한다. 한국의 교회는 대부분이 이 함석으로 만든 고깔을 쓰고 있다.

1.5. 생활 문화 또는 민중 문화로서의 건축

조선총독부 한성의 지맥인 북한산 앞. 정궁인 경복궁 앞에서 한국의 정서를 압박하고, 광화문과 여러 전각을 헐고 지은 식민지 시대의 유산이었다. 르네상스 양식의 석조로서 양식적 규범성이 뛰어나다. 1998년 국립중앙박물관의 이전과 함께 헐렸다.

역사의 시대 동안 역사를 대표하는 건축은 대개 궁실과 사원이다. 이 두 가지 유산은 절대 권력시대의 황실과 절대 종교 시대의 사원이 투자의 한계를 모르고 이룬 결과이다.

러시아 짜르의 동궁冬宮과 하궁夏宮, 프랑스 루이의 베르사이유 Versailles, 터키 술탄의 하렘과 토프카피Topkapı궁전, 중국 황제의 자금성紫金城, 합스부르그 스페인 제국의 궁전Palacio Real 등 절대 왕조의 전율할만한 호화는 모두 비극적 종말로 막을 내리는 무대가 된다. 그리고 그들의 후손들은 이를 관광 박물의 유산으로 물려 받

알베로벨로, 뜨룰리 지역에서 생산되는 석편石片인 이 독특한 소재를 손으로 쌓아 만든 민중의 건축미학은 동화의 집 같지만 당시 농민사회의 생존을 위한 수단이었다.

쉐이커 교도의 집. 청검한 종교와 생활 철학, 집단 생활을 위한 쉐이커 교도의 식당 홀은 티끌 하나 없는 청결이 디자인을 지배한다.
(National Geography 1989.9.)

는다. 물론 어느 시대에나 민중 예술이 있고, '예술이 없는 예술'이 있어 왔지만, 그것이 한 시대의 의사가 되는 것은 봉건사회의 몰락, 시민 혁명 이후의 일이다.

근대주의는 민주의 예술로 탄생한다. 그러나 근대는 큰 그늘을 드리우는 두 개의 벽 앞에 선다. 하나는 식민지 문화이며, 다른 하나는 자본주의 문화이다. 20세기초까지 식민지 문화는 토착문화를 거세하고, 이입문화를 파종하여 왔다. 자본이 문화를 지배하면서 계층 구조를 한데 몰아 부쳤다. 문화를 향유하는 계층의 격차가 역사시대에는 계급에서, 현대에서는 자본과 빈곤의 사이에서 벌어진다.

한 때 민중사관으로 지지받던 소외계층의 미학이 따로 말하여지기도 하였다. 여전히 자본의 그늘에서 누루하지만, 민중 미학이 중요한 이유가 있다. 분명한 것은 건축을 하나의 생활문화라고 할 때, 그

까사레스, 스페인 하얀 집 하얀 마을이 되기 위해서는 여러 백년동안 도시의 가옥들이 백색으로 치장하기로 한 약속을 잘 지켰기 때문이다. (National Geography 199204)

이스탄불의 도시 건물. 민중문화는 세련성에서 문제되지 않지만, 아무렇게 하는 것이어서는 안 된다.

것은 반드시 세련성이 미학적 기준이 되지 않는다는 사실이다.

가장 토속적이거나 민간 예술의 아름다움의 세계는 따로 있다. 민중예술은 토착 예술과 하나의 둥지에서 벌어지는 사실이기 때문에 귀중하다. 그것은 고급문화보다 항상 더 근원적 것을 갖는 미학이기 때문에 고급예술이 이로부터 미학적 단서를 찾기도 한다. 대중의 문화는 대개 저항의 몸짓이 강하나, 거기에 순수의 미학이 있다. 소위 '건축가 없는 건축'이 전문가의 디자인보다 더 주목받는 이유는 '자유롭기 때문에 순수함'이다.

역사가 관심갖는 것은 대부분 당대의 대가 건축가가 남기는 업적이다. 그러나 사실상 우리의 도시는 대중의 디자인이 더 넓게 점유한다는 사실이다. 아마 지도적 건축가에 의한 작품은 아무리 넓게 보아도 이루어지는 전체 중에 만분의 일에도 못 미칠 것이다. 나머지는 주목받지 못하는 건축가나 건축가 없이 이루어지는 것이 사실이다. 그 중에는 보다 많은 엉터리 건축가가 우리의 도시를 채우고 있으며, 의식없는 작가의 작업이 도시를 더럽힌다.

이러한 이해에서 진정하게 한 시대의 건축문화를 건강하게 유지하려면 엉터리 작가가 불식되어야 하고, 몰취미의 건축주를 향해 다같이 눈을 흘기는 일이다. 그를 위해 보다 중요한 것은 대중의 품위있는 인식과 문화의 보편성이다.

1.6. 이데올로기와 건축 또는 정치적 프로퍼갠더

역사적으로 많은 건축들이 종교적 이데올로기, 또는 정치적 이유 때문에 상해당하였다. 이 야비한 폭력은 사회적 변동이 크면 클수록 심하다. 아마 이집트의 신전들이 겪는 시달림은 대표적인 예일 것이다. 일차적으로 도굴꾼, 나뽈레옹의 약탈과 훼손, 이슬람의 침략과 파괴, 그리고 관광객에 의한 낙서와 수많은 상흔들. 이집트 카이로 박물관뿐만이 아니라, 세계 여러 박물관 쇼 케이스 속에 미이라가 누워 있다. 영원을 위해 그 거대한 피라미드를 짓고, 언제인가 영생의 세계에 다시 현현할 것을 의지하던 파라오들은 온갖 사람들이 들여다보고 가는 박물관 진열장에 누워 무엇을 생각하는가.

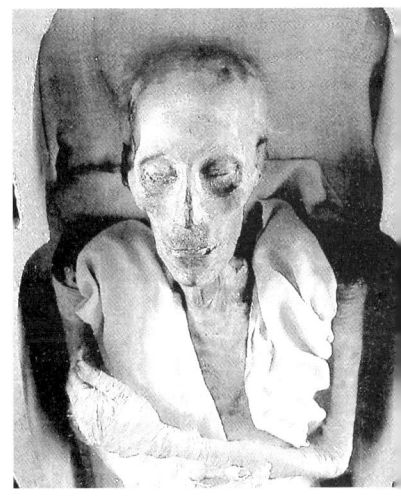

이집트 박물관의 람세스 II의 미라 이 파라오는 박물관 전시실에 누워 자신을 들여다보고 가는 수많은 관광객을 향해 무어라고 하는가.

콘스탄티노플을 장식하던 비잔틴 건축의 대부분은 오스만 터키의 1453년 콘스탄티노플 함락과 함께 철저히 능멸되었다. 오히려 정복자 술탄 마호메드 2세는 정복군의 파괴와 약탈을 서둘러 말려야 하였다. 많은 비잔틴 성당은 이슬람 모스크로 용도가 전용되면서 벽화와 모자익은 벗겨지고 마감재인 대리석은 다른 건물의 장식을 위해 뜯겨져 갔다. 능욕의 역사.

터키가 그리스를 식민통치하며 자행한 문화 파괴의 흔적이 남아 있다. 아테네 아크로폴리스의 신전은 무기고, 화약고를 전용되다가 1656년 실제로 폭파되고 마는 비극이 발생한다. 심지어 에렉테이온 Erechtheion은 정복군 사령관의 하렘(Harem, 이교도 금제의 성전)으로 전용되며 파괴되었다. 이러한 역사적 사실들을 포함하여 400년 동안의 식민지 경험에서 그리스가 터키에 대해 갖는 적대감은 아직도 모멸찬 것이다.

베를린 가난한 미술가들의 은거지 동 베를린 시절 폐허가 된 빌딩. 젊고 가난한 예술가들의 근거지로 굳었다. 통독 후 이 장소는 명소가 되어, 베를린은 자본주의 도시가 되지만 쓸어버리지 못하고 있다. (왼쪽)

카르낙 신전 신전 안의 둥지를 튼 잡새雜鳥 모스크가 종교적 우세성을 나타낸다고 우긴다. (오른쪽)

유네스코를 중심으로 하여 세계 문화유산을 지키려는 국제적 노력에도 불구하고, 2001년 초두에 아프카니스탄 텔레반 정권은 바미안의 2세기 불교유적인 마애석불을 포격으로 파괴하였다. 그러면서 아프칸은 이슬람을 후진문화로 만든다.

일제가 한국문화를 모멸한 일은 백과사전을 만들어도 모자란다. 대부분 조선의 지방도시는 성읍 구조이었다. 이 성곽은 일제 때 헐어지고, 그 석재는 관공서를 짓는데 사용된다. 현재 그나마 남아 있는 모습을 추수려 있는 것은 해미읍성과 낙양읍성 정도이다.

전쟁과 문화 침탈

무차별한 파괴의 전쟁은 어떤 고고학적, 역사적 가치도 가리지 않는다. 문화는 사회적일 뿐만 아니라 국제정치적이기도 하다.

정복자의 약탈은 역사시절 동안 끊이지 않았지만, 근세에는 보다 용의주도한 약탈이 벌어진다. 나뽈레옹 군대의 진군 뒤에는 고고학자와 수집가가 뒤따른다. 거의 모든 식민지 시기의 서구 열강이 이 공식적 약탈을 자행하여 왔다. 일제가 얼마나 많은 한국과 동남아의 문화 유산을 일거에 거두어 갔는가는 도쿄 국립동양사박물관에 가 보면 안다.

역사가 건축을 파괴한다는 사실도 사회적이다. 서구 열강은 세계 저개발 국가의 유적을 발굴, 보존하는 일을 마치 하나의 문화적 미션으로 자임했었다. 반면 대영박물관이 가지고 있는 파르테논 신전의 조각부분을 그리스 문화 당국이 돌려달라고 애타한다.

독일 베를린의 페르가몬 박물관은 터키의 유적 하나를 몽땅 들어내어 옮겨 박물관을 장식한 것이다. 매우 야심찬 사업이 진정한 보존의 이유로 지지받는지는 알지 못하겠지만, 이 찬탈의 결과는 독일이 자랑하는 박물관 중의 하나이다. 이렇게 남의 유산이지만 대신 보존하다는 이유로, 영국 대영박물관이나 프랑스 루브르박물관의 이집트, 메소포타미아, 터키, 그리스, 인도 등으로부터 문화 유산 약탈은 점잖은 편이다.

이집트의 오벨리스크는 로마에도 있고, 파리 콩코드 광장에도 있고, 이스탄불에도 있다. 모두 침공 중에 찬탈한 것들이다.

유네스코의 세계문화유산 보존을 위한 노력과 같은 위대한 사업이 없는 것은 아니다. 아스완 댐의 건설로 나일강의 수위가 높아지며 수몰 위기에 몰린 아부심벨Abu Simbel을 건져 올린 것도 유네스코의 힘이다. 이 프로젝트는 큰 산 하나를 옮기는 규모인데 석상의 손톱자국 하나도 조심하여야 하는 어려운 사업이었다. 그리고 우리는 이 사업 덕분에 람세스 II의 가장 영웅적 건축을 잃지 않아도 되었다. 그러나 이 현장성을 잃은 신전은 그 원래 자리에서

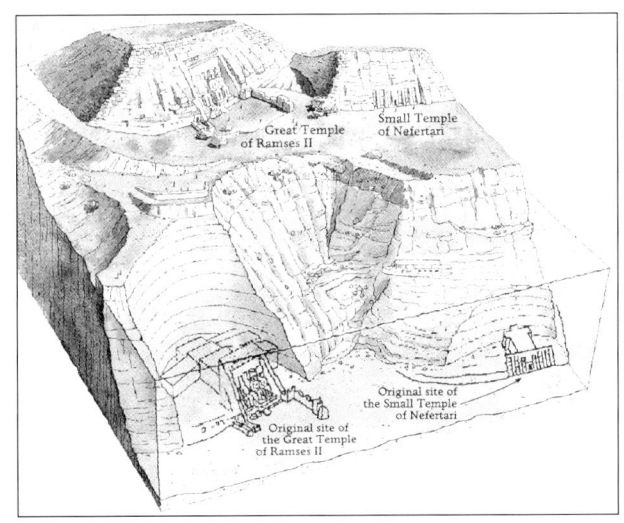

아부심벨 댐의 건설로 수몰될 신전을 이전하기 위해 콘크리트 구조의 인공 산을 만들고 복원하였다. (National Geography 1995. 1.)

페르가몬 박물관, Pergamon Altar 서측 재건, 터키의 로마시대 신전을 몽땅 옮겨 박물관을 채웠다. 원래 대지에 있던 건축이 실내에 들어오며 통조림이 되었다.

의 위용보다 자칫 하나의 무대 장치처럼 느껴지기도 한다.
이 세계 구석 구석에서 이보다 조금 덜한 문화적 가치는 몇 푼의 경제성 때문에 얼마나 쉽게 소멸되고 마는가.

프로퍼갠더와 건축

민주주의에서는 개인의 목적이 모여 집합을 이루지만, 공산주의에서는 집체의 목적에 개인을 맞춘다. 대부분의 전제국가가 그러하듯 개인숭배와 권위주의가 민중들의 어깨 위에 축조된다. 스탈린과 김일성의 시대가 그러하였다. 이러한 독재의 권위주의는 소비에트 사회문화를 표백시키고 그 위에 지난 세기의 낭만주의 양식에 선동주의를 결합한 모양을 그렸다. 그것이 스탈린주의 예술이다. 그렇게 해서는 문화의 진화가 이루어지지 않는다. 북한의 건축도 50년 이후 그렇게 정체된 채 있다.
일제 시기 40년 그리고 해방 후 40년 동안 극일은 우리의 교과이었다.
1993년 정부는 느닷없이 조선총독부이자 중앙청이었던 국립중앙박물관을 철거한다는 방침을 공식화하였다. 이 방침은 그 철거의 찬반

함의연+김병옥, 인민대학습당(1982) 1979년 전국적인 현상 모집을 통해 확정한 것으로 '민족적' 국수주의 양식을 채택한다. 10층 규모에 600여개 실을 지니며 3천만권의 장서능력이 있다.

논쟁과 방법상의 문제를 가지고 시정을 들끓게 한다. 그러나 정부의 시각으로는, 그 문제는 논의의 대상자체가 될 것이 아니었다. 그것은 일제의 잔재를 말살한다는 대승적 가치에 의해 그 어떤 반대의 이유도 무색한 것이기 때문이다.

정부는 '비로소' 묻혀졌던 상해 임시정부의 정통성을 이해하고, '비로소' 일제의 잔재 제거에 의지를 갖게 된다. 그 중에 조선총독부 청사라는 가장 효과적인 대상을 찾게 된다. 철거의 작업은 매우 긴박한 순서로 진행되었으며, 가시적 효과를 연출하여 간다.

철거를 기정사실화하고도 남는 문제는 철거의 시점인데, 우리를 당혹하게 한 것은 정부가 철거 작업을 매우 서둔다는 것이다. 곧바로 건립기획의 착수, 유물의 임시거처로서 임시의 박물관 마련, 국제설계경기, 이 일련의 작업이 1년 동안에 숨가쁘게 이루어 졌다.

왜 이렇게 서두르는가. 정부는 가능한 이 정권 기간 동안에 예술문화의 진흥을 빌미로 하지만, 당대의 어떤 가시적 결과를 필요로 한다. 그것이 이 정부가 문화예술에 대해 갖는 프로퍼갠더의 정체이다. 그즈음 정부는 두 차례의 공연을 준비하였다. 3월 삼일절 기념식날 소위 철거 선포식을 화려한 쇼와 함께 국민에게 선사하며, 그해 8월 광복절 기념식에서는 첨탑을 잘라 내려 놓았다. 이미 사망하기도 전에 수의를 입힌 건축에 단두가 시행되었다. 단숨에 처단하기보다는 서서히 죽일수록 살의는 효과적이다. 광복 후 50년이 지나도록 잠잠하던 명분에서, 무엇이 이렇듯 긴박한 살의로 전환시키었는가. 그것이 정치적 프로퍼갠더이다.

왜 독립기념관을 지어야 하는가의 당위성은 당연히 독립 정신과 민족 정신 고양 및 독립운동 기록

조선총독부 단두(1995) 새로운 국립중앙박물관을 짓기 위한 명분에 앞서 반일, 일제 잔재의 청산이라는 사회적 정서가 앞선다.

김기웅, **독립기념관(1986)** 반일 또는 극일의 수단

을 보존하고 후대에 전하는 장소로서 필요성 때문이다. 그러함에도 불구하고 이것이 지어진 대치 정국의 시점에서, 정치적 프로퍼갠더의 이유를 제외하고 나면, 의아한 점이 많다.

이데올로기와 건축

근세의 과정에서 가장 짙은 이데올로기와 건축문화의 결합은 제3인터내셔널 운동과 노동자 건축이다. 봉건주의를 타파하고 러시아는 건축의 성능을 노동자 생활문화에 결부시키는 과제에 열중하였다. 이는 기능의 문제만이 아니라 그 표현에서도 봉건의 잔재를 모두 제거하고 보다 순수한 물적 성능만을 남기는 조형이다.

보다 기념적인 목적을 위한 것으로서 제3인터내셔널 기념탑과 같은 건축은 모더니즘 초기에 서구 디자인에 던진 신선한 충격이었다.

독일의 나치즘과 이탈리아의 파시즘도 정치적 수단으로 건축을 써 왔다.

히틀러의 나치즘과 무솔리니의 파시즘 건축은 그의 권위를 표현하는 아주 중요한 연극적 무대였다. 1930년대 히틀러의 권력 기반을 확고히 하는데에는 스피어A.Speer라는 건축가가 측근에 붙어 있었다. 나치 건축의 아주 웅변적인 조형은 고전 형식을 근저로 한다. 비록 그것이 전혀 새로운 양식적 체계는 아니더라도 국가적 선동주의로서는 아주 근사한 표현이다.

무솔리니는 1942년 로마에서 엑스포를 추진하며 파시즘의 신도시를 건설하고자 한다. 그것이 로마근교에 있는 E.U.R.이다. 비록 이 계획은 건설 도중 패전으로 완성을 보지 못하지만, 그 후 로마의 위성도시로 완성되었다.

사회주의 국가에서는 원칙적으로 건축가가 없다. 모든 설계는 관공서의 집체 작업이며, 공공의 역할과 책임으로 이루어진다.

그러나 이러한 집단 창작의 방법은 공산주의가 아니더라도 많이 이루어진다. 단순하게는 합작이 가능하며, 더 복잡하게는 여러 조직이 컨소시엄으로 작업하기도 한다. 자연히 작가의 개별성은 희석되기 마련이다.

우리나라의 여의도 국회의사당은 너무 여러 사람이 관여를 하여 뚜렷한 건축가가 없다. 대신 현재와 같은 조형의 절대적인 결정권자는 한 관리이었고 참여하였던 그 건축가들은 별 말이 없다. 결국 누구의 디자인도 아닌 권위주의 양식의 대표가 되었다.

뉴욕의 링컨 센터는 극장, 음악당, 오페라하우스, 도서관 등의 8가지의 기능이 복합된 이 종합예술센터이다. 이 건축들의 디자인을 위해서 6명의 건축가가 동원되는데, 대체로 고전적 열주의 응용과 합리주의가 뒤섞이며 어떤 성격도 분명히 하지 못하는 혼합체가 되고 만다. 이러한 성격은 20세기에서 풍요롭기는 하지만, 하나의 정체성을 만들지는 못하는 미국건축의 모습이기도 하다.

근대사 중에서 독일만큼 강렬한 이데올로기의 부데낌을 겪은 도시는 없다. 하나의 도시 공간 안에 베를린은 극적인 자본주의의 승리를 전시하는 박물관과 같다. 현재 통일독일 후 10년, 동베를린의 잔재는 많이 쇄신되었지만, 아직도 주변에서는 동베를린의 이데올로

알렉산더 로드첸코, 노동자의 클럽 프로토타입(1925) 간결한 조형과 경제적인 구조로서 노동자들을 위한 복지시설을 프로토타입으로 만들었다. (건축20세기, Delphi, 1998)

전신 전화국 로마 파시즘 건축의 한 사례로써 대칭, 엄정함, 사선의 패턴이 그 성격을 말한다.

기가 만든 건축의 잔영을 볼 수가 있다. 유물관이 만든 이 건물들은 자본주의 시각에 젖어 있는 우리에게는 실제보다 증폭되어 느껴질 수도 있으나 동독시절의 건축은 모든 감성체계를 부정하고 남은 하나의 거대한 물적 덩어리였다. 그것들이 현대 자본주의 건축과 극명히 대비된 채 숨을 몰아 쉬고 있다. 베를린은 지금 열심히 이 유물사관의 흔적을 지우고 있다.

북한의 건축이 얼마나 이데올로기의 다그침 때문에 희극적이 되는가는 이미 잘 보았다. 대부분 정치선동을 위한 건축은 기대 이상으로 과장되어야 하고 억양을 드높여야 한다. 정치사상의 건축에게 권위적이어야 하는 것은 가장 기초적인 태도인데, 곧잘 이 권위 표현의 방법이 고전적 양식을 차용하는 것이다. 유물사관과는 엄연히 모순되는 이 고전의 희극이 북한의 기념관들이나 공공건축에서 당연해진다.

왜 고전의 양식을 빌리는 것이 권위의 표현 수단이 되는가. 고전을 취함은 권위에 대한 무임승차로 생각하기 쉽다. 고전 양식에는 시간의 무게가 원천적으로 얹혀지고 거기에는 이미 증거된 권위의 가치가 있다고 생각하는 것이다.

'반공을 국시의 제일로 삼는' 1960년대 우리의 혁명정부는 그 어려운 경제의 시기에도 반공센터(현재의 자유센터)를 완성해야 했다. 이승만 정권시절에 결성된 아시아반공연맹은 군사혁명정부의 이해에도 잘 맞아 그 가시적 기념물로 반공센터를 1963년에 완성한다. 이 기념적 건축은 기능을 면제받는 대신 억양이 큰 소리를 질러야 한다.

1960년대 중국 문화혁명 당시, 겪은 불교의 핍박과 불사 파괴는 악명 높은 것이었다.

이데올로기가 부추긴 이 파괴는 사실상 남의 나라 티벳에 까지 번진다. 티벳의 가장 영향력 있는 불교의 정신적 도시 간덴Ganden은

1409년에 세워져 달라이 라마 왕조의 기저이기도 하며, 많은 수도원이 군락을 이루어왔다. 하지만 문화 혁명이라는 이름 아래 3,300명의 승려가 사망하거나, 추방되거나, 구금되며 불교의 도시를 뭉개어 버렸다.

건축과 관료주의

건축의 상당 부분은 공공부문에 의해 이루어진다. 여기에서 건축주가 관공이라는 오해 때문에 상당한 건축의 기회들이 관료주의에 희생되고 있다. 자칫 정부가(장관 또는 시장 또는 어떤 청장이던지) 자신의 집을 짓는다는 착각으로 관료의 심미안이 의사를 결정하는 경우가 많다. 그리고 그 심미안이 대부분 졸렬한 데에 문제가 있다.

제퍼슨 기념관 국가적 기념성을 위해서 고전의 양식이 큰 대중적 효용을 발휘한다. (위)

김수근, 자유센터(1963) 훨씬 장대한 처마(캐노피), 열주들의 씩씩함, 깊은 음영의 얼굴이 이 건축을 기념적이게 한다. (아래)

지난 봉건 왕조들이 치적을 기념적 건축으로 남겼듯이, 대통령은 문화적 업적을 건축으로 남기고 싶다. 그것이 1960년대에 수많은 국민 계몽적 기념관들이다. 전두환 정부는 예술의 전당을 착공은 했으나, 전체가 다 완공되기 전에 정권을 교체해야 했다. 그는 퇴임 직전 서둘러 부분 준공식이라도 갖고 싶어 했다. 김영삼 대통령 정부는 임기 중에 새 국립중앙박물관을 완공할 수 없는 절대 시한에 있었지만, 옛 총독부 건축을 밀어버리고 국가주의 문화 이벤트를 하나쯤은 임기 중에 가져야 했다.

프랑스 정부는 주요한 공공건축에 대통령의 이름을 붙여 그의 재임 중 문화 치적을 새긴다. 빠리 국제공항은 샤를르 드 골로 불리우며, 국립현대미술관은 뽕삐두 센터라 하며, 최근 국립 도서관은 국립 미

전두환 대통령 휘호, 예술의 전당 예술문화의 창달' 위정자들은 문화의 기록만이라도 남기고 싶다.

테랑 도서관의 이름을 가졌다.

그랑 프로제 Grand Projects

프랑스 미테랑 정부의 문화정책으로서 1980년대 공공문화 건축으로 시행된 것이 '빠리의 대형 프로젝트'이다.

전후 최대의 건축문화 프로젝트인 이 사업은 대부분 국제설계경기로 이루어졌는데, 빠리 정부는 당선작을 거의 모두 외국인 작가에게 빼앗기는 수모를 인내하고서라도 진보적인 개념을 과감히 선정한다. 확실히 이 공공문화 건축들은 20세기 후반의 프랑스 건축을 이끄는 동기가 되었으며 세계가 주목할 방향이었다.

독일이 통일되기 전에 서 베를린은 이미 장벽이 제거된 도시를 전제로 베를린 재개발 계획을 세웠다. 그 중의 한 프로젝트가 1987년의 베를린 국제건축전 IBA였다. 이 건축전은 단순한 전시회가 아니라 미리 준비된 대지에 건축을 설계할 작가를 선정하여 건축 공사까지 완성하는 개발사업이기도 하다. 여기에 초대된 외국의 작가는 당시 일류의 작가군들로 동-서 베를린 장벽 부근의 환경이 세계적인 건축들로 쇄신되었다.

지앙지에스 기념관 타이페이臺北, 타이완臺灣, 국민적 기념성을 위해서도 고전의 양식이 큰 대중적 효용을 발휘한다.

장 누벨, 아랍 문화원(1986) 빠리 그랑프로제 중의 하나로서 세느 강변에 또하나의 문화적 거점을 만들었다.

아드리안 파인실버, 과학과 산업 박물관(1986~88) 빠리 그랑프로제 중의 하나로서 20세기 과학 공원과 일단을 이루며 프랑스의 과학 기술을 뽐낸다.

스프렉켈센, 그랑 아르쉬(1988) 빠리 그랑프로제 중의 하나, 새로운 세기에서 빠리의 미래를 향한 상징처럼 되었다. (왼쪽)

휘도브로 & 셰마토브, 경제 재정부 청사(1988) 빠리 그랑프로제 중의 하나, 정부청사이지만 상당히 진보적인 도시와 건축의 개념을 갖는다. (오른쪽)

비토리오 그레고티, 국제건축전시회 IBA Project No.7(1986) 통일 전 서 베를린은 슬럼화되고 있는 동 베를린과의 접경지대를 대대적으로 재개발한다. 이 계획은 단순한 주거건축 콩쿨이 아니라, 통일을 부추기었으며, 통일을 대비한 것으로 이해된다. (왼쪽)

피터 아이젠만, 국제건축전시회 IBA Project No.5-87a(1986) 주거와 상업을 위한 코너 빌딩으로서 포스트-모더니즘의 한 경향을 제기한다. (오른쪽)

사회문화로서 건축, 그 사회의 거울

1.7. 건축가

건축가는 가끔 자신을 이 시대에서 고아처럼 느껴야 한다. 건축가는 앞서서 시대의 바람을 헤치는 사람이 있는가 하면, 그 뒤에서 편안한 사람이 있다. 시대의 영웅이라는 표현은 어렵지만, 어느 시대에나 앞서 시대를 여는 사람들이 있다. 타협에 익숙한 사람, 기준에 능한 사람, 보편성을 떠나 어떤 생각도 할 수 없는 사람이 있는가 하면, 무엇이 현재를 더 가치있게 하는가를 고뇌하는 사람이 있다. 그렇기 때문에 우리는 항상 건축가에게 당신의 시대정신을 묻는 것이다.

건축 교육과 자격

새삼스럽게 건축을 문화로 이야기해야 하는 우리나라의 사정은 근대의 수용에서 잘못 끼워진 첫 단추 때문이다. 한국의 근대건축은 자율적인 것이 아니며 일제에 의해 간접적으로 이입되어 굳어졌다. 그것은 건축교육에서도 마찬가지이었다. 18세기말 일본 역시 서구문명을 수용하면서 명치유신明治維新에 성공하는데, 이때 독일의 교육체계를 받아들인다. 그 교육의 요체는 공학기술이었으며 예술로서 인식은 단순히 양식을 모방하는 것이었다. 자연히 공학기술은 새로운 도전으로 받아들이지만, 양식의 예술성은 창의를 바탕으로 하지 않는다. 목구조를 바탕으로 하던 일본이나 조선의 건축에 비해 콘크리트 공학과 설비공학은 기초부터 교습하여야 할 새로운 체험이었다.

조선에서도 경성고등공업학교京城高等工業學校에서부터 한국인에게 조금씩 교육기회가 개방되며 전문인력을 배출하나, 대부분의 교육내용은 기술공학이 위주였다. 그리고 이러한 기술공학 중심의 교과내용은 광복 후, 현재까지 관성으로 남아있다. 건축의 예술성은 단지 서구양식을 답습하면 되었다. 물론 근대주의 이후 새로운 시대적 전환을 여러 번 겪지만, 건축은 끈질기게 공학이라는 뜻을 넘지 못하고 아직도 대부분의 대학이 건축기술공학 중심의 인력을 배출하고 건설산업에 투여한다.

우리나라에서는 국가가 시행하는 대학을 졸업한 후에도 상당한 실무 훈련으로 연마한 후 면허시험에 합격하여야 건축사가 된다. 건축사의 면허를 가졌다고 모두 다 건축가라고 할 수 없는 것은 종전의 면허시험이 기술자 찾기의 내용이기 때문이다.

건축에도 각종 자격증 제도가 있으나, 건축가로 입신하기 위해서는 더 많은 자기 수련이 필요하다. 우리나라도 이제 국제적인 공인 건축가가 되려면 국제적인 공인을 받은 대학교육을 거쳐야 한다. 그를 위해 선진국과 같이 5년제 건축대학이 불가피하다. 이 과정에서는 더 많은 건축설계 훈련을 중심으로 역사, 예술, 문화, 사회, 기술과목의 수련을 거쳐야 한다. 그는 단순한 기술자가 아니라 시대문화를 염려하는 사람이다.

건축가는 사회와 사람에 대한 애정을 기본적인 덕목으로 해야 한다. 인간성이 더러운 건축가가 절대로 인간적인 디자인을 할 수 없다. 건축가는 그 시대의 사람이 가질 생활문화를 항상 애정 깊은 눈으로 볼 수 있어야 한다. 건축가에게 항상 자연에 대한 생각을 묻는 것은 그의 작업이 대부분 자연과 대치되는 조건에 있게 마련이기 때문이다. 사실상 건축만큼 자연을 파괴하고 소모하는 인공물은 없다. 건축가는 그가 자연보호자가 아니더라도 항상 자연에 대한 애정과 존경을 필요로 한다.

미켈란젤로, 산 로렌조 성당 피렌체 중세 이전까지 건축가는 기획, 설계, 도시, 조형, 장식 등의 모든 영역을 통합적으로 관리할 수 있어야했다.

시대의 건축가

한 시대사회가 좋은 건축문화를 가지려면 훌륭한 건축가를 가져야 한다. 부루넬레스키와 같은 새로운 공간과 양식을 창출하고 기술적으로 해결할 수 있는 건축가들에 의해 르네상스가 개화된다. 미켈란젤로라는 한 걸출한 천재로 르네상스가 빛난다. 20세기의 중반, 거장의 시대는 그들의 영향만으로도 중요한 역사가 이루어졌다. 그러나 이후 더 이상 영웅의 손끝을 바라보며 문화의 태도를 정하는 시대는 없을 것이다. 통합성과 보편자의 가치가 무너지고 이 시대는 다원성과 개별자의 가치로 돌아서는 이유에서 그러하다.

오히려 건축문화가 형편없는 사회는 몇 사람의 영웅을 못 가져서가 아니라 더 심각한 것은 엉터리 건축가가 너무 많다는 사실이다. 우리의 주변에는 매년 수만 채의 집이 만들어지는데, 사실상의 지배적인 문제는 보통의 건축을 만드는 저질의 군소 건축사들이다. 우리는 아무 생각이 없는 건축가, 남의 것을 미숙하게 베끼는 건축가에 대해 분노해야 한다. 건축을 생계수단으로 하는 것은 어쩔 수 없다지만, 부정한 건축가는 비난받아 마땅하다.

건축가의 조건

르네상스의 미켈란젤로는 상상력을 발휘하여 구상하고, 기하학적 해석력으로 설계하고, 구조적 아이디어로 구축하며, 상징적인 뜻을 구체화하기 위해 미술한다. 이 모든 작업이 건축가의 책임이다. 건축가는 양식에서 기본적인 틀을 차용하며, 건축 시스템 자체는 지금에 비해 매우 간단하였을 것이다. 전기 조명, 기계 설비, 정보 체계, 방재 장치들이 복잡해지는 것은 근대 이후의 문제이며, 관리 업무도 그렇게 복잡하지 않았다. 또 허가절차, 세무, 재정계획도 그렇게 복잡하지 않았다.

현대의 건축은 이 모든 작업이 분업화된다. 다소 냉소적으로 말하면 건축가가 할 일이라는 게 개념의 스케치가 끝나면서 그의 일은 끝난다고 한다. 컴퓨터 응용은 건축가를 더욱 할 일없는 사람으로 만든다. 건축의 설계집단에는 기획가, 구조 전문가, 설비 및 방재 엔지니어, 재료 코디네이터 및 디테일 디자이너, 외장 엔지니어, 실내 디자이너, 그리고도 수많은 컨설턴트들이 동원된다. 그러나 건축 일의 분업화가 건축가를 한가하게 한다고 생각하면 착각이다. 우리는 건축가들에게 보다 많은 시간과 노력을 창의에 투여하도록 해야 할 것이다. 건축가는 보다 넓은 상상력, 창의를 위한 개념의 눈을 뜨고 있어야 한다. 20세기 후반에 들어 이러한 현상은 더욱 두드러지며 건축은 일종의 개념의 시장이 되고 있다.

2 역사에서의 건축, 시간의 모습

건축은 역사라는 사실을 전하는 매개체이다. 그로부터 우리는 아주 구체적이고도 생생한 역사적 기억을 전해 받는다. 그러나 모든 역사가 증거로 보이는 것은 아니다. 역사의 시간은 왜곡되기도 하고, 끊어지기 십상이다. 그래서 역사에는 상상력이 유효하다.
이제 우리는 건축예술의 진행을 따라가 보기 위해 시간을 약 5천년 전으로 되돌려야 한다.

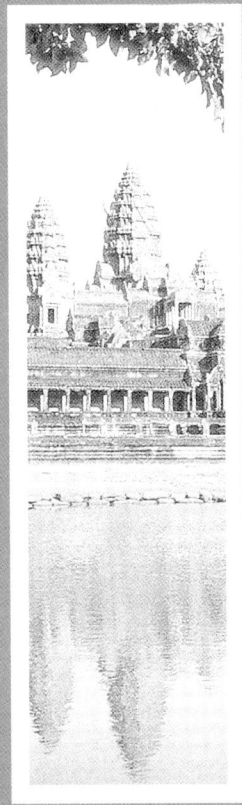

2.1. 고대, 시간의 향기

고대

상고대, 이집트, 서아시아, 중국, 인도

우리는 보통 네 개의 문화의 기원을 나일-이집트, 티그리스와 유프라티스-메소포타미아, 황허-중국, 인더스-인도 문화로 말한다. 이 시기를 고고학적으로 말하면 청동기 시대가 되고, 우리나라로서는 단군의 상고대와 나란히 둘 수 있을 것이다. 대략 이들 문화권은 BC 4000년까지 거슬러 올라간다.

이집트 건축의 경외로움은 우선 우리를 먼저 압도하는 장대한 스케일이지만, 거기에는 깊은 영적 감성과 지적 수단이 함께 있다. 무한한 사막의 스케일에 대항하는 피라밋의 절대 기하학, 스핑크스의 영적 의지, 고도의 조각적 기법이 모두 수천년전의 사실이다.

나일강을 따라 파라오들이 건설한 수많은 신전은 방대한 크기에서도 엄정한 공간 규범을 갖는다. 아마 역사상 가장 오랜 시간동안 숙성시켜온 규범일 것이다.

메소포타미아란 원래 두 개의 강 사이라는 말이다. BC 3000년부터 메소포타미아 문화는 현재의 이라크 지역이 되는, 즉 티그리스와 유프라테스 강의 유역을 따라 확장된다. 한 줌밖에 되지않는 벽돌을 한없이 쌓아 장대한 건축문화를 이루었다. 또한 그들은 쐐기楔形문자를 창안하여 장식으로 삼았으며, 많은 도편陶片 문서를 함께 남겨 고대문화를 전하는 메신저이기도 하다.

이 메소포타미아의 문화는 아시리안Assyrian, 페니키안Phoenician,

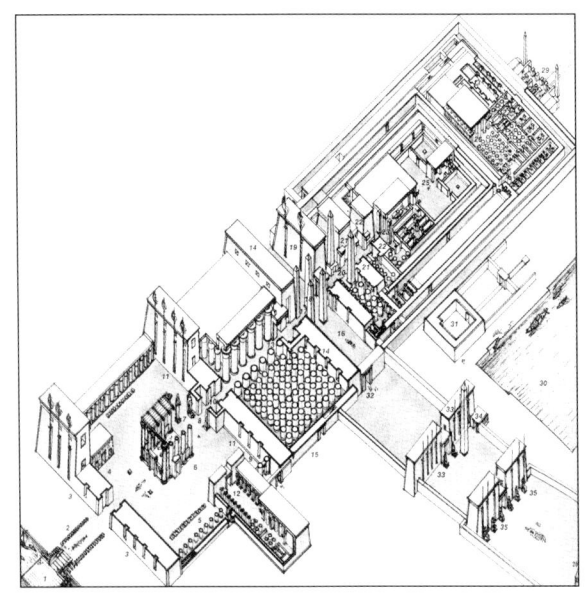

피라미드, 스핑크스(BC 2600 이전) 기하학적 이지와 감성이 함께 있다.

아몬 신전(BC 1550~30) 1500년에 걸친 대 역사로서 여러 파라오들의 증축, 확장하였음에도 일사불란한 시스템이 유지된다.

프리기아Phrygian, 우라티안Uratian, 메디안Median, 페르시안Persian 건축으로 전이된다.

절대 왕조들이 궁전과 신전을 이룬 아시리아 건축은 엄청난 스케일과 조각 예술의 세련성을 함께 가지고 있었다.

히타이트Hittite는 현재 터키의 중앙 아나톨리아 고원에서 BC 18~12 세기에 발흥하고, 일찍 철기문화를 발전시키며 강력한 무기체제로 주변국을 제압하였다. 당시 이집트에 위협적 존재가 될 수 있었던 것은 히타이트가 유일한 상대이었다

그들은 군사국가의 성격처럼 아나톨리아 (현재의 터키 중·동부)에 하투샤라는 요새도시를 이루었다.

인더스 문화는 BC 3000년부터 발흥되어, 모헨조다로Mohenjodaro와 하라파Harappa, 로탈Lothal에서 분명해진다. 인도인들 역시 이 거대한 계획 도시를 벽돌로 쌓아 만들었다. BC 1500년경부터 북부 인도로 아리안들이 들어오면서 인도의 토착예술에 서양의 형식미가 겹쳐 고대 인도문화의 전형을 이룬다.

하투샤(BC 1450~1200) (왼쪽) 히타이트의 대표적인 유적으로 요새도시의 구조로 만들어졌으며 아치와 볼트구조를 개발했다.

페르세폴리스(BC 518~486) 가장 왕성하던 다리우스 왕조의 시기 궁성 건축 (오른쪽)

BC 3세기, 아쇼카 왕에 의한 산치의 유적에서 원래 반구형의 묘묘墓廟 였던 스투파는 그 후 탑파 건축으로 발전된다. 여러 종교와 접합되며 짙은 정신문화의 건축을 이룬다. BC 6세기에 시작되는 불교문화는 파키스탄, 스리랑카, 동남·북 아시아로 진척되며 정작 인도 자신은 5세기경부터 힌두 예술을 꽃피운다.

불교예술은 대략 1세기 이후, 인도 서북부 간다라 지역에서부터 나타나는데, 아리안이 전하는 그리스의 영향으로 조각과 불상은 사실주의의 조형을 완성한다. 스투파의 형식은 그후 동남아시아의 불전의 영향을 준다.

BC 5000년 황허黃河의 문명과 함께 지상의 목조건축이 시작되지만 그 흔적은 희미하다. BC 21세기에 즈음하여 성곽과 궁실을 건설하며 하대夏代의 문화가 형성된다. BC 17세기 상대商代에 이르러 청동기 문화를 이룬다. 능묘陵墓와 종묘宗廟 건축을 발달시키는데, 진정한 중국 건축의 정서라 할 흙과 나무의 건축법이 숙성된다. BC 16세기 은殷왕조가 설립되었다가 BC 1120년 주周에 망하는데, 이 때가 우리의 기자箕子조선의 시기이다.

BC 11세기 주周의 왕조는 수도 호경鎬京(지금의 서안西安)과 동도

東都인 낙읍洛邑(지금의 낙양洛陽)을 영건하고 봉건통치의 근거를 만든다. 이즈음 궁전 건축은 앞에 정전政殿을, 뒤에 침전寢殿을 두는 전형적인 궁실 건축의 배치를 보인다. 이는 문門과 열랑列廊의 구성으로 얻는 기하학적 질서이다. 구조적으로는 기둥 위에서 여러 가지 수평재가 연결되는 부분, 두斗의 구조가 분명해 지며, 흙기와土瓦, 구운 기와陶瓦가 제작되었다.

BC 700년 이후 춘추전국시대의 사회가 전쟁과 혼란의 점철이었듯이 성벽건설이 활발하였으며, 도시건축의 과시적인 장식이 지배적인 문화이었다. 140여 국가에 달하던 전국시대가 정리되며, 남북조시대에 이르는 BC 475~AD 581년의 약 1000년 과정이 중국의 봉건 사회이다. 한대漢代에 이르러 철기가 청동기를 대신하며 목구조를 완성한다.

BC 221년 진시황이 최초의 중앙집권적 봉건제국을 건설한다. 그는 대도시의 하부구조를 완성하고 수많은 궁실과 여산능을 만든다.

서한西漢(BC 25~220)과 동한東漢(BC 206~8)은 봉건 경제를 진일보시켜 실크로드를 개척하는 시기이기도 하다. 한의 도성으로서 장안성長安城(지금의 서안西安), 미앙궁未央宮과 장락궁長樂宮의 거대한 건축군이 이 때 시작된 것이다. 한무제漢武帝는 백가百家를 평정하고 유가儒家의 사상을 사회화 한다. 건축으로는 보다 발전된 기둥, 두공斗拱, 양梁, 개구의 목구조 기술로 누각 건축을 유행시킨다. 자연히 지붕의 양식도 다채로워졌다.

우리나라는 기원 원년 즈음 철기문화를 성숙시키고 있었으며, 백제(BC 18), 고구려(BC 37), 신라(BC 57)가 건국되는 즈음이다. 백제와 신라는 4세기말 경 고구려로부터 불교를 전래받고 불교문화가 한반도의 지배문화가 된다.

산치 스투파(BC 273~150) 동 토라노의 뒷면으로 장면. 이와 같은 분묘 형식이 스투파(塔) 형식으로 전이된다. 돔은 높이 16.2m에 직경 36m의 규모이다. 현재의 모습은 1818년에 복원한 것이다.

고구려 분묘문화 속의 건축, 덕화리 1호분. 널발 천장, 천장석을 내어 8각 구도의 쌓기로 하여 궁륭의 공간을 만들고 일월성숙日月星宿을 그렸다.

고전

서양에서 고전 시기는 주로 그리스의 양식적 문화가 이론과 조영에서 하나의 규범을 이루는 때이다. 이 그리스의 규범미학은 로마로 전이되고 곧이어 지중해 연안과 유럽으로 확대된다. 기독교의 공인 이후, 초기기독교 시대를 맞으며 건축의 주제는 기독교 문화가 지배한다.

미노아, 미케네, 고전 그리스

그리스 고전이 있기 전에 지중해의 미노아, 미케네 문화는 이집트, 메소포타미아의 영향을 받는다.
에게해의 섬국가인 크레타에서는 BC 3000년 이미 여러 층의 공간

크노소스 궁전, 미노스Minos 왕의 궁전이다. 기하학적으로 배치되었으며, 공간이 입체적으로 되어있다.

을 쌓는 입체차원의 건축을 만들고 있었다. 그것은 후의 그레코-로만에서도 쉽게 찾아 볼 수 없는 공간의 동적 차원이다. 대륙 그리스에서는 미케네 문화를 형성한다. 미노아, 미케네의 문화를 원형질로 하는 그리스 고전은 헬레니즘 시기까지 서양 건축의 규범을 이룬다.

도릭Doric, 이오닉Ionic, 코린티안Corinthian

BC 650~30년 사이에 고대 그리스의 양식은 기본적으로 도릭, 이오닉, 코린티안이라는 세가지 규범order으로 말해 진다. 이 규범은 주로 기둥의 머리장식capital의 모양으로 구분되지만, 각 양식기에 따라 기단, 주초, 기둥, 지붕 각부의 수상 그리고 비례의 정도가 다르다. 도릭은 그 중에서도 가장 단순한 반면 힘찬 조형이다. 이오닉은 보다 여성적이고도 동적이며 가장 세련된다. 시기적으로 뒤에 등장하는 코린티안은 화려하다.

익티노스, 파르테논 신전(BC 447)

사자의 문(BC 1250) 성문으로서 미케네 문명이 구사하는 원숙한 석조의 구조법을 본다.

아크로폴리스Acropolis, 판테온Parthenon

아테네의 아크로폴리스에서 우리는 그리스 고전의 양식들을 만날 수 있다. 신화와 현실, 또는 신앙과 생활의 경계에 배어드는 아테네 문화에서 아크로폴리스는 여러 신전을 중심으로 하는 산상의 대단위 건물군이다.

그 중에서도 중심을 이루는 파르테논은 도릭의 규범으로 아직도 그 당당한 조형성을 말한다. 그 옆의 이오닉 양식으로서 훨씬 여성적인 에렉테이온은 비례적 감각이 파르테논과 비교된다. 또한 아테네 올림피안 제우스 신전의 코린티안은 훨씬 기교적이며 장식성이 짙다.

고전 양식의 모습은 정면에서 분명해진다. 보통 정면은 세 부분으로로 이루어지는데, 밑에서부터 기단stereobate-기둥column-삼각지붕면entablature의 세 부분으로 서양건축의 기본 얼개라고 할 수

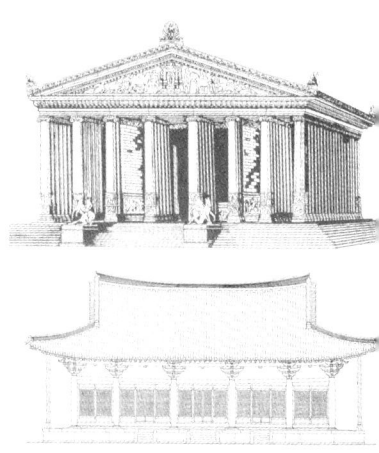

서양 건축의 삼부형식과 한국 건축의 삼부형식
Stereobote, Column, Entabulature와 기단, 기둥, 지붕

델피의 성역 (BC 4~5C) 산의 정령과 신전 건축이 곧 장소의 건축이다. (왼쪽)

수니온 곶cape(BC 444~440) 포세이돈 Poseidon 신전, 바다의 정령이 스며 있는 장소에 세워진 이 신전 건축은 바다를 향한 몸짓부터가 건축적이다. (오른쪽)

있다. 이와 같은 바탕-몸체-머리의 규범, '땅 위'에 '공간'을 지어 '하늘'을 가리는 생각은 세계적인 보편성이며, 우리나라 건축도 3부 형식을 이루고 있다.

그리스의 잘 발달한 시민사회는 다양한 공공공간을 필요로 했다. 그래서 그들이 도시의 중심에 만든 아고라Agora는 근린의 중심이며, 공중 토론, 매매 시장, 공공 위락 등의 시민생활을 담는 종합적 구성이다.

건축을 이룸에는 대지의 조건이 중요한데, 특히 신전을 짓는 데에는 각별한 장소를 찾는다. 아크로폴리스는 대개 도시의 가장 높은 언덕에 자리하며 도시를 장악하는가 하면, 델피Delphi는 산의 정령이 그득하고, 바다의 신 포세이돈의 신전이 있는 수니온Sounion은 바다의 너른 힘이 신을 부르는 위치인 듯 하다.

이러한 위치를 잡는 혜안과 건축적 예술성은 헬레니즘과 소아시아로 전파된다. 그리스 문화의 영역은 현재의 그리스 대륙만이 아니어서 지중해와 에게해, 현재의 터키의 서부지역과 아프리카 북부를 포함하는 방대한 문화였다.

| 도릭Doric | 이오닉Ionic | 코린티안Corintian | 복합Composite |

4가지 기둥 규범 시기가 진행되면서 장식성이 풍부해진다. 복합 오더는 이오닉과 코린티안이 결합된 것을 보인다.

로마 (BC 750~)

헬레니즘을 모태로 하는 로마의 건축 문화는 그 후 지중해와 유럽대륙으로 확산된다.

로마는 그리스가 쓰던 3개 규범에 터스칸Tuscan과 복합Composite의 두 가지를 추가하여 모두 다섯 가지 양식으로 조영하였다. 터스칸은 당시 로마의 속주이던 소아시아의 예술이 가미된 이국풍의 것이며, 복합 양식은 로마 건축가들의 자유 스타일이라고 할 것이다.

도시문화를 진흥시키는 로마의 건축은 그리스에 비해 훨씬 다양한 유형을 갖는다. 도시는 상하수도와 공공설비의 도시하부구조를 갖춘 계획도시를 이루었다. 특히 로마의 도시는 포럼Forum이라는 공공공간을 중심으로 형성되었다. 도시마다 신전 다음에 원형 경기장, 목욕장을 만들 듯이 로마인의 도시생활은 풍요로웠다.

무엇보다도 로마 건축의 빛나는 업적은 공간을 만드는 수법이다. 로마시대 이후 원형의 기하학적 적용은 건축의 조형과 구조를 한 차원 더 진보시켰다.

로마의 포럼 로마제국의 수도 중에서도 시민생활의 중심 공간이었다.

아치는 두 기둥 간격을 반원으로 가로지르는 2차원 기하이다. 아치를 깊이가 있는 면으로 만들면 볼트vault가 된다. 볼트는 한 방향으로만 진행하지만, 원형의 평면 위에 반구를 이루는 3차원이 돔dome이다. 그것은 구조 기술과 조형 감각을 하나로 할 수 있어야 가능한 것이다

우리는 그 위대한 돔의 미학을 BC 27년 로마 판테온에서 볼 수 있다. 이 만신전萬神殿은 원형의 평면 위에 직경 43.2m에 달하는 원

콜로세움(70~82) 경기장은 4만5천의 관객을 수용할 수 규모이며, 이를 타원의 평면(188×156m 직경)으로 조형하는 기하학적 솜씨가 진보된 기술성을 말한다. 외관은 밑에서부터 1층이 도릭, 2층이 이오닉, 3층이 코린티안으로 3개의 규범으로 구성되었다. (왼쪽)

판테온(118~128) 원통형의 벽에는 외창이 없고 벽을 파내어 니치Nich와 알코브alcove를 구성하였다. 유일한 채광구는 돔의 정점에 둘린 광혈光穴이다. 여기에서 투사되어 들어온 빛은 시간 이동에 따라 돔의 내부를 쓰다듬는다. (오른쪽)

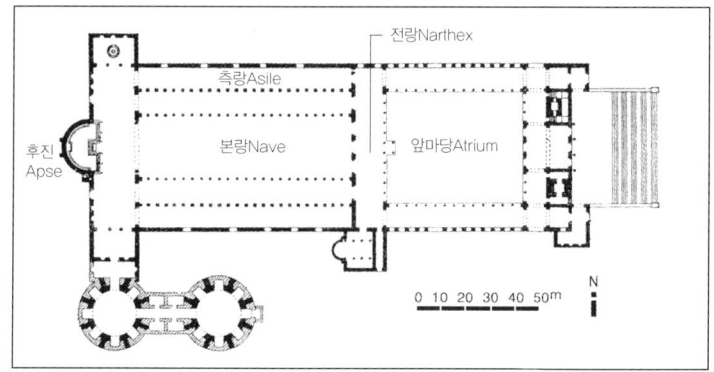

바질리카 교회건축의 전형성으로서 입구-아트리움-나르덱스-네이브-앱스의 연속적 전개를 볼 수 있다.

통 공간rotunda을 만들고 그 위에 돔을 얹은 아주 단순하고도 명쾌한 공간 형식이다.

초기 기독교 양식 (313~)

기독교 초기, 로마의 박해 시기에는 교회를 갖지 못하였다. 313년 콘스탄티누스 대제의 기독교 공인 이후 지하 교회catacomb에서 벗어나 비로소 지상의 교회를 갖게 되었다. 이 시기에 바실리카basilica 형식이라는 교회 양식이 정착된다. 초기 기독교 양식의 규범은 형태보다도 그 평면 형식으로 읽어야 한다. 신자가 외부에서 교회 내부로 진입하는 순서를 따라 그 공간의 구조를 설명하자.

교회 앞에 이르러 우리는 종탑campanile으로 교회의 존재를 안다. 입구를 들어서면 회랑回廊으로 둘러싸인 마당atrium에 들어선다. 아직 우리는 건축의 내부에 이르지 못하였다. 그러나 이 아트리움은 우리가 속세의 공간에서부터 성전으로 전이하는 장소이기 때문에 긴요하다. 마당의 중앙 축에 이어지는 입구가 포르티코portico이다. 이 문을 들어와 내부로 전환되면서 예배 홀이 나오는데 이것이 전랑narthex이다. 나르텍스는 교회의 규모에 따라 한 겹이거나 두 겹이 된다. 교회의 몸체 부분인 본랑nave에 들어 회중석에 이르기 위해서는 양쪽의 통로aisle을 거친다. 회중석에 자리를 잡고 앉으면 우리 앞에 시선을

카라칼라 욕장(21~215) 중심건물만 225~115m의 규모인 종합위락시설이 벽돌 조적조로 이루어졌다.

페르가몬 아크로폴리스, 트라얀 신전(2C) 소아시아의 로마 건축

산 빠울로 바실리카 아트리움에서 포르티코를 향한 모습이다.

역사에서의 건축, 시간의 모습

두는 공간이 후진apse이다. 성가대choir와 성단altar의 뒤로 지성소sanctuary를 모시는 후진은 초기 기독교나 정교회에서는 장막 또는 벽체로 본랑과 가려 구분한다. 이 공간은 교회의 궁극 공간이며 의식이 집중되는 만큼 건축가로서도 정성을 기울이는 부분이다.

중세

중세는 동서 로마의 분리 이후 비잔티움 제국 시대부터 르네상스에 이르기까지 유럽의 기독교 문화시기이다. 그러나 이슬람의 대두로 유럽과 아시아는 지역 편제에 큰 변화를 맞는다. 이 중세의 건축문화는 고딕에 이르러 절정을 이루지만 곧 종교개혁의 물결에 휩쓸린다. 한편 대륙에서는 마야, 아즈텍, 잉카의 대륙문화가 숨쉬고 있었으며, 중국과 인도의 건축문화도 장대한 스케일의 문화를 이룬다. 우리나라로서는 통일신라이후 고려의 시기이다.

비잔틴, 사라센 건축(330~1450)

4~6세기 사이에 흉노, 고트 족이 발흥하며 유럽 지역을 휩쓸고 기존의 지역 경계를 재편한다. 가속되는 이들의 외압으로 로마는 쇠락하고, 동서로마가 분리된다. 476년 서로마가 멸망하고, 330년 콘스탄티노플(지금의 이스탄불)로 천도한 동로마만이 남는다. 그것이 동서 문화가 만나는 역사적인 순간이다. 동로마, 즉 비잔티움은 1000년 동안 기독교 문화와 제국의 면모를 다듬어 갔다. 특히 보스포러스 해협을 끼고 있는 서유럽과 중동 접점의 지정학적 위치에서, 동서의 문화의 잡종강세가 이루어지는 것이다. 그러나 로마는 늙고, 대신 젊은 이슬람의 진흥과 함께 발흥한 오스만 투루크에 의해 1453년 정

복되고 만다. 그리고 유럽은 역사를 중세中世로 넘긴다.

하기아 소피아Hagia Sophia

하기아 소피아는 비잔티움 초기에 황제의 권력이 교황권력을 압도하던 정치적 상징이기도 하다. 조형적으로는 동방의 빼어난 형질뿐만이 아니라 몇가지 뛰어난 기술성을 가지고 새로운 건축 방법을 가르친다. 이 성당의 예술적 절정은 장대한 돔이다.

비잔틴 돔의 구조적 쾌거는 펜덴티브pendentive에 의한다. 이것은 4각형의 몸체 위에 둥근 돔을 얹는데 해결점을 찾은 것이다. 즉 4각형 위에 원형의 돔을 얹으면 네 귀퉁이에 갭이 생긴다. 이 사각형을 원형으로 전환시키기 위해서는 3차 곡면의 절묘한 기하학적 해결이 필요하다.

산 마르꼬St.Marco

베네치아의 산 마르꼬 성당은 그 광장의 아름다움과 함께 비잔틴 예술과 베네치아의 세련성이 교합된다. 산 마르꼬의 성체를 모시는 이 성당은 동방의 감각과 기독교 성당이 혼성된 것으로 5개의 돔이 합

하기아 소피아(532~537) 비잔틴 초기의 대작이기도 하지만, 후에 오스만 투르크 시대의 모스크의 교본이 된다. 힘찬 돔의 공간과 역학적 해석이 놀랍다. 오스만 투르크에 몰락한 이스탄불 시대부터 모스크로 사용되다가 박물관으로 개방된다.

산 마르꼬 후기 비잔틴 건축으로 라틴 십자형의 평면 위에 5개의 돔을 얹고 있다.

창하는 공간이다.

아마 미술사 중에서 가장 빈번히 등장하는 모델은 예수와 성모일 것이다. 비잔티움 시대부터 건축은 프레스코와 모자익 성화, 부조, 조각으로 장식되며 상징성에 집착한다. 8세기 성화聖畵가 우상숭배라는 성화 배척이 대두되기도 하였으나, 복권 이후 성화는 개인 주택을 장식하는 첫 번째 미술품이 된다.

이슬람 Islam 건축(7~17 세기)

611년 마호메트(Mahomet 570~632)가 알라의 선택을 받아 이슬람교를 창설하며 이슬람의 건축을 진보시켜갔다.

모스크 건축

7세기 즈음, 서아시아에서는 거의 모든 문화적 에너지를 모스크(Mosque, 터키에서는 차미Camii)와 종교학교Medresse에 투여하는

이븐 툴른 모스크(876~879) 메소포타미아의 Samarra mosque가 모델로서 court를 4개 갤러리riwaks가 둘러친다. 코트 주변의 기둥은 하부 백색, 상부 사암색으로 대비시켜 전체는 부유하는 아치의 연속처럼 느껴진다

듯 하다. 이슬람교는 모하메드의 사후, 여러 분파를 이루며 중·극동, 북아프리카로 확산된다. 661년 우마야아드Umayyad 왕조가 시작되고 다마스커스의 대 모스크가 건설된다. 이슬람은 지브롤터를 넘어 스페인까지 북상하며 동유럽, 러시아의 동남 지역 그리고 동남 아시아로 이슬람 문화를 전파한다.

터키의 건축은 셀축Selçuk시기와 오스만 투르크의 시기로 구분되는데, 아랍의 모스크 유형는 보통 큰 안마당과 평지붕 아래의 기도공간을 갖는 평이한 건물이었다. 오스만 시대의 모스크는 전적으로 콘스탄티노플의 하기아 소피아를 모방하였는데, 내부 공간을 비잔틴식의 장대한 돔으로 구축한다.

스페인Spain

5세기 경 리베리아 반도는 서고트에 점유 당해 있었다. 그즈음 이슬람은 북아프리카를 거쳐, 8세기에는 스페인 반도로 건너가 계속 북상한다. 11세기, 이슬람을 축출하려는 기독교는 북쪽으로부터 남진하며 두 문화가 충돌한다. 15세기에는 완전한 기독교문화로서 스페인 제국의 시기가 되지만, 이 과정에서 두 문화가 혼합된, 무데하르

쉴레이마니에 모스크 (1550~57) 주 돔의 직경 47m, 주돔의 밑에 5000명의 신도가 예배할 수 있는 공간 규모이다. 이 중앙 돔은 64개의 작은 돔과 공간을 합창한다.

알함브라 궁전의 사자의 정원(1238~) 무어 왕조인 니스르가 절정에 있을 때 궁전, 복잡한 경로의 공간 배치를 따라 깊은 공간들이 정적 속에 있다.

꼬르도바 대 모스크(7~10C) 원래 모스크의 건축에 성당의 평면이 겹쳐졌다. 건축의 양식도 이슬람과 기독교 양식이 혼합되어 있다. 특히 얼룩무늬의 말굽형 무어식 아치가 장려하다.

역사에서의 건축, 시간의 모습

Mudéjar라는 독특한 스페인의 중세예술이 형성된다.

불교 건축 문화

아프카니스탄, 네팔, 티벳의 문화는 힌두와 불교를 근저로 하며 일찍이 목조건축의 양식적 격조를 이루었다. 계속 동진하는 불교문화는 버마(현재의 미얀마), 캄보디아, 타일랜드, 인도네시아에서 절대 종교가 되며 기념비적 건축을 남긴다.

앙코르와트 Ankor Vat

고대 크메르 말기 왕조에 건축된 앙코르 와트는 400년간 밀림 속에 묻혀 있다가 1861년에야 다시 햇빛을 보았다. 한 변이 2 Km에 달하는 해자垓字에 둘러 싸여 있는 규모로써 탑의 높이는 213 m에 달한

앙코르 와트(1113~1150) 도시규모의 사원으로서 접근만 800m의 갤러리를 거쳐야 한다. 깊은 조각의 기법이 왕성한 문화적 역량을 말한다.

다. 그러나 그것도 원래 종교도시의 극히 한 부분에 지나지 않는다는 점이 불교문화의 거창함을 말한다.

중국

한漢의 문화가 종식된 중국은 280년 이후 460년까지, 군벌의 혼전과 난립, 흉노, 선비 등의 외곽민족들이 세력을 얻는 시기로써 166국 시대에 이른다.

29년 북위北魏가 중국의 북방을 통일하며, 아마 이때에 서방 문화가 이입되었을 것이다.

420년 송宋이 건국하며 남북조南北朝 시대가 열리는데, 도시의 건설과 궁궐 건축 이외에 중국에 전래되어 온 불교로 인해 사원건축이 널리 유포되었다. 현재 그 목조 사원의 유적은 볼 수 없지만, 산의 암벽을 깎아 만든 수많은 석굴사石窟寺들이 당시의 장려한 목구조 건축의 모습을 짐작하게 한다.

581~1369년 사이의 약 800년 동안 수隋, 당唐, 송宋, 요遼, 금金, 원元의 왕조들이 일어나는 중국 봉건사회의 중기를 이룬다. 581년

쏭 유에쓰 탑 嵩岳寺塔(남북조南北朝 523) 북위시대의 사원. 벽돌을 쌓아 만든 탑(塼塔)으로써 밑 지름 10.7m의 규모이다. (왼쪽)

샨시山西 다통윈강大同雲崗 제10굴(남북조南北朝 5~6C) 석굴 부조 중에 塔, 殿, 門, 廊의 형상들이 당시 목조건축 문화를 분명히 한다. (오른쪽)

백제와 고구려는 수에서 왕의 책봉을 받았다.

건축적으로는 훨씬 발달한 목조 양식의 설계가 진행되었으며 이것이 우리나라에 영향을 미치는 시기이다.

수隋는 북의 탁군琢郡에서 남의 항주杭州에 이르는 1800km의 대운하를 건설하고 장안長安, 낙양洛陽, 강도江都의 궁전과 원림園林을 지어 호화로움의 극치를 이루었다.

618년 당唐이 건국되며 중국 봉건사회의 황금기를 이룬다. 부유한 경제와 이를 바탕으로 한 문예부흥의 결과로써 당의 건축문화가 이루어진다. 장대한 규모와 유려한 감각이 함께 하는 당의 건축은 불교문화의 확산에 따라 불전의 시대이기도 하다. 이의 영향을 우리나라 통일신라시대와 비교하면 좋을 것이다.

906년 당이 무너진 후 중국은 960년 다시 5개 10국의 분열 상태를 거쳐, 송宋이 중원中原과 남방지역을 평정하였다. 1280년에는 북쪽의 원元에 의해 중국이 다시 통일된다. 도시 생활이 활성화되며 시

츠언스 대안탑 慈恩寺 大雁塔(당唐 704) 7층 누각식 전탑으로 64 m 높이의 규모이다.

포구앙스 동대전 佛光寺 東大殿(당唐 857) 당대의 건축문화를 종합하여 볼 수 있는 유적, 특히 전각형 목조건축의 세부구조가 완성되어 있다.

장과 민간상업 건축들이 보편화된다. 건축의 기교가 더 섬세해져서 유리가 장식재로 등장하였다. 당唐대까지 좌식 생활이었던 것이 송宋대 이후 의자 생활로 바뀌며 가구와 건축 상세에 변화를 만들었다. 화려한 기교가 넘치는 송宋의 건축에 비해 북방의 건축은 구조가 엄밀하고 웅장한 기백을 보인다.

북송北宋 시대에 건축기술의 전문 서적이 한 권 남겨져 전해졌다. 1103년 출판된 「영조법식營造法式」이 그것이다. 이 책이 중국 건축의 규범이며 우리나라와 극동건축의 교과서가 된다. 건축의 모든 치수는 과학적인 비례체계에 의해 이루어지며, 구조역학, 가공법, 재료, 건축의 공정별 비용, 그리고 심미적 요소까지를 망라한 기술, 경제, 예술의 종합서이다.

원元이 중국을 통일한 후 대도大都(지금의 北京)를 영건하였다.

두러스獨樂寺 관음각觀音閣(요遼 984) 정면 길이 12.2m, 높이 22.5m에 3층이나 내부는 단일층으로 통합된 공간이다. 그 견강한 구조적 특성이 조형으로서 당당하다. (왼쪽)

루오한유안羅漢院 쌍탑雙塔(북송北宋 982) 두 개 탑이 모두 7각 8층으로 쌍동이다. 8각의 평면에서 개구부를 각층마다 엇갈려 배치한 것이 구조의 합리성이다. (오른쪽)

한국의 중세건축

5세기 우리나라는 삼국시대에 해당한다. 6세기에 중국으로부터 불교가 전래되며, 목조 건축 양식도 전래되었을 것이다. 매우 거창한 불사가 여럿 창건되었는 바, 미륵사, 정림사 등이 그 흔적이다.

불국사佛國寺(751~) 초기 불교문화의 장소, 그 후 여러 번 개축되며 신라의 조형과는 멀어져 지만, 1300년 전 시작된 불교 건축이다. (왼쪽)

연곡사 동탑 불교의 종교적 사회적 열정이 장려한 장식으로 새겨진다. 이러한 고려의 예술은 조선의 유교문화와 비교된다. (오른쪽)

618년 중국에 당唐이 건국된다. 신라와 고구려는 다투어 당과 교섭하며 당의 국학과 불교를 배우려고 많은 학자들이 중국으로 유학을 갔다. 7세기부터 신라와 일본과의 교섭도 활발해진다. 668년 신라의 삼국통일로 북방, 영서, 영남의 문화적 개별성은 통일신라 시대 문화의 화려한 감성 표현으로 흡수된다. 신라는 751년 불국사를 축성하고, 802년 해인사海印寺를 세웠다.

후삼국 시대의 혼돈을 평정하고 918년 왕건이 고려를 세운다. 고려는 많은 불사를 건축하고 1292년 개경開京으로 환도하여 새로운 도시 건축을 이룬다.

고려는 요遼와 금金의 패권 다툼 사이에서 어려움을 겪다가 송과 금의 화해에 다소 안정된 정세를 누린다. 13세기 초 징기스칸이 아시아의 유럽을 유린하는데, 고려도 몽고의 침략에 시달리며 원元에 조공을 보내며 문화적 영향을 받는다.

이 환란의 시기에 호국불교에 바탕을 둔 고려의 예술성을 엿볼 수 있는 것들이 많이 세워진 바 있다.

일본의 아스카, 헤이안 문화

6세기 중엽 백제로부터 불교를 전해 받은 일본은 607년 고대 나라奈良의 수도 아스카飛鳥에 호오류우지法隆寺를 건축하였다. 이 사찰은 일본에 현존하는 최고最古의 불사로서 금당, 중문, 탑, 회랑으로 양식적 격조를 갖추었으며 백제의 공장工匠들에 의해 축조되었다.

552~710년의 시기의 양식을 아스카 양식이라 말한다. 이후 일본의 사찰도 평지 1 탑- 2 금당에서 1 탑- 1 금당 형식이 정착되며 대전大殿이 전체의 중심을 장악한다. 8세기 경부터 건립되는 도오다이지東大寺가 규모와 균제의 격식에서 좋은 예이다.

일본의 중세中世라고 할 수 있는 헤이안平安시대(784~1185), 일본의 불교는 여러 분파를 이루며 더욱 융성해진다. 대규모의 스케일과 공을 들인 목조건축의 내용이 중세 일본의 대불양大佛樣과 선종양禪宗樣이라는 두 가지 계열을 등장시킨다. 대불양은 견강한 구조 구

도오다이지東大寺 대불양의 사원 건축, 고대 나라奈良 시대의 최대 사찰이었다.

역사에서의 건축, 시간의 모습 73

산주산겐도三十三間堂(헤이안平安 말기, 1164)
건물 이름대로 33칸의 길이로 지어진 사원으로 일본 건축의 적조를 대표한다.

성에 큰 공간이 얻어지고 건축의 조형은 힘차며, 주로 주심포柱心包 형식이다. 선종양禪宗樣은 가람배치의 축이 전체 구성의 근간을 이루며 크고 작은 여러 건물이 집체를 이룬다. 건축적으로는 공학기술이 진보된 구법을 보이며 우리나라 다포多包양식과 비슷하다.

가마쿠라鎌倉시대(1185~1333)의 불사는 양식적으로 더욱 다양해지고 외래 양식과 일본의 양식이 합쳐 화양和樣이라는 신양식이 등장한다.

일본 최초의 계획도시 나니와 경(難波京, 지금의 오오사카大阪)이 645년 건설되고, 당唐의 정부형태를 본따 국가 모습을 갖춘다. 수도는 690년 나라奈良로 다시 옮겨 후지와라 경藤原京 시대를 연다, 16년 후에 20 km 이북의 헤이죠오 경平城京으로 옮기고, 다시 710 헤이안 경平安京으로 옮겨 784년까지 수도로 사용한다. 즉 오사카-나라-교토의 범위가 일본 중세의 중심이었다. 이 도시들은 격자망의 크고 작은 도로로 짜여진 구획 체계를 바탕으로 하였는데 북쪽의 왕궁을 중심에 두고 남쪽에서 접근하며 동서東西 좌우로 주거지가 포진된 모습이다.

건축은 궁성 이외에도 장원莊園과 무가武家의 조성이 활발해졌다. 톱과 대패 등 목가공 도구의 발달로 가공성이 뛰어난 공작을 하면서, 오늘날까지 전해지는 간결하고 정확하지만 가벼운 일본성이 형성된다.

일본의 건축문화를 대표하는 것은 신사神社이다. 신토오神道, 즉 '신이 가르침'이라는 토속종교를 위해 '신이 머무는' 신사를 지었다. 신토오는 일종의 다신교로서 자연이 의인화된 생활 속의 신앙이다. 이세신궁伊勢神宮은 일본에 현존하는 가장 오래된 신사양식이다. 신사의 양식으로는 신메이지조神明造라고 하며, 다이샤조大社造, 스미요시조住吉造와 함께 고대 신사의 3대 양식을 이룬다. 초기의 불사 양식을 차용하던 신사는 점차 자유롭고 다양하여져서 그 후 나가레조流れ造, 가스사조春日造, 하찌만조八幡造, 히에조日吉造 등으로 구분된다.

가스사조   하찌만조

중세 인디아

5세기 경 남인도 힌두교의 재생再生 철학에 건축문화가 겹쳐지며 거대한 석굴 사원을 만들어 남겼다. 10~13세기 경에 남부 인도에는 거대한 신성神聖도시가 건설되며 세련된 기하학과 깊은 조각으로써 종교 철학을 상징하는 건축 문화가 발달한다.

1527년, 티무르Timur의 후예 바부가 델리로 쳐내려와 200년 역사의 무굴Mughul 제국을 열고 석조의 궁실 문화가 꽃피운다. 인도 최후의 봉건왕조인 무굴은 상상을 초월하는 스케일의 궁실에서 호화의 극치를 누렸다. 양식적으로는 양파 모양의 돔, 외관에 구축하는 깊은 니치, 그리고 섬세한 세부 장식이 특징이다. 그 결정이 타지마할이다. 긴 접근축을 따라 나타나는 이 황실의 묘당은 4개의 미나렛(Minaret, 수직 첨탑) 사이의 정방형 기단 위에 세워졌다. 전체의 균

나가레조   히에조

신사神社 이 이전에 신메이지조神明造, 다이샤조大社造, 스미요시조住吉造가 고대 3대 양식을 이룬다. 후기에 들어 신사는 점차 자유롭고 다양하여져서 그 후 나가레조流れ造, 가스사조春日造, 하찌만조八幡造, 히에조日吉造 등으로 구분된다.

아잔타 암굴 사원 #19, 차이타의 내부(5C) 굽타 시기의 건축. 高浮彫로 조각된 부다가 스투파를 중심축에 두었다. 지붕은 목구조에서 차용된 양식이다. (왼쪽)

미낙쉬 사원, 마두라이(17C) 152ft 높이의 구푸람이다. 화려한 상징적 조각으로 종교의 설파를 건축이 직접하는 힌두사원의 전형적인 모습이다. (오른쪽)

제미와 힘찬 볼륨 그리고 섬세한 투조透彫 장식이 후기 인디안 건축의 백미이다. 낭만적인 군주, 사 자한Shah Jahan은 건축광이기도 하여 타지마할을 비롯한 많은 기념적인 건축을 남겼다.

마야Maya, 아즈텍Aztek

멕시코 유카탄 반도, 과테말라, 벨리제 지역에 자리잡은 고대 마야 문명은 거대한 스케일을 일군 구현 능력과 한꺼번에 멸실된 점 두 가지가 다 불가사의이다. 멕시코만 아래 현재 멕시코의 허리부분에서 발흥하여 BC 2000~AD 250년까지 고대문화의 꽃을 이루었다. 250~900년 사이에 도시와 국체를 완성하고 900~1520년 경까지 멕시코로 전이하여 갔다.

13~16세기에는 무역과 문화의 거점 테오티후칸Teotihucan을 조성하였다. 중남미로 번창하던 이 문화는 아직도 분명히 밝혀지지 않은 이유로 소멸되고 만다. 이 유적은 1521년 스페인에 정복당하면서 그 위용을 외부에 다시 드러내었다.

타지마할(1630~53) 마당의 연못이 비치는 돔, 백 대리석의 벽면과 그림자 드리운 니치는 묘당의 적조미를 이룬다. (위)

치첸이차(6~12C) 유카탄 반도의 대표적인 마야 문명으로 신의 도시와 같이 일단의 성소가 도시구조를 이룬다. (가운데)

테오티후칸 태양과 달의 신전, 수개의 피라미드 군, 거대한 사이트를 장악하는 건축가의 구성적 능력이 놀랍다. (아래)

사크사와이만 성채(1438~1500) 거대한 석재를 정교히 잘라 치밀히 접합시키는 수법이 아직도 강인하다. (왼쪽)

마추피추(13C) 공중 요새도시 전경으로서 그 형성과 퇴락의 과정은 확실히 밝혀지고 있지 않다. (오른쪽)

잉카 Incas, 페루

13세기, 중앙 아메리카, 페루의 안데스산맥 위에서 왕도王都 쿠즈코Cuzco가 세워졌다. 마추피추Machu Pichu는 성소, 사원, 주거가 테라스 형으로 정리된 해발 2,400m 정상에 건립된 공중 요새도시이다. 이 도시를 방어하기 위해 쌓은 사크사와이만Sacsahuman 성채가 또한 놀랍다. 원시적인 도구로 거대한 석재를 채굴, 절삭, 접합시키는 치밀한 공정은 장인의 솜씨와 토목공학의 두가지 능력을 겸비해야만 가능하였을 것이다.

로마네스크 Romanesque (8~12C)

비잔틴의 영향은 분명히 서양 건축문화를 풍요하게 하나, 한편으로 서양은 자기 정체성인 로마의 향수가 떠오른다.
로마네스크는 로만적인 것으로 돌아가고자 하는 재귀, 즉 로마의 규범 미학과 이지주의적 정서를 회복시키는 것이다.
피사Pisa의 사원은 세례당Batistery, 성당Duomo, 종탑Campanile으로 구성된다. 그 중에서 한참 기울어져 걱정을 끼치고 있는 것이 종탑이며, 둥근 평면의 세례당은 화사한 로만적 정감을 가지고 있고

피사 사원(1153~1265) 200년에 걸친 작업 끝에 완성된 것으로 로마문화의 세련미가 다시 찾아진다. 그래서 사원은 이미 고딕의 기미를 띤다.

성당은 엄격하다. 이 세 개의 건축은 1세기 이상에 걸쳐 완성되지만 통일된 양식미를 유지한다.

고딕 Gothic (12~16C)

중세 서양의 사회는 교황권의 확대와 함께 기독교 자체가 미학이 된다. 회화를 지배하는 것은 곧 성화聖畵이며 조각과 공예는 곧 성물聖物이고 건축은 곧 성당聖堂이다.

하늘을 향한 고딕의 몸짓은 곧 수직이다. 우리가 보통 교회를 '뾰족당'으로 기억하게 하는 것도 이 시기의 성당 양식에 연유한다.

고딕의 성당을 해부하면 크게 3가지로 구분할 수 있다. ┼자형의 평면, 하늘을 향한 종교적 상징으로써 수직적 비례, 공간을 상승시키기 위한 구조방법의 혁신이 그러하다. 이 세 가지 본질은 독립된 것이 아니라 모두가 연관되는 시스템으로 이해해야 한다. 네 변의 길이가 같았던 이전 시기의 정┼자형(Greek Cross) 평면은 본랑nave의 길이를 늘리어 †형(Latin Cross)으로 변화되었다. 이는 회중석을 크게 늘리며, 성단 뒤의 후진apse과 좌우에 익랑翼廊을 구체화시켜,

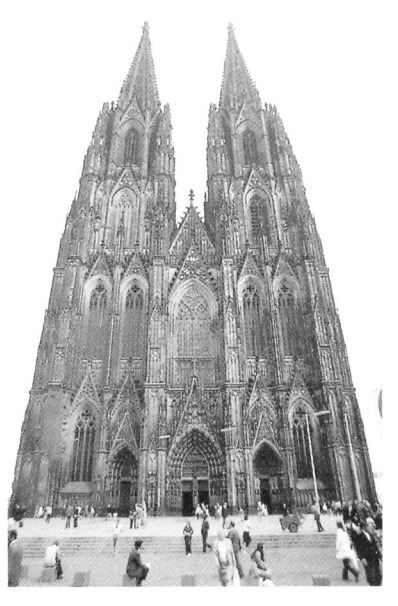

노트르담 대성당(1163~1214, 1879) 측면의 플라잉 버트레스이다. 유럽의 성당 중에서 가장 세련된 고딕의 조형을 보이는 예이다. (왼쪽)

쾨른 대성당 (1270~1322) 가장 남성적인 고딕의 조형이다. 그 규모 역시 대단하고 아직도 미완의 상태라고 할 수 있을 만큼 신중하고도 오랜 공사기간을 가져왔다. (오른쪽)

미사의 집중성을 높이는 효과를 얻었다.

치솟는 몸체의 높이는 자연히 기둥, 창문 등의 요소가 더욱 수직적으로 만들며, 모두 함께 하늘을 희구한다. 그동안 아치는 그 상부가 반원 모양이었는데 고딕에서는 정점이 뾰죽하게 되는 첨두 아치 pointed arch를 만든다. 내부의 기둥들도 현저하게 높은 치수로 지붕을 받쳐야 한다. 이 치솟는 기둥은 밋밋한 원기둥이 아니라, 여러 개의 작은 원들이 모아진 모양으로 상부로 올라가며 리브rib로 묶어져, 마치 우산살을 펼친 듯 확산하여 지붕을 받친다.

외부의 측면에서 보면 크고 작은 기둥들이 몸체를 부축하고 있다. 이 부축 기둥을 '날으는 부벽flying buttress'이라 하는데 최소한의 구체를 가지고 큰 공간을 버틸 수 있는 하이테크이다. 이들이 높은 지붕에서 눌러 내리는 무게로 인해 건물이 옆으로 벌어지려는 것을 지탱하는 것이다. 그 동안 건축의 벽은 이 무게를 버티려는데 전력을 다해야 하였다. 그래서 창의 면적이 아주 제한될 수밖에 없었고 자연히 실내는 어두웠다. 반면에 고딕의 구조방식은 큰 창을 만들

기랄다(1184~16C) 1184년 모로코 출신의 왕 Abu Yacub Yusef가 모스크로 건설한 후에 5세기에 걸쳐 성당을 키워 왔다. 이슬람의 영향이 짙은 남부 스페인 성당의 대표적인 예이다.

수 있게 되었으며, 창은 스테인드 글래스로 장식하여 종교적 수사성을 더 하였다. 스테인드 글래스를 통한 채광은 공기를 물들이며 내부공간의 존재를 일깨운다.

고딕 양식은 유럽 전역으로 전파되지만 지역마다 스타일이 조금씩 다르다. 프랑스의 고딕은 세련미와 정제된 조형을 보이며, 독일의 것은 보다 조금더 어둡지만 힘차고 강렬하다. 이탈리아의 고딕은 로마네스크의 잔재가 가장 짙고 비교적 자유로운 편이어서 지역마다 독창성이 있다. 영국의 고딕은 섬세하지만 구조 조형의 능력은 독일이나 프랑스에 비해 기술성이 떨어진다. 고딕은 성당만이 아니라, 성관, 궁전 건축에 응용되며 중세를 장식하여 간다.

이슬람의 문화에서 기독교 문화로 전이된 중세, 제국시대의 스페인은 수많은 대규모의 성당들을 도시 교회로 지었다. 스페인의 고딕은 프랑스의 영향을 기반으로 하나, 남부의 고딕은 전술한 바 있듯이 이슬람의 물기가 배어있다.

근세

종교 개혁과 인문주의 문예로 전이된 상황에서 유럽은 봉건주의의 마지막 시기를 장식한다. 중국은 명청明淸시대로서 가장 장려한 원숙기에 든다. 우리나라는 근세 이후 대한제국시대까지이다.
곧 유럽은 산업혁명을 이루고 세계는 식민지 경쟁에 들며 문화의 교류가 빈번해진다.

르네상스Renaissance (15~16 C)

정치, 사회, 예술을 종교가 지배하는 중세사회가 밝은 것만은 아니었다. 점차 종교의 부패, 현실과의 모순 그리고 무엇보다 인간 구원을 대리한다는 교권에 대해 회의가 일게되었다. 너무 극단적인 고딕의 교조주의에 식상된 예술가들은 누구를 위해 무엇을 디자인하는가 반문한다.

그것이 인본주의라는 르네상스의 동기이다. 고딕에서 치닫던 절대 신을 향한 예술관도 지상의 눈 높이에서 인간의 눈으로 돌리게 된다. 동시에 과학의 발전, 지리상의 발견, 산업의 발달이 현실의 삶을 다시 생각하게 한다. 이 인문주의는 그후 종교개혁의 단서이기도 할 것이다.

건축의 정신은 안정되고 조형은 단아해진다. 비례는 평온해지며 고전의 규범이 새삼스러워 진다. 당대 최고의 예술가인 브루넬레스키, 미켈란젤로, 라파엘 등은 회화, 조각 그리고 건축의 장르를 가리지 않던 종합예술가였다.

팔라디오는 건축조형의 수리적 해석을 중요시여기며 균제와 정제된 통일의 미를 찾았다. 도시건축은 고딕의 수직성에 반하여 수평선으로 잔잔해지며 적절한 비례로 안정된다.

르네상스는 전 유럽으로 확산되지만 그 처음의 중심은 이탈리아 피렌체였다. 피렌체 대성당은 공간 중심에 쿠폴라Coupola를 얹

부르넬레스키, 피렌체 대성당(1296~1420~1434) 이탈리아 초기 르네상스의 작품으로 쿠폴라의 구법이 구체화되었다.

팔라디오, 빌라 로툰다 수학적 조형을 근간으로 하며, 원과 정방형이 형상의 기본이다. 전체와 부분의 조화가 돋보인다.

미켈란젤로, 카피톨(1540~1644) 로마 시내를 내려다보는 구릉 위에 앉은 건축. 사다리꼴 평면의 앞마당은 일단을 이루는 건축과의 관계에서 시각적 결속력을 강하게 한다.

어 돔의 외형적 옹색함을 극복하였다. 그 동안 돔은 반구의 모양이었는데, 지상에서 보기에 실제로는 납작하여 보인다. 르네상스의 쿠폴라는 평면의 반경보다 높이를 더 늘리어 더 두드러지게 한다. 또한 내부공간에서는 쿠폴라 하부에 채광창을 구성하여 성당의 중심에 환상적인 빛을 드리우게 하였다. 그것이 모두 구심求心을 위한 조형이다.

후기 르네상스, 바로크, 로코코(1540~1580~1750)

15세기에 들며, 아이러니컬하게도 기독교 성전인 바티칸의 산 삐에트로 성당이 완성되는 것과 함께 종교 개혁이 서유럽 사회를 휩쓴다. 종교계의 퇴락은 면죄부의 발행으로 극에 달하고, 사회는 종교의 본질을 의심한다. 우리는 이 산 삐에트로 성당에서도 종교적 경외감을 느끼면서 동시에 종교의 권위주의, 착취당하는 서민의 피땀, 희생된 인간성을 되뇌이게 한다.

이 건물은 초기 구상에서부터 완성까지 120년이 소모되는데, 미켈란젤로에 의해 완성될 때까지 라파엘, 브라만테, 브루넬레스키 등의 4명의 건축가가 생애를 바치는 대 역사이었다. 신에 대한 열정은 우

미켈란젤로, 산 삐에트로 대성당(1506~1626) 르네상스에서 시작하여 바로크 시대에 종결되는 대역사로서, 종교와 미술이 결합해 극화된 공간이 된다.

베르니니, 산 삐에트로 광장(1656) 이 세계 최고의 도시공간은 타원의 평면을 감싸는 열주랑이 힘찬 리듬을 합창한다.

살라만까 대학(1513) 스페인의 바로크는 극단적인 장식성을 위해 기교의 심미가 우선한다. (왼쪽)

일 제슈 성당(1753) 내부, 자유로운 평면과 틀을 벗어나 번져나오는 천장화는 형식과 표현에서 모두 자유로워지려는 것이다. (오른쪽)

선 규모로 알 수 있으며, 미켈란젤로의 장대한 남성적인 힘의 미학이 내부에 넘친다. 특히 성당 중심의 쿠폴라 공간은 르네상스 양식의 백미이다. 미켈란젤로 이후에도 이 성당은 베르니니가 마무리하는데, 이즈음 르네상스의 시대는 지나고 바로크 시기로 반전되어 있었다.

산 삐에트로 성당의 광장은 우리를 압도하는 스케일에서 타원의 동적 조형으로 바로크의 성질을 말한다.

예술가는 언제나 자유롭고 싶다. 르네상스의 이지주의도 이 자유로움으로 전이된다. 그래서 형식적 질서보다는 감성이 우선 지배한다. 외관은 어떤 규범을 떠나 혼탁한 장식 요소를 가지며 인테리어도 자유 스타일이 된다.

프랑스는 로코코라는 유미주의에 몰두하며 실내장식과 조원에서 봉건시대를 마지막을 장식한다. 베르사이유Versaille 궁전은 루이 왕조

베르사이유 궁전(1661~1670~1756) 프랑스 로코코의 장식적 유미주의

와 마리 앙뚜와네뜨에 의해 화려와 사치의 극치를 누리나, 그 장소가 곧 프랑스 시민혁명의 현장이 된다.

중국의 명청 시대 (1368~1840)

진정한 통일국가인 명명의 시대에서 지역간의 문화교류가 촉진되며, 건축과 조원造園의 예술을 진흥시켰다.

명 초기의 수도 남경南京은 18세기 초 북경北京으로 옮겨져 원대元代에 이룬 도시 기반 위에 제국의 수도를 이룬다. 자금성紫金城을 기점으로 하는 8Km의 성역이 도시계획에 의해 이 때에 조영되었다. 명대의 건축은 목구조 이외에 벽돌을 응용한 무량전無梁殿(서양의 아치 구조)으로 건축의 내구성을 높이고 스케일을 확대하였다.

청대淸代는 조원 예술에 열심인 거주문화로서 산수원山水園의 예술 특징을 보인다. 명대에 이어 청조는 여러 종교를 포용하고 이를 정치 수단으로 삼는데, 자연히 건축도 외래문화를 수용하는 태도이다. 청의 건축은 구조 체계를 보다 발전시키고 공예미술의 기법을 건축화하여 장식을 더욱 기묘하게 하였다. 그러나 이렇듯 장려한 건축문화도 청대 말기 1940년, 영국과의 아편전쟁과 함께 봉건제도가 해체되며 소멸되고 만다.

중국은 반 식민지 상태에서 유린당하고, 일제 시기에 국가가 훼손된다. 그것이 공산주의 중국으로 근대를 맞는 조건이었다.

일본의 바로크, 에도 시대 (1600~1868)

무로마찌室町 시대, 1세기에 걸친 혼란으로 전국이 황폐해질 때, 도쿠가와德川幕府가 통일 일본을 이룬다. 수도를 도쿄東京로 옮기며 시작된 에도江戶시대(1600~1868)는 세련된 귀족문화로 말해진다.

아울러 사원과 신사神社 문화가 대중화되고 건축양식도 세속화되었다. 1633년의 기요미즈데라淸水寺는 짙은 산세에 지어진 대규모 사찰로서 풍광과 배치를 결합하는 연출력이 돋보인다. 서민문화에 깊숙히 파고 드는 사원은 채색과 조각을 과다하게 하는 경향이다. 17세기 이후 일본의 건축은 대공大工의 역량을 뽐내는 듯한 장식과다의 유미주의에 빠진다. 이렇듯 장식과 세부 디자인에 탐닉하는 에도江戶시대의 경향이 그 이전 교토 시기의 격조와 비교된다.

중세 말기부터 문벌간의 갈등은 요새화된 성곽의 양식을 발전시킨다. 근세에 이르러 철포가 공격수단이 되며 성곽의 구조도 이에 대응한다. 강인한 석조의 하부구조에 여러한 곡선을 두며 건축을 내화구조로 하는 것으로 방어능력을 높이었다.

일본 건축의 특징은 다실茶室 공간에 잘 함축되어 있다. 극소極小주의의 공간, 격식의 생활문화 그리고 정원문화가 정수된 일본성의 정체이다. 유희의 공간으로 노우能, 극장 가부키歌舞伎가 일본의 보편적 문화기능이었다.

오사카大阪 성의 천수각天守閣. 성곽의 중심건물로 주로 회반죽의 백색 표장은 내화구조의 방법이기도 하다.

조선의 건축 문화 (14C~)

이성계는 1393년 국호를 조선으로 하고, 왕위에 오른다. 15세기 중반은 이탈리아의 메디치가 르네상스를 한창 진흥시키던 시기인데, 1443년 세종의 훈민정음 창제가 그 즈음 일이다.

중세 우리나라의 건축은 공포栱包의 구성 방법에 따라 크게 두가지로 구분된다. 하나는 기둥 위에만 포작包作을 하는 주심포柱心包이고, 다른 하나는 기둥과 기둥 사이에도 공포를 형성하는 다포多包 형식이다. 주심포는 간결하면서도 힘찬 구조적 에너지가 외관에 드러나는 단조短調의 조형과 같다. 이에 비해 다포는 좀더 큰 규모의 건축에 적용되며 훨씬 장려한 장조長調의 조형을 이룬다. 물론 다포

봉정사 극락전 현존하는 불사 중에 가장 오래된 주심포의 양식을 보인다.

경복궁 근정전 조선 후기 양식으로서 장려한 외관이 다포에 의해 지지된다.

병산서원 조선조 선비의 정신적 공간으로서 개념이 있다. 입교당에서 만대루를 넘어 앞 산을 끌어안는다.

에서 포작의 수는 기둥 간격이나 건물 규모에 따라 늘어난다. 대개 주심포는 고려말에서 조선 초기까지 많이 만들어지고 그후 조선조의 대부분 큰 규모 건축은 다포로 건축된다.

모든 건축이 주심포나 다포의 유형에 따르는 것은 아니며, 그밖에 익공翼工 형식과 같이 포작이 형성되지 않는 간략한 방법도 있다. 그밖에 한옥은 지붕의 형식, 처마의 구성 등 많은 요소들이 복합적으로 하나의 양식을 이룬다.

조선 중기 이후 숭불억제崇佛抑制의 정책은 불사佛寺 건축의 위축을 불가피하게 하고, 상대적으로 서원書院 건축을 보편화하였다.

신고전주의 (1750~1900)

18세기 중엽, 건축가들은 그들의 고전 예술에 대해 새삼스러운 미학적 가치를 다시 발견한다. 독일 슐레만의 트로이 유적 발굴, 영국 에번스의 크레타 발굴 등에 자극되어 갑자기 사회가 고고학에 관심을 기울이던 동기도 분명하다.

이즈음 건축가들은 바로크 예술의 과장된 유미성에 식상하고 그동안 창고에 묻혀있던 규범의 미를 기억하게 된다. 그리고 먼지를 털어 꺼내어 질서와 이성의 미학으로 다시 관

쉰켈, 알테스 미술관(1824~28) 신고전주의 건축의 대표적인 건축으로서 그리스 고전의 정면과 내부 로툰다를 갖는다. (왼쪽)

마드렌느 성당(1804~49) 19세기 건축임에도 불구하고 그리스 신전의 형식을 차용한다. (오른쪽)

심을 갖는다.

베를린 알테스 미술관의 조형은 그리스 고전의 기억 그대로이다. 빠리의 마드렌느 성당의 외관은 우리가 이미 그리스 고전에서 파르테논을 설명하던 요소들의 재현과 같다. 런던의 대영박물관도 그 전면의 조형은 고전형식을 빌리고 있다.

절충주의, 그밖의 낭만적 태도

고전주의의 부흥은 그리 지속적인 지지를 받지 못한다. 그것은 역시 예술의 양식미가 새로운 창조를 가리고 있기는 어려운 일이기 때문이리라.

미국의 건축이 비로소 세계사에 등장하는 것도 이즈음이다. 18세기 말 워싱톤D.C.의 백악관, 의회당 등이 고전주의 풍으로 건축된다. 19세기 이전 서양의 건축은 한동안 무국적 다원주의처럼 여러 가지 스타일이 혼성되는 절충주의 경향을 보인다. 어떤 양식적 통일감도 버리는 대신에 다양한 양식 요소들을 섞어 쓰는 것이다. 런던의 러셀호텔이 외관을 구성하는 요소들을 보면 고딕 복고풍, 로만적인 것, 심지어는 이슬람 건축의 흔적까지 혼합되어 있는 양식의 비빔밥

러셀 호텔(1898) 각종 양식과 디자인 모티브가 혼합하여 비벼진 절충주의 양식의 예이다. (왼쪽)

미합중국 의회당(1793~1867) 고전주의와 르네상스의 절충이 국가주의 문화로 요소의 과잉을 보인다. (오른쪽)

을 맞본다.

이와 같이 양식적 혼미 속에 예술이 무위도식하는 즈음 영국으로부터 산업 혁명이 일고 있었다. 이제 우리는 지지부진한 19세기말을 빨리 정리하고 20세기로 들어서려 한다.

2.2. 모더니즘의 개화, 아방가르드의 꽃밭

산업사회와 모더니즘 문화

봉건사회가 무너지고 시민사회가 열리면서, 도시건축이 도시문화를 이루었다. 봉건계급과 종교가 전유하던 예술은 대중에 가까워지고 예술의 보편적 가치가 중요해진다. 미술은 인상주의로 전환되면서 대상의 형상보다는 인상적 감정이 더 중요해졌고 빛과 색채만으로도 그 목적에 이른다.

산업혁명 (18~19C)

이미 17세기 중엽부터 시작된 산업혁명은 건축의 기술과 재료 공학에 보다 넓은 가능성을 제공하였다. 특히 철과 유리는 모더니즘의 건축을 이루는 주요 인자가 된다.

대영제국 시절, 영국 빅토리아 여왕 시기인 1854년 세계 최초의 EXPO인 런던 박람회가 개최되는데, 이를 위해 지은 전시장이 수정궁이다. 철강과 유리만으로 완성되며 크리스탈 팰리스라 불리어진 이 건축은 시대가 낭만주의를 결별한다는 확실한 신호이었다.

1889년 빠리가 세계박람회를 개최하며 또하나의 20세기를 향한

구스타프 에펠, 에펠 탑(1887~89) 프랑스는 철이라는 소재만으로 이 엘레강스한 선을 공작한다. (오른쪽)

조셉 펙스톤, 수정궁(1851~54-Victoria(1837~1901)) 조립식 구조로 철강과 유리만으로 구축되었다. (왼쪽)

기념비를 건립하는데, 그것이 에펠Effel이 설계한 '허공 속의 조형, 바람 속의 철조' 에펠탑이다. 300m 높이로써 철강이라는 경색되기 쉬운 재료와 공학을 가지고 프랑스의 우아한 감성을 표현한다.

아방가르드 Avantgarde

봉건사회에서 시민사회로 전이하는 20세기초는 국제정치의 불안과 사회문화의 공황을 대가로 치루었다. 1914년에서 4년간 계속되는 1차 세계대전이 벌어진다. 어느 시기에나 전후의 문예사조 Aprésguerre는 감상에 기울어지는 경험을 해왔다.

시민사회의 경영, 새로운 기술 수단, 그리고 보편성의 미학이 20세기를 향한 격렬한 파도, 아방가르드avant garde를 이루게 한다.

피터 엘리스, 오리엘 참버 빌딩(1864~65) 철조와 유리로서 훨씬 가볍고 맑은 건축이 가능해졌다.

모리스 공방 예술의 대동적 전파를 강조하나, 가구의 조형은 고딕 양식을 기반으로 하고 있다.

예술과 공예 Art and Crafts (1848~1860)

영국의 문화비평가이며 사회운동가인 존 러스킨John Ruskin은 근대예술의 두 가지 덕목을 말한다. 첫째, 보다 넓은 계층이 예술을 향유할 수 있는 대중화, 둘째, 작가의 혼과 체온이 담겨진 공예정신 craftmanship의 강조이다. 그는 '장식의 아름다움', 특히 고딕의 양식미를 찬미한다. 그러나 그 장식의 미학과 예술 대중화의 의지, 공예정신과 기계생산을 거부하는 생각 사이에는 모순이 보인다. 여하튼 이렇게 하여 예술은 궁전과 교회에서 끌어 내어졌다.

존 러스킨의 제자 윌리엄 모리스William Morris는 그 자신이 직접 공방을 경영하며, 실내장식, 가구, 공예, 건축의 넓은 영역에서 스승의 예술정신을 실천한다. 그의 자택인 붉은 집Red House에서 우리는 일체의 양식적 허식이 제거되고 남은 조형세계를 볼 수 있다.

19세기말 유럽의 아방가르드는 불어권의 아르 누보Art Nouveau와 독일어권의 분리파 운동Secession으로 나누어 진다. 빠리와 브뤼셀의 디자인이 관능적 감성에 전신을 내맡기는 바에 비해, 후자인 비엔나는 절제된 형태에 국지적인 자극을 즐긴다. 아르 누보의 예술은 20세기초까지 전 유럽은 물론 미국의 아르데코Artdeco와 일본으로 확산된다.

아르 누보Art Nouveau (1880~)

브뤼셀과 빠리를 중심으로 전개되는 '신예술'은 공예, 그래픽, 실내장식, 건축 등 모든 디자인 분야에서 공통된 목표와 방법을 가지고 풍미하였다. 우리는 이 신예술운동의 동기가 되는 라파엘 전파Pre Rapheld의 거동을 볼 필요가 있다. 라파엘 전파는 그동안 예술을 짓눌러 왔던 종교적 주제에서 이 땅 위의 현실 인간으로 눈을 돌린다. 과연 있을지 모르는 천상天上의 주제에서부터 우리 일상의 주제로 바꿔어지는 것이다. 라파엘 전파는 몽환적 이미지를 특징을 하며, 그 특유의 '문질러 그리는' 묘법描法이 아르 누보에 영향을 준다.

아르누보는 기본적으로 선線의 조형이다. 식물과 곤충과 같은 유기물을 모델을 추상화시키며 율동감을 얻고, 몽환적 이미지는 관능에 젖는다. 선을 영매靈媒의 언어로 하는 조형법은 아르누보

필립 웹, 윌리엄 모리스, 붉은 집, (1859) 붉은 벽돌만의 외관, 내부는 모리스의 신예술정신이 함축되어 있다.

라파엘, 그리스도의 변용, 1518~20, 종교적 주제에 대한 맹목성의 중세 회화

단테 가브리엘 로셋티, Beata Beatrix, 1863 라파엘 전파의 회화로서 주제는 인간으로 돌아오나, 몽환적 표현을 특징으로 한다.

역사에서의 건축, 시간의 모습

빅토르 오르타, 따셀 저택(1892~93) 흐느적 거리는 선의 조형으로, 아랍의 서법처럼, 공간을 부유하며 채워 간다. (왼쪽)

에밀 갈레 금속 장신구는 주로 동식물, 곤충의 형상이 소재가 된다. (오른쪽)

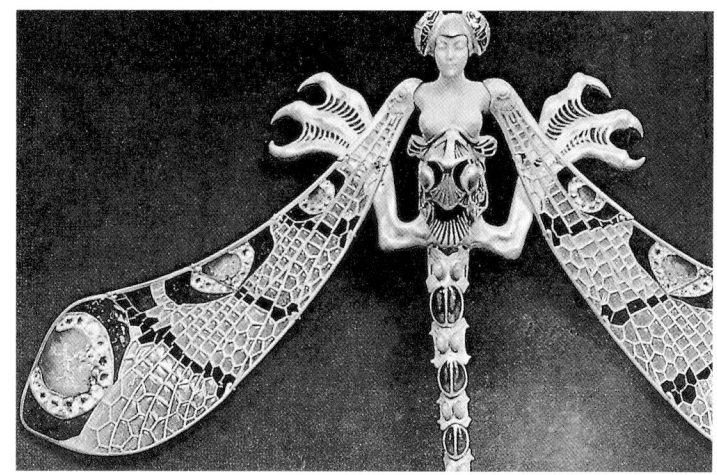

를 부르조아의 藝術이라는 비평에 있게 한다.

당시 브뤼셀은 오르타Victor Horta의 절대적인 영향 밑에서 아르 누보에 몰두하는데, 아직도 많은 오르타의 작품을 보존하고 있다.

프랑스 아르누보는 공예, 시각 예술, 실내, 건축은 물론 도시의 공공시설까지 보다 넓게 받아들여졌다. 빠리에는 지하철 개설 당시 아르 누보로 설계된 역사가 남아 있어 도시 예술을 만날 수 있다.

당시의 귀마르Hector Guimard의 빠리 아파트를 구성하는 현관, 창문, 난간 등은 어떤 부분도 똑같이 반복하지 않으려는 듯, 다채롭고도 화려한 줄기와 가지로 일렁인다. 왜들 그렇게 흐느적 거리는가, 우리는 다시 한번 세기말의 예술사조를 함께 그려보는 것이 유효할 것이다.

유미적 취미에 기울어지는 아르누보는 건축적 성과보다도 실내, 공예에 더 활발한 작업을 이룬다. 장식은 디자인의 사회적 이슈들을 생략한 채 인간의 원초적 감성에 호소하는 특질을 갖기 마련이다. 그렇듯 내부공간의 거동보다도 장식의 향기에 탐닉하는 것은 건축의 진화를 위한 큰 동기가 되지는 못한다.

빅토르 오르타, 오르따 박물관(1898) 실내에는 가구, 상세, 미술 등이 천창으로 부터 투과되어 들어오는 광선 속에서 유기체처럼 살아 숨쉰다.

엑토르 귀마르, 빠리 지하철역(1899~1905) 주철과 그래픽이 아르 누보의 유려한 패턴으로 함께 한다.

엑토르 귀마르, 베랑제 공동주택 (1894~98) 기둥, 문, 창, 악세서리 등 요소들의 조각성 유미성이 강하다.

가우디 Antoni Gaudi (1884~1926)

가우디의 조형이 유럽의 아르누보와 구분되는 것은 스페인 카타로니아의 지역성에 기초하는 독자성 때문이다. 그의 초현실적 이미지는 때로는 천진하며 때로는 비장한 종교적 상징성에 잠긴다. 풍만한 형태성에 돌, 벽돌, 주철, 유리 그리고 세라믹 모자익은 아주 중요한 수사를 맡는다.

바로셀로나의 많은 프로젝트는 그의 예술 페트런인 귀엘 백작이 제공한 것이며, 도시의 절대적인 지지 속에 이루어져 갔다. 가우디의

안토니 가우디, 밀라 저택(1905~07~10) 가로의 귀퉁이 대지에서 넘실대는 윤곽과 디테일이 건축을 지배한다.

안토니 가우디, 성 가족 성당(1884~1926) 가우디 최후의 작품. 고딕을 통한 종교적 혼이 가우디의 열정으로 재생된다.

「Jugend」 창간(1896) 유겐트 잡지의 표지로서 낡은 세대를 몰아내보내는 청년 예술을 상징한다.

조형이 고딕예술에 깊이 젖어 있다는 것은 분명하나, 그는 거의 본능적인 구조의 감각으로 조형하는 듯하다. 그래서 그의 도면은 건물이 준공될 때까지도 완성되지 않는다. 철저한 현장성에 의존되는 작업이 중세적이다. 성 가족 성당Sagrada Familia은 영원한 미완성의 운명처럼 1882년에 착공되었으나, 아직도 그의 후계에 의해 작업 중이다. 무엇보다 우리를 압도하는 그의 환상성은 '구조화된 자연'과 같은 것이다.

유겐트 스타일 Jugend Stil (1896~1897)

아르누보가 꿈틀대는 양감의 조형인데 비해 유겐트 스타일은 2차원의 선형으로 역동적이다.

1896년 「유겐트Jugend」라는 잡지가 뮌헨에서 발간되는데 그 표지가 이 청년 예술의 강령을 대변한다. 생기발랄한 두 처녀가 한 늙은이를 끌고 어디론가 달려간다. 여기에서 두 처녀는 유겐트 스타일의 새로운 예술운동이고, 늙은이는 구시대의 양식일 것이다.

다름슈타트의 예술인 마을

예술 패트런인 루드비히가 독일의 한 작은 도시 다름슈타트에 '예술인을 위한 마을'을 설립한다.

올브리히Joseph Maria Olblich가 주관하는 이 마을 계획은 예술가를 위한 주택과 교회, 전시장 등의 프로그램을 가지고 여러 건축가를 초대하여 작업되었다.

그 중에서 루드비히관은 1901년 예술인 촌의 제1회 전람회를 위하여 완성되었다. 루드비히 공公을 위한 결혼기념탑은 전모의 기하학적 구성의 의도, 벽돌의 솔직함 그리고 그 상세에서 근대적 요소의

요제프 마리아 올브리히, 에른스트 루드비히 관 (1899~1900~01) 다름슈타트의 중심 건물로 내부공간의 요구에 의한 경사지붕이 그대로 매스의 조형이 되고, 입구에 중심적 성질을 위해 아치 주변에 장식을 모은다. (왼쪽)

요셉 마리아 올브리히, 그뤼커 주택(1900) 다름슈타트 예술인촌의 주택 중 하나, 백색의 단아한 주택으로 절제된 장식이 가리앉는다. (오른쪽)

적용이 시작된다. 꿈의 마을, 예술가를 위한 일련의 주택들은 9년간에 완성되었다. 이 다름슈타트 프로젝트에서 산업디자이너였던 베렌스가 건축가로 데뷔한다.

근대 디자인 교육 (1898~1909)

이즈음 스코틀랜드 글라스고우에는 맥킨토시Charles Rennie Mackintosh를 교장으로 하는 조형전문학교가 설립된다. 이 학교는 그의 조형을 세계로 전파하는 창구가 되기도 한다.
그에게는 켈트 족의 신화적 신비주의와, 실용적인 수공예의 방법이 함께 한다. 단순하면서도 엄격함에는 그가 흥미를 갖던 일본 전통 디자인의 극기주의 경향도 보인다. 맥킨토시가 갖는 스코틀랜드의 정서는 대륙의 아르 누보에 비해 선이 곧고 구성적인 힘이 강하다. 글라스고우 미술학교 건축에는 맥킨토시의 모든 조형적 주제들이 함축되었다. 정면은 철과 유리보다 선호하던 무거운 석조 입구가 중심을 이끌며, 그 좌우에 격자로 된 큰 유리창이 대비되는 구도이다.

찰스 맥킨토시, 글라스고우 미술학교(1896~1909) 왼쪽은 맥킨토시의 스튜디오이고, 오른편은 학생 실습장이다.

찰스 맥킨토시, 사무소 가구(1904) 직선과 간결한 조형은 강인한 스코틀랜드의 문화와 일본의 미니멀리즘을 혼화시킨 것 같다.

미국 시카고 파 Chicago School와 설리반

1871년 미국 시카고가 화재로 일시에 잿더미가 된다. 그러나 건축으로서는 전화위복. 이 대화재 이후 도시재건으로 형성되는 시카고 파부터 미국이 근대건축사에 제자신의 모습으로 등장하는 것이다. 이미 1870년에 30만에 가까운 과잉인구로 갖던 시카고는 도시의 자본력을 키우면서 대규모의 도시건축을 필요로 하였었다. 시카고 대화재는 일거에 건설시장을 일으키고, 이 세기말에 시카고는 200만 인구로 성장한다.

목조의 취약한 내화성으로 도시를 소실케 한 뜨거운 경험에서 내화구조와 건설기술이 새로운 스타일을 일구었다. 또한 철골의 보편화와 엘리베이터는 고층화의 빌딩을 가능케 하였다. 릴라이언스 Reliance 빌딩의 경쾌함에는 시카고 파의 조형언어가 포괄되어 있다. 비교적 작은 평면을 14층의 높이로 하여 늘씬한 비례감이 뛰어나고, 구체의 수직성을 베이 윈도우가 조장한다. 이러한 시카고 창, 시카고 스켈톤으로 대표되는 시카고파의 스타일은 일거에 재건해야 했던 도시의 특성 때문에 가능하였을 것이다.

루이스 설리반, 게란티 트러스트 빌딩(1894~95) 고전적 3부 형식을 버리지 못하나 고층 빌딩의 볼륨에 수직선을 강조하는 디자인이 전체를 이끈다. (왼쪽)

루이스 설리반, 오디토리엄 빌딩(1887~89) 극장 내부. 음향의 구조를 조형화한다. (오른쪽)

설리반Louis Sullivan의 초기 조형은 Pre-Columbian, 일본성 그리고 이슬람 건축에 이르는 다국적 예술성을 혼재하고 있었다.
그의 초기작인 오디토리엄 빌딩은 오페라가 가능한 대규모 극장과 호텔, 사무소 공간의 복합건축이다. 이에 외관은 격자와 보자르가 혼용되어 있다. 특히 프로세니엄에서 시작하여 동심원으로 반복되는 아치는 음향의 공간적 확산을 잘 기능한다.

암스테르담의 벽돌

암스테르담의 도시 건축은 일찍부터 석조보다는 벽돌을 쌓는 기술에 뛰어난 능력을 가지고 있었다.
베를라헤Hendrick Petrus Berlage의 암스테르담 주식거래소는 18년이 걸려 완성되는데, 초기의 서투른 절충주의적 낭만성은 결국 간결한 벽돌의 조형으로 완성된다. 이 건축에서 그의 지론인 '공간의 우월성', '형태를 위한 벽체의 중요성', 그리고 '체계적인 비례 관계'

다니엘 번함, 릴라이언스 빌딩(1890~95) 세련된 비례의 수직성을 베이 창이 부추긴다.

역사에서의 건축, 시간의 모습 97

미켈 클럭, 아이겐 하아드 주택지구(1913~19~28) 벽돌 쌓기의 묘미와 상세의 유희가 전모에 넘친다.

헨드릭 베르라헤, 암스테르담 주식거래소 (1884~1903) 벽돌과 화강석의 혼합으로 건축적 수사가 그득하다.

가 이 조적조 조형에 종합되는 것이다.

암스테르담의 클럭Michel de Klerk은 벽돌이라는 경직된 단위 재료를 마치 숨쉬는 유기체처럼 다룬다. 도시의 큰 하나의 블록을 차지하는 아이겐 단지는 아파트와 상업 및 공공건축이 복합된 도시형 주거로서, 도시적 문맥과 조적조의 디테일의 묘미가 함께 있다.

분리파 Secession (1897~1916)

과거의 전통 양식으로부터 '분리되거나 벗어남'을 주장하는 제체션 Secession이라는 새 예술운동이 빈에서 형성되다. 그들은 1900년, 분리파 전시회를 갖고 미술, 건축, 공예가들의 디자인 이념을 확산시킨다. 짙은 육감적 관능성에 젖은 클림트Gustav Klimt의 회화는 큰 영향을 주며, 실제로 예술운동의 실천에서도 주된 역할을 한다. 비엔나의 분리파 운동의 본거지 였던 제체션관은 지금도 미술관으로 잘 쓰이고 있다.

20세기초 빈의 건축은 서유럽 예술에서 중요한 위상에 있고, 그 중에서도 가장 너른 작업을 하는 사람이 바그너Otto Wagner이다. 비엔첼Wienzelle의 빌딩에서와 같이 전모의 조형에서 단순성과 장식성은 얼버무려지지 않고, 따로, 그러나 분명히 같이 있는다. 그러나 바그너의 진정한 근대적 작품은 빈 우체국에서와 같이 장식 모드를 덜고, 공간과 빛의 순수로움으로 전이하는 것이다.

건축의 이지주의와 화사함을 유지하던 경향은 베르크분트 Werkbund 운동으로 넘어가며, 그 나머지 장식성마저도 벗어 던진다. 독일은 이미 공업 문화에 들어, 효율과 기능성이 디자인을 결정짓는, 이른바 기능주의를 이룬다.

바그너의 제자인 호프만Josef Hoffman의 스토클레트 저택은 보다 간결한 면의 구성이다. 이 건축은 각부의 선을 강조하기 위해 금속띠를 둘러 면의 조형을 한다.

양식으로부터의 일탈 투쟁은 비엔나의 로스Adolf Loos에서 보다 더 분명해진다. 19세기까지만 하여도 비엔나는 건축이 낭만적 양식을 벗어나려 한다는 것을 무모하고도 치졸한 행위처럼 생각되었다. 이러한 통념을 향해 외치는 것이 로스의 명제 '장식이라는 죄악'은 이후 벌어지는 모더니즘의 가장 함축된 의지와 같다.

클림트 짙은 관능미와 장식성이 풍부한 그의 미술은 아르누보에 유미적 영향을 미친다.

오토 바그너, 비엔첼 빌딩(1898~99) 건물의 표면은 대부분의 양식요소를 털어버리고 평탄하지만, 벽면의 금장장식이 눈부시다. (왼쪽)

요제프 올브리흐, 제체션 관(1897~98) 황금 종려나무의 지구의를 머리에 쓰고 있는 이 건축은 일체의 양식의 허울을 벗는다. 건축의 전모는 단순하나, 정면 중심에 장식을 집중시키고 있다. (오른쪽)

역사에서의 건축, 시간의 모습

아돌프 로스, 트리스탄 짜르 주택(1926) 다다이스트 시인의 집으로 도시주택의 형식이다. 일체의 장식을 벗고 '부분의 전체 구성'에 몰두한다. (왼쪽)

오토 바그너, 빈 중앙우체국(1903~04~06~07~12) 맑고 가벼운 내부 홀 (오른쪽)

요제프 호프만, 스토클레트 저택 (1905. 11. 14) 새끼(繩) 모양으로 볼륨의 귀퉁이를 타고 흐르는 선이 건축의 윤곽을 선명히 한다.

뭉크 표현주의 미술. 인상주의의 내적 관조에 상대하는 미학으로 대상의 심성을 먼저 토출해 낸다.

표현주의 (1920~)

이러한 새 기운의 물결 가운데에서 독일 뮌헨을 중심으로 표현주의가 등장하고 있었다. 그들은 인상주의가 서정적이고도 밝은 자연에서 여운을 남기는 묘법을 삼는 데 비해, 세기말의 부정적 이미지를 격앙된 기법으로 토하여 낸다.

멘델존Erich Mendeisohn은 아인슈타인을 위한 관측탑에서 연구소

에릭 멘델존, 아인슈타인 타워(1917~21) 표현주의 건축은 역동하는 형태로써 시각을 격앙시킨다.

한스 펠찌히, 샤우스피엘(1919) 공간적으로 중첩된 아치의 장식은 음향의 환경적 기능이기도 하지만 극장 내부의 환상적 표현이 된다.

에서 윤곽을 억센 조각적 형상으로 이끈다.

펠찌히Hans Poelzig의 베를린 대극장은 거대한 돔의 표면을 따라 흘러내리는 환상적인 종유동鐘乳洞이 시각적 요소가 되면서 내부 음향과 조명의 시스템을 같이 한다.

이 표현주의는 짧은 기간 동안 독일을 중심으로 하여 불피우다가 소멸된다.

안토니오 산텔리아, 발전소(1914) 20세기 초 공업시대를 그리는 건축가의 이상이 있었다.

미래주의 (1909~1914)

사실상 근세 이후 이탈리아는 주목할 만한 건축가와 사회적 동기를 발견하지 못하고 있었다. 늦둥이 이탈리아 모더니즘은 깊은 전통에 결박된 이유인지 모른다. 그러나 1910년대 미래주의는 유럽 제국의 어떤 건축적 의사보다도 근대적인 것이다.

가르니에Tony Garnier는 프랑스 태생이나 이탈리아에 체류 중 공업도시Cité Industrielle를 디자인한다. 그의 건축은 대부분 프로젝트에 그치지만, 공업화와 산업화의 건축적 이상을 미래의 도시설계까

지 확대하였다.

산텔리아Antonio Sant' Elia는 초기에 비엔나 파의 영향을 받으나, 프로젝트 신도시Citté Nouva에서 미래주의를 그린다. 이 프로젝트 역시 실현을 전제로 하는 것이 아닌만큼 자유롭게 미래가 그려진다.

독일공작연맹 (1907~1919)

1907년 독일의 근대주의를 함축하는 독일공작연맹Deutscher Werkbund이 결성된다. 이 그룹은 건축가, 공예가, 그리고 제조업자들의 협회로서 공업디자인의 개념이 시작되는 것도 이즈음의 일이다. 1914년에는 베르크분트 전시회를 여는데, 신 재료, 기술 개선, 기계 예술, 실제적 효용에 목적, 장식의 배제, 힘의 균형과 통일의 조형 등 사실상 모더니즘의 모든 조형언어가 이 전시회에 집약되어 있는 것이다.

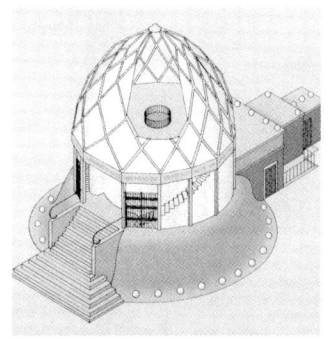

부르노 타우트, 유리관 Glass Pavilion (1914) 새로운 재료, 유리와 철이 가능케하는 새로운 형태 조형의 건축이다.

제1회 독일공작연맹 전시회에서 무테지우스와 베렌스의 페스티벌 홀이나, 호프만의 오스트리아관은 여전히 고전적이었으며, 앙리 반데 벨데의 극장계획은 상당히 낭만적이었다. 이에 비해 타우트의 유리집과 그로피우스의 기계관이 강렬한 인상을 던진다. 그로피우스의 파구스 공장은 냉혹할 만큼 요소를 제거해나가며 당당한 직방체만을 남긴다.

현재도 가장 활발한 독일 공업디자인의 산실인 A.E.G.(Allegemeine Elektricitaets-Gesellschaft)는 이때부터 건축, 인쇄물 제품 등의 디자인을 일관성으로 전개한다. 소위 토탈 디자인의 개념이다. 베렌스는 A.E.G.의 건축담당이자, 수석 디자이너로서 공장설계, 인쇄디자인, 제품디자인 등을 함께 작업한다.

발터 그로피우스, 파구스 공장(1911~1913) 제1회 독일공작연맹 출품작으로서 이후 독일 모더니즘의 전형이 되는 형태의 간결성, 피막의 명징성이 제시되었다.

발터 그로피우스, 데사우 바우하우스
(1925~1932) 근대미술, 공예, 디자인, 건축의 종합개념 교육으로서 그들이 추구하는 디자인이 이 교사 건축에 잘 표현되고 있다.

바우하우스Bauhus, 발터 그로피우스Water Gropius

그로피우스에 의해 창설되는 바우하우스는 건축, 그래픽 디자인, 공업디자인, 공예 등의 영역을 종합적 시스템으로 교육하는 산업미술학교Staatliche Bauhaus이다.

그러나 근대 디자인의 샘물이 되는 바우하우스의 우물파기는 그렇게 쉬운 것만은 아니었다. 당시 득세하는 나치의 정치 이념과 바우하우스의 교육 이념이 동조되지 않는다는 이유이다. 교사와 학생들은 짐을 싸들고 3개의 도시를 전전해야 했다.

1919년 바이마르에서 창설된 바우하우스는 1925년 데사우 바우하우스로 이전한다. 실제로 바우하우스의 교육적 실천은 대부분 데사우에서 완성된다. 그 과제 중심의 교육은 기능적인 본질의 이해, 공업화를 위한 기술적 적용, 표준화 시스템을 유기적으로 통합하는 방법이다. 초대 교장인 그로피우스를 비롯한 당대 최고의 예술가와 디자이너들이 교수로 재직하며, 그 제자들이 전후 독일과 세계 산업 디자인의 큰 줄거리를 만든다.

그러나 바우하우스는 1932년 베를린의 한 창고 건물로 쫓겨나야 하고, 그 이듬해 폐교할 수 밖에 없었다. 그리고 그로피우스를 비롯한 대부분의 교수들은 암울한 독일의 문화를 뒤에 두고 미국으로 이주한다.

오귀스트 뻬레 August Perret (1874~1954)

구조가이며 건축가인 뻬레는 시스템으로서 건축의 새로운 질서를 조형으로 연계시킨다. 그를 위해 무엇보다 주요한 수단은 철근 콘크리트이다. 그의 조형에는 'Belle Epoque'의 꽃과 같은 정서가 젖어 있으나, 콘크리트 구법의 솔직함은 그의 조형을 강인하고 힘차게 한다.

데 스띨 De Stijl (1917~1931)

오귀스트 뻬레, 프랑클린 가 아파트 (1901~03~04) 콘크리트의 달인, 뻬레의 조립식 콘크리트 구법, 아파트는 가로의 질서를 파괴하지 않으려는 의도와 건물 전면에 위치하는 공원을 향한 전망으로 건축적 몸짓한다.

오래된 의식, 개인의 우월감, 전통, 독단이 새로운 실천을 방해한다고 하며, 이에 상대하기 위해 데 스띨은 "… 새로운 조형 예술에서 자연적 형태들의 간섭을 제거함으로서 순수예술의 표현을 방해하는 원인을 제거하는 것처럼, 예술과 문화의 개혁을 믿는 모든 사람들에게 전진적 발전을 방해하는 것은 어느 것이나 헐어 버릴 것을 요구한다." -1918 「De Stijl 선언」에서

몬드리앙 Piet Mondrian의 미술은 가장 원초적인 도형으로서 수직과 수평선을 구조로 하며, 흑·백·적·청·황을 실제하는 유일의 색으로 구법한다.

신 조형주의 Neo Plasticism로 말하여지는 작품은 기하학적 명쾌함, 단순함으로서, 입체立體, 면面, 선線의 조합으로 건물의 볼륨을 이루는 것이다. 이제 장식은 물론 물질성 마저도 소거하고 남는 것은 곧, 궁극적으로 공간이다.

요하누에스, 아우드, 유니 카페(1925) 회색, 흰색과 3원색은 그후 데 스띨의 표준적 색채 기준이 된다.

게리트 리트벨트, 쉬뢰더 주택(1924) 신조형주의라고 불리며, 기하학적 명쾌성, 단순성으로 거두는 형태 조형은 색채와 결합되며 볼륨과 공간을 이룬다. (왼쪽)

삐에트 몬드리앙, 빨강 노랑 파랑의 구성 (1921) 추상 미술의 세계를 여는 몬드리앙의 미학이 건축에도 영향을 미친다. (오른쪽)

몬드리앙의 추상이 리트벨트Gerrit Tomas Rietveld의 건축과 가구 디자인에서 3차원 조형으로 이어진다. 그의 가구는 직선과 평면의 요소들이 이루는 위상기하로서 하나의 '공간'이다. 이러한 원리는 쉬뢰더 주택과 같은 건축 스케일에서도 마찬가지이다. 철조의 뼈대, 콘크리트 패널, 창호, 난간, 가구 등의 요소들이 독립적이면서도 동시에 하나의 공간에 붙잡힌다.

1925년까지 데 스띨로서 작업은 요소의 환원과 축측투영도軸測投影圖 방법이 수단이다. 이 직교의 조형은 「상대적 구성Counter-Composition(1924)」에서부터 사선이 추가된다.

러시아 혁명과 절대주의 Suprematism (1917~1932)

1917년 러시아 볼세비키 혁명이 성공하는 해에 슈프레마티즘 Suprematism 선언과 함께 사회주의의 과학적 미학이 천명되었다. 표현적으로는 말레비치와 러시아 구성주의Constructivism에 연계된 것이지만, 그들의 건축 주제는 프롤레타리아를 위한 성능으로써 건축의 이념화이다.

야코브 체르니코프, 공간적 구성(1933)

1920년 구성주의의 모스크바 전시회가 개최되며, 제3 인터네셔널 기념탑이 발표된다. 곧 하늘을 향한 나선의 역동성 그리고 경사진 방향성이 만드는 사회주의의 상징성이다. 이 기념탑은 실시되지 못하나 그의 스케일과 미적 절대성은 그 후 서구의 낭만적 유약함에 큰 충격을 준다.

이러한 러시아 구성주의는 상징 조형보다 노동자를 위한 건축으로서 보다 경제적이고도 합리적인 주거, 사회보장 환경을 공여하는 일이다. 그러나 이 해방의 미학은 공산의 이데올로기 속으로 지적거리며 사라져버렸다. 구성주의 그룹 자체도 1921년 이후 정치적 이유로 분열하고, 1932년경 부터는 낭만주의 부흥으로 소위 스탈린 양식이 전횡하며 소련의 예술은 이 세기에서 퇴장하고 만다.

북유럽의 근대건축과 신즉물주의

서구의 신건축을 위한 행보가 바쁠 때, 북구의 건축은 비교적 보수적이었다. 양식 언어는 상당히 퇴조하나 전체의 몸짓은 낭만적이며,

브링크만+플루흐트, 반 넬 공장(1925~31) 생산시설로서 기능적 적합성을 존중하여 재료와 구법이 명징하다.

재료와 구법은 향토적이다. 이 낭만적 지역성에 건축을 물적 대상으로 몰아가는 신즉물주의가 대두한다. 즉물주의Sachlikeit란 대상을 객관적이고 실용적인 가치만을 남기고, 모든 관념적 가치는 털어버리는 태도이다. 이는 제1차 세계대전 이후 혹독한 사회적 현실에서 다시 눈 뜬 보편적 가치일 것이다.
브링크만Johanes Andreas Brinkman이 설계한 롯테르담의 담배공장은 유리로 된 콘베어와 커튼월로 조형된다. 8층의 규모에서 모든 것이 밖으로 틔어 있는 공간이며 외관은 깨끗하고, 맑고, 밝다.

나치즘과 파시즘 건축 (1926~46)

뻗정다리, 가죽 장화의 열병을 위한 광장, 군국주의의 무대 배경으로 잘 어울리는 모습을 그리는 것이 나치즘 건축이다. 히틀러는 어정쩡한 예술가 기질을 발휘하는데, 스피어Albert Speer와 같은 어용 건축가를 두고 나치즘 건축을 이룬다. 이러한 이데올로기의 조형은 흔히 고전주의를 빌리며 권위를 표방하는데, 간결하고도 절제된 외관에서 힘찬 스케일의 디자인이 공통점이다.
이탈리아 파시즘체제하 건축에서도 정치적 프로퍼갠더를 강조하기 위해 고전적 구문과 강한 억양의 수사가 공통적으로 나타난다.
무솔리니는 로마 근교에 세계박람회를 위한 신도시 E.U.R.를 건설하며, 도시의 건축들에 일관되게 파시즘의 문법을 적용시킨다. 이 박람회는 이탈리아의 패전으로 개최되지 못하였지만, 실제 이탈리아 모더니즘에 중요한 영향을 미친다.
 제1차 세계대전 이후 이탈리아 모더니즘은 NOVECENTO 운동과 함께 이탈리아의 합리주의 건축정신으로 이어진다.
떼라니Guseppe Terragni는 밀라노 공과대학 출신을 중심으로 1926년에 창설되는 「Gruppo-7」을 주도한다. 다분히 국가주의적인 문

게오르그 그로츠, 일식(1926) 제3제국 미술

게르디 투르스트, 독일예술원(1934~36) 나치즘 건축으로서 퍼레이드형의 조형이 신고전주의를 채택한다. (왼쪽)

지오바니 구에리니, 이탈리아 시민 궁전 (1937~42) 무솔리니가 건설한 엑스포를 위한 도시의 건축, 이 간결함에 얹힌 힘이 파시즘 건축의 전형이다. (오른쪽)

화로서 막연한 리바이벌리즘에는 대항하지만, 고전주의의 가치와 근대주의의 가치관 사이를 종합한다. 그래서 「Gruppo-7」이 그 시대의 독일공작연맹이나 구성주의와 구분되는 것은 전통 해석에 비중을 둔다는 사실이다. 또한 미래파의 '부자유스러운 자극'에 상대하여 새로운 참 건축으로서 합리성을 강조한다.

주세뻬 떼라니, 파시스트의 집(1932~36) 평면, 외관, 구조는 쉬운 철근 콘크리트로 채택되며, 평면은 완전한 정방형의 윤곽 안에 있다. 수열적 구성에 기초하는 평면은 곧 입면으로 연장되는 질서로 종합된다.

일본의 개화와 모더니즘

19세기 중엽, 일본은 중세의 막부시대를 접고 중앙집권의 천황시대를 연다. 이른바 에도江戸시대. 명치유신明治維新 이후 이러한 일본의 행보는 서양과의 통상이 확대되며, 요코하마橫浜, 시나가와神奈川, 나카사키長崎 등을 개항하고, 서양문화를 적극적으로 받아들인다. 이즈음은 조선의 굳게 닫힌 쇄국정책과 비교되는 것이다.

일본은 1867년 도쿄로 천도하고, 개화의 시대 메이지明治 원년(1868)을 맞는다. 서구화는 외교 통상뿐만이 아니라, 군사, 통신, 철도, 교육, 금융, 기술 모든 분야에 걸친다. 특히 독일 기술의 이입이 근대 일본을 이루는 데에 주요한 영향이었다.

스스로 도시를 이룰 만한 설계와 기술능력을 갖추고 대도시는 서구 도시와 비슷한 모습으로 변이한다. 그러나 이 양식들은 고딕 부흥, 르네상스, 절충주의 등 19세기 유럽도시가 20세기 일본에 재현되는 듯하다. 1910년 한일합방이 이루어지며, 아시아 전역으로 확장되는 식민지 건설에 일본은 서구화의 경험을 잘 써먹는다.

1913년 다이쇼大正 시대, 유럽의 아방가르드, 분리파 등 신건축 운동이 영향을 끼치며, 라이트의 제국호텔(1922)이 도쿄에 건축된다. 이후 모더니즘의 전파가 급속하게 진행된다.

엔도 아라타逸藤新, 코시엔甲子園 호텔(1930)
F.L.라이트의 후계자들이 이룬 라이트주의 작품이다.

가다야마 도쿠마片山東熊, 아카사카 궁赤判阪離宮(메이지明治 41년, 1908) 다이쇼大正 천황의 궁전, 궁전 건축가들이 총력을 경주한 메이지 건축의 결산판이다. 네오바로크의 양식성에 황실의 권위를 부여한다. (왼쪽)

프랭크 로이드 라이트, 제국호텔(1916~22)
라이트가 일본 체류시절에 설계한 것으로 대칭과 무거움이 지배하나, 일본에 가장 진보적인 근대 경험을 제공하였다. (오른쪽)

1926년 시작되는 쇼와昭和 시대, 일본은 1939년 발발하는 2차세계대전에 참전하며, 1945년 항복할 때까지 전쟁에 국력을 모두 빼앗기고 문화는 소강 상태에 빠진다.

한국 모더니즘의 시작

1876년 개항으로 쇄국을 풀며 우리나라는 근대 시기에 들지만, 건축문화는 한정된 경로와 타자를 통해 경험할 수밖에 없었다. 처음의 경로는 크게 세 가지인데, 하나는 선교사들에 의한 미션계 건축이고, 두 번째는 외교통의 관저이며, 셋째는 상공인에 의한 상업건축에서 배우는 근대주의를 향한 걸음마이다. 선교사들에 의한 기독교 건축은 아마츄어 건축가가 만드는 고딕 리바이벌의 아류일 수밖에 없으며, 상업건축도 낭만주의 풍을 벗지 못한다.

1910년 한일합방으로 조선은 정치, 외교의 주체성을 잃으며 문화적 의사도 굴절된다. 식민지 시대 동안 조선의 근대는 전혀 자생적 동기를 찾지 못하며, 일본이 경영하는 청사, 상업 건축들의 이양풍을 경이의 눈으로 바라 볼 뿐이었다. 1930년대까지 조선총독부, 경성역사 등의 르네상스 풍과 일본의 정서로 학교, 관아를 짓고 있었다. 일본이 유럽으로부터 이입된 신건축에 눈을 뜨고, 분리파 운동의 개

약현성당(1892) 사적 252호, 우리나라에서 양식을 갖춘 가장 오래된 카톨릭 성당이다. 약현의 언덕 위에서 서울의 중림동을 내려다 보고 있다.

하딩+데이비슨, 석조전(1901~06) 그리스 고전을 따르는 신고전주의 양식이 장소를 채운다. (왼쪽)

조선은행(1912) 지금의 한국은행 본점, 사적 제280호, 바로크풍의 건축으로 장식성이 풍부하다. 일제의 조선금융 찬탈의 본거지로서 위용을 이 양식적 표현으로 대신한다. (오른쪽)

박길용, 화신백화점(1937) 조선민족자본의 대표적인 화신산업이 만든 백화점으로써 박길용의 대표작이기도 하다. 구조는 합리적이나 모습에서는 낭만주의를 다 벗어놓지 못하고 있다. 지금은 헐렸다. (왼쪽)

아사히 빌딩(1935) 저축은행의 후면에 덧붙여진 별동으로서 모더니즘의 대표적인 도시건축이었다. 그리드로 구성되는 간결한 표징은 30년대 일본 분리파 운동의 영향이기도 하다. (오른쪽)

념을 시작하는 것은 「일본 인터네셔널 건축회」가 구성되는 1927년 즈음이다. 일제 후기에 이르러 조선에도 아사히 빌딩, 일본적십자사 경성본부와 같은 합리주의 건축이 보이기 시작한다.

1919년 박길용朴吉龍이 경성고공을 졸업하고 조선총독부 기수로 관변에서 건축경험을 쌓은 뒤, 1930년 박길용건축사무소를 개설한다. 그가 조선인의 이름으로서 최초의 근대 건축가이다. 그의 건축정신에는 낭만적인 것(화신 백화점), 조선적인 것(주택 건축) 그리고 근대적인 것(북단장)이 혼재되어 있다. 그후 박인준朴仁俊 (1892~1974), 박동진朴東鎭(1899~1982), 강윤姜沇(1899~1964) 등의 조선인 건축가로서 활동하다가 광복을 맞는다. 그러나 이들의 작업은 대부분 양식주의의 역사적 아류들로서 근대의 시대정신은 분명하지 못하다.

2.3. 모더니즘, 세계의 합창

1929년 암흑의 목요일, 뉴욕 월 스트리트에서는 주가폭락으로 시작된 대공황이 일어난다. 공황은 2차세계대전까지 계속되는데, 후버 대통령의 금융 모라토리움에 이어, 루즈벨트는 뉴 딜 정책에서 돌파구를 찾는다.

뉴욕의 엠파이어 스테이트Empire State 빌딩은 30년대 경제공황 시기에 미국의 자존심으로 세워졌다. 크라이슬러Chrysler 빌딩과 같이 초고층의 기술성이 아르데코 Art-Deco라는 낭만성과 결합된 마천루로 가득찬 맨해튼을 만든다.

2차 세계대전 (1939~45)

나치 독일의 서유럽 침공으로 발발하는 2차세계대전, 이탈리아의 파시즘, 일본의 대동아 건설을 위한 식민지 전쟁이 20세기 전반의 세계를 헝클어 놓는다. 전쟁은 연합군의 승리로 끝나며, 우리나라가 광복하는 것도 이 1945년의 일이다. 전후의 세계는 미국과 소련의 양대 패권주의로 양분되지만, 이 냉전 시대는 세계가 하나의 사회라는 의식으로 국제연합을 설립한다.

세계는 피멍이 든 눈으로 국제 관계를 다시 보기 시작한다. 새로운 사회계급 자본가가 도시개발을 부추기며, 교통, 통신, 정보의 진보는 국제주의를 더욱 가속시킨다. 도시의 발달은 도시건축의 물량을 부풀리고 주거문제의 해결이 코 앞의 과제로 떠오른다. 재료공학의 발달로 철과 유리가 보편화되고, 기계화 생산으로 값싼 건축의 대량 공급을 이루었다.

건축은 지역성을 초월하는 세계주의를 합창하며, 이제 반 역사적 새 역사는 거스를 수 없는 보편해이다. 이러한 국제적 분위기에서 건축의 국제연합이라고 할 수 있는 「국제 근대건축 회의 CIAM」가 결성된다. CIAM (Congress Internationaux d'Architecture Modern)은 1928년 스위스에서 제1차 회의를 여는데, 아카데미즘이라는 막다른 골목에 다다른 건축을 끌어낸다고 하였다. 건축은 목적에 따른 기능, 효용, 필요가 건축의 선결조건이라는 명제 아래, 르 꼬르뷔지에, 그로피우스, 기디온 등이 주도하며 이 회를 연례화하기로 한다. 이렇게 우리는 몇 사람의 절대교주가 한 시대를 풍미하는 세기에 들어선다.

거장의 시대

20세기 건축에 결정적인 영향을 끼치는 다음 다섯 사람의 건축가를 만난다.

- 발터 그로피우스 Walter Gropius (1883~1969)
- 프랭크 로이드 라이트 Frank Lloyd Wright (1867~1959)
- 미스 반 데어 로에 Mies van der Rohe (1886~1969)
- 르 꼬르뷔지에 Le Corbusier (1887~1965)
- 알바 알토 Alvar Aalto (1898~1976)

이들은 모두 80세를 넘어 장수하는데, 그 추종세계도 전방향으로 넓다.

발터 그로피우스 Walter Gropius (1883~1969)

독일 바우하우스에서 그로피우스의 활동은 먼저 말한 바 있지만, 나

그로피우스, 주 그리스 미국 대사관(1956~61)
미국적 합리주의와 그리스 문화의 정서가 함께 보인다.

치의 문화박해를 피해 1937년 미국으로 이주한, 그는 건축 교육과 실천에서 그의 개념을 다시 펼친다.

하버드 대학원에서 그로피우스는 미국적 합리주의와 결합되며 T.A.C.(The Architects Collaborative)에 이어 진다. 주로 하버드의 제자들로 구성되는 T.A.C.는 융통적으로 운영되는 그룹으로서 그로피우스의 건축정신을 이어 작업한다.

프랭크 로이드 라이트 Frank Lloyd Wright (1867-1959)

미국의 근대건축은 사실상 라이트에 의해 큰 방향을 결정짓는다. 그는 1895년 설리반으로부터 독립하여 스튜디오를 갖지만, 당시의 작품은 윈스로우 주택에서처럼 다분히 설리반적이다.
그러나 이후 그의 건축은 진보와 자유라는 미국정신과 공명하며 쇄신해 간다. 그의 연대기를 ① 전원주택 시기, ② 유소니언 시기 그리고 ③ 탈리어신 시기로 구분하여 그의 개념이 사회성으로 확대됨을 본다.

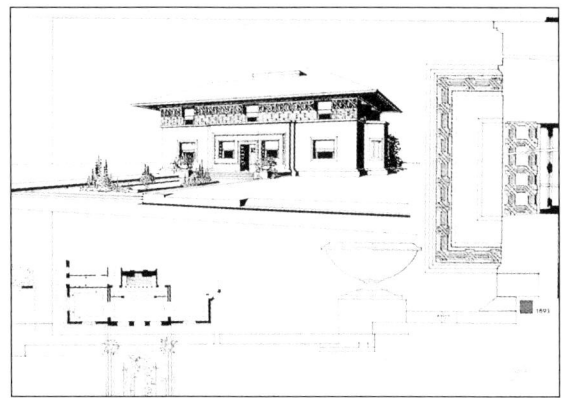

프랭크 로이드 라이트, 윈스로우 주택(1893~94) 기단, 몸체, 지붕의 3부 형식과 균제의 정면. (왼쪽)

프랭크 로이드 라이트, 로비 하우스(1909) 자연과 더 자유로운 접촉, 깊은 처마에 의한 공간의 내연화. (오른쪽)

① 전원주택 PRARIE HOUSE

건축의 주제들이 주로 전원 주택에 집중되는 시기로서 작업은 도시적 스케일보다는 소품이 대부분이다. 이 스타일은 그리드 플랜, 완만한 지붕에 깊은 처마, 창문을 정리한 수평선, 부가적인 벽의 사용, 강한 원심력을 가지는 비대칭성이 앞의 설리반 영향 시기의 조형과 비교된다. 로비 하우스에서와 같이 활달한 공간은 그 앞의 윈스로우 주택과 같은 경색된 조형을 비교할 수 있다.

1916년 이후 그는 일본에 체류하게 되며, 제국호텔의 설계를 의뢰 받는다. 그의 일본 체류 동안 실무를 돕는 제자의 그룹이 생기고, 그들은 라이트가 귀국한 후에도 라이트주의를 지속한다.

② 유소니언 USONIAN

미국의 보편적 가치의 문화, 뉴 프론티어의 정신을 건축하는 것이 유소니언이다. 개인주의, 자동차의 대중화에 따른 새로운 문화 형식, 넓어지는 이동과 선택의 자유, 그 결과로써 반도시적 모델이 그려지고 있었다.

1939년대 라이트가 전원주택의 스타일에서 벗어나, 콘크리트 구조,

프랭크 로이드 라이트, 존슨 왁스 회사 빌딩(1936~39) 단면과 외관이 뿌리-몸체-가지의 조직 구조와 닮았으며, 이러한 형식이 외관을 자유롭게 한다.

프랭크 로이드 라이트, 낙수장(935~39) 숲 속의 별장으로 자연과 건축은 상대적이지만 함께 함으로써 더 분명하다.

특히 캔틸레버의 조형을 구한다. 외관은 깊은 평지붕에 지배되고, 수직-수평-사선의 기하학적 수사가 따른다. 유리에 대한 열정이 건축의 내외부에서 전모를 장악하는데, 자연히 빛이 공간을 포섭하는 역할로 떠오른다.

그의 유기적 건축Organic Architecture이란 자연에 내재하는 원리에 따라 구조, 공간 형태를 경제적으로 이루는 뜻이다. 존슨 왁스 빌딩은 버섯 기둥과 같은 조직 요소들을 안에 두고, 외곽을 자유롭게 하는 커튼월이다. 2층간으로 반복되는 두 가지 깊이의 캔틸레버로 외관은 더욱 가벼워진다.

③ 탈리어신 Taliasin 조형시대

유소니언의 정신을 스스로 실천하는 것이 탈리어신Taliasin 시스템이다. 미국 동부와 서부의 두 개 교사를 계절에 따라 번갈아 사용하는 이 건축학교는 기숙생활과 라이트의 건축을 학습한다. 탈리어신 웨스트의 교사는 사막과 태양과 바람을 거친 콘크리트로 껴안는 디자인이다.

그의 후기 황금시대의 건축은 그렇게 자유로움에 있다.

프랭크 로이드 라이트, 탈리어신 웨스트(1937~50~59) 사막의 장소에서 땅에 밀착된 조형이 거칠다.

프랭크 로이드 라이트, 구겐하임 미술관(1957~59) 근대 건축 최고의 공간, 다이나믹한 공간이 그 후기 작품의 절정을 이룬다.

카프만 주택, 낙수장은 계곡 위에 얹혀져, 부유하는 플랫폼 들, 지면에서 해방된 각 요소들이 깊은 캔틸레버와 함께 수평적 구도로 읽힌다.

뉴욕의 구겐하임 미술관은 그의 나이 90세에 이루어지는 작품으로 그의 공간적 상상력이 절정을 이룬다. 나선형의 역 원추 공간으로 상승할수록 확장되는 공간을 만든다.

미스 반 데어 로에 Mies van der Rohe (1886~1969)

미스는 정규교육보다도 현장에서 신재료의 취급, 생산의 방법을 먼저 체득한다. 한편 그는 쉰켈로부터 건축의 규범성을 익히고, 베렌스의 신건축 개념에 주목한다. 이 두 가지 선험에서 그는 명확한 용도의 이해, 재료의 적확한 취급 그리고 최소 절제의 조형을 체화한다.

1912년 베를린에서 사무소를 창설하나, 곧 1914년 1차세계대전에 참전하게 되고, 종전 후인 1919년에야 건축활동을 시작할 수 있었다. 그의 초기 건축은 철과 유리라는 재료를 가지고 형태를 제거하기 시작한다.

1927년 미스가 전시 감독을 맡는 바이젠호프의 주택전에서 그의 명징한 구문을 확인할 수 있다. 옆으로 긴 4층의 평탄하고도 간결한 외곽 형식과 그 안의 생활공간은 여러 가지 뜻에서 경제적이다.

미스의 1930년대는 건축의 공간과 구체 사이에 새로운 관계를 찾고 표현은 투명해진다. 예를 들어 바르셀로나 박람회의 독일관의 묘미는 바닥과 지붕 사이에 흐르는 여백이다. 벽체는 구조적 역할에서 떠나 '자유의 벽'이 된다.

그에게 '형태는 목적이 아니라 결과에서 생기는 것이고, 미적 의지는 통제되어야 한다. 곧 무엇을 제외하고 어떤 것을 회복시킬 것인가에 따라 창조되어 가는 것'이다. 그의 영원한 건축적 명제 '적을수록 더 좋다Less is More'가 천명되는 것이다.

미스의 공간은 팔라디오주의라 말할 만큼 강한 구체력에 있으면서도 그 기본 속성은 자유공간이다.

한스워드Farnsworth 박사를 위한 주택은 23×9m의 단일 지붕과 바닥의 사이에 오픈 플랜으로 되어 있다. 결과적으로 4면의 투명벽은 '아무 것도 없는 beinahe nichts' 조형이다.

미스 반 데어 로에, 독일관(1929) 가장 간결한 요소 사이로 흐르는 공간, 선과 면, 수평과 수직, 투명과 벽체가 긴장 관계에 있다. 박람회가 끝나고 이 건축은 철거되었으나, 현재의 건물은 미스 재단이 재건하여 근대유산으로 남기는 것이다.

미스 반 데어 로에, 크라운 홀(1946~50) 120×60ft의 기둥간격이 평면과 외관의 비례미에 이른다. (왼쪽)

미스 반 데어 로에, 레이크 쇼어 아파트(1950~55) 쌍둥이 타워는 단순한 외관이지만, 두 관계에서 긴장감을 늦추지 않는다. (오른쪽)

1937년 일리노이즈 공과대학에 부임하며 착수하는 캠퍼스 계획은 엄격한 그리드 위에 통제된 직방형의 볼륨들이 차갑다. 그중 대표작인 크라운 홀은 기둥과 바닥 외에 투명성만이 남는 오픈 플랜의 유니버설 공간이다. 외관은 주간柱間과 멀리언의 모듈 관계가 엄정하며, 그것이 곧 프로포션의 미학을 말한다.

그가 수많은 도시 스케일의 작품을 가질 수 있던 것은 그가 귀화한 미국이 당시 풍요로웠기 때문이다. 레이크 쇼어 드라이브 아파트는 시카고 호숫가에 세워진 트윈 타워이다. 직각 삼각형 대지에 배치된 두 건물은 직교하는 축으로 변과 각을 관계하나, 볼륨 자체는 직립한 입방체일 뿐이다.

시그램 빌딩은 39층으로 청동과 갈색 유리의 직립된 상자이다. 저층부의 외주 기둥을 필로티로 하여 지면에서 가볍게 떠오른다. 구조가 정직하게 드러나고 미니멀한 자기 억제의 결과는 기념비적이다. 이 스타일은 미국과 세계의 국제주의 건축의 보편성으로 전파된다. 이러한 유형은 자칫 쉽거나, 경제적이라는 이유로 무차별하게 확산되지만, 섬세한 간결, 비례의 포착력 그리고 절대로 순수함의 느낌을 얻는 것은 쉬운 일이 아니다.

르 꼬르뷔지에 Le Corbusier (1887~1965)

'그 하나가 전부'인 미스에 비해, 르 꼬르뷔지에의 연대기는 자못 현란하다.

1920년까지 빠리에서 그의 건축을 위한 원형질, 즉 '건축, 정신의 순수한 창조 Architecture, pure creation de l'esprit'를 선험한다. 이러한 과정에서 그의 건축이 합리성과 이상성, 논리와 감성, 이지와 서정과 같은 이중의 폭을 갖게 한다.

1914년 도미노DOMINO의 논리는 단순한 구조적 아이디어가 아니라, 근대건축이 구조에서 공간이 어떻게 해방되는가를 가리는 개념이다. 그리고 이 도미노 시스템은 다음 르 꼬르뷔지에의 「건축의 5원칙」에 근저가 된다.

① 필로티, ② 골조와 벽의 독립된 역할, ③ 자유로운 평면, ④ 자유로운 파사드, ⑤ 옥상정원이라는 5가지 원칙은 초기의 주택건축뿐만이 아니라, 보다 자유로워지는 후기 건축에서도 짙게 작용된다. 그는 1930년대 몇 가지 도시계획을 발표하는데, 1928년의 「빛나는

르 꼬르뷔지에, 스위스 학생관(1931~32) 초기의 르 꼬르뷔지에 작품으로서 건축과 실내 장식 전모에 걸쳐 기숙학생들에의 애정을 보인다. (왼쪽)

르 꼬르뷔지에, 사브와 주택(1928~31) 기둥 위의 자유로운 공간, 수평의 창, 옥상정원 등 르 꼬르뷔지에의 건축원칙들이 정갈한 구성에 담겨진다. (오른쪽)

도시」는 머리부분에 16개의 십자형 마천루 무리를 두고, 가슴에 문화지역을 이루며, 양 팔을 벌려 주거지역, 그 밑으로 공업지역을 구성하는 것이다.

그러나 그 도시계획의 대부분이 실현되지 못할 이상에 그침을 우리가 다행스럽게 생각하는 것은 그의 도시에 결여되어 있는 두 가지, 하나는 도시가 갖는 역사적 정서이며 두번째는 도시 생태의 문제이다.

르 꼬르뷔지에는 이러한 이상향을 포기하고, 1940년대에 들어 건축적 스케일로 돌아온다. 그것이 건축으로 축소된 도시 또는 도시로 확대된 주택이라 볼 수 있는 단위주거 Unité d'Habitation 계획이다. 건축의 구성은 2개층을 쓰는 단위 주호들과 2개층마다 생기는 복도, 저층부와 옥상에 마련되는 다양한 주민공동시설들이다. 콘크리트의 거친 시어詩語, 깊고 큼직한 발코니, 거대한 외관을 음악으로 만드는 차광판 Brise-soleil, 필로티, 옥상의 조각같은 요소 디자인이 수사를 맡는다. 이렇듯 넘치는 감성의 한편, 건축은 수열적 비례의 질서가 엄연하다. 인간척도에 의해 결정되는 모듈은 사람을 안식시키는 내부공간을 만든다.

르 꼬르뷔지에, 마르세이이유 단위주거 계획 (1945~52) 337호의 주거와 호텔, 쇼핑아케이드, 유치원 체육관 등이 거주 체계에 종합되며 18층의 규모에 응축된다.

르 꼬르뷔지에의 말년 작품에서 콘크리트 가소성은 훨씬 농염해진다. 과연 피카소와 입체파 깊은 관계에 있던 르 꼬르뷔지에이기도 하다.

이 시기의 건축에서 빛은 비추는 것뿐만 아니라, 공간을 머금기 시작한다. 즉 빛은 롱샹 성당 Notredame du Haut Chapel과 같이 성심 聖心의 주제이다.

1960년 중부 프랑스의 벽촌, 라 뚜레뜨 수도원 Couvent de la Ste-Marie-de la Tourette이 세워진다. 이 도미니칸 수도원은 르 꼬르뷔지에로서는 거의 마지막 작업이 된다. 건축은 경사진 대지에 얹혀지나, 일부에서 필로티를 가져 기울어지는 대지를 밑으로 흘리며 스스

르 꼬르뷔지에, 롱샹 교회(1950~55) 외관, 내부. 하나의 완결된 조형이 푸른 대지 위에 빛난다. (왼쪽)

르 꼬르뷔지에, 챤디갈 청사(1950~60) 억양이 큰 콘크리트 조형 (오른쪽)

로 수평적 질서를 유지한다. 이 수도의 공간은 네 변으로 연속되는 복도가 중정을 회유한다. 지하의 성당을 포함하여 저층부가 주로 공적 영역이며, 공간과 종교가 공명共鳴한다. 상층부에는 수도사들의 아주 검약한 거처가 있다.

이 수도원이 건축되는 시기는 인도의 챤디갈 청사(1950~60)와 거의 일치한다. 이 73세의 작가는 노구를 이끌고 인도와 프랑스라는 지구의 반대편을 넘나들며 두 가지 작업을 동시에 하는 것이다. 챤디갈 청사는 인도라는 척박한 환경에서 최선의 수단이라고 생각되는 콘크리트로 기념적 결과를 만드는 것이다. 그래서 건축은 신생하는 근대 인도의 정치적 의미처럼 억양이 크다.

르 꼬르뷔지에, 라 뚜레뜨 수도원(1953~57~60) 대지 위에 엄정한 조형, 네 변의 복도로 감싸인 코트가 종교적인 적요寂寥의 공간을 이룬다. 지하 예배당은 이 수도원에서 절정의 공간이다.

알바 알토 Alvar Aalto (1898~1976)

위의 세 사람의 건축이 세계적인 영향에 있었던 바에 비해 알토의 활동은 핀란드라는 지역적 범위를 크게 벗어나지 못한다. 그러나 앞의 거장들이 기능적 합리주의를 보편적 세계질서로 공유하는데 비해, 알토의 항성恒性이 되는 민족성과 낭만성은 특별한 것이다.

핀란드는 대자연과 강직한 민족성을 가지고 있어, 같은 스칸디나비아 권역에서도 구분되는 문화를 가지고 있다. 핀란드가 독립하는 1917년, 알토는 헬싱키 공과대학에서 건축을 수학하는데, 그의 청년시기는 핀란드의 혁명과 두 차례의 세계대전을 거치는 혼돈과 소란의 시기이었다. 1928년 이후 그의 작풍이 형성된다. 뷰푸리 도서관은 간결한 구성에서, 풍부한 채광을 머금어 내부공간이 밝고 명징하다. 강당은 소나무 리브로 구비치는 천장을 이루는데 이 파상의 조형은 그후 주요한 언어가 된다.

박람회 건축은 새로운 핀란드 정신과 토착적 아이덴티티를 구사할 수 있는 기회가 된다. 1937년 빠리 박람회의 핀란드관은 '진보하는 나무' 라는 뜻처럼 목구조가 곧 건축수사이다. 그래서 어떤 직선적 논리보다는 반응적인 능력, 고도의 질감이 있는 작업이다.

핀란드의 목재산업은 알토의 강력한 후원자였는데 그에게 가구디자인과 공장 및 도시계획으로 작업영역을 확대케 한다. 그의 공장 건축은 생산성을 위한 기능의 해석과 공간을 형태로 이어대는 조형이 뛰어나다.

알토의 건축은 다른 동시대의 건축가에 비교하여, 특별한 이데올로기나 선언적 강령에 무관심하다. 알토는 1939~44년, 소련과의 전쟁기의 대부분을 미국에서 보낸다. MIT의 베이커 하우스는 그가 MIT의 교수직에 있을 당시 설계한 것으로 거친 벽돌로 파동치는 외곽은 모든 방에서 찰스 강을 향한 각도를 위한 것이다.

알바 알토, 뉴욕박람회 핀란드관(1938~39) 3층 높이의 벽면을 장악하는 목제 스크린의 파도波濤이다.

알바 알토, 투베르쿠로이스 요양원 (1929~33) 태양에의 방향을 취하고 이에 각도를 여는 일광욕실과 발코니를 가진다.

쉐이나차로Syntsdloalo의 시청사는 당시 세계를 휩쓸던 국제주의에 상대되는 조형이다. 중정을 두고 정방형으로 둘러치는 건축의 볼륨은 여러 개의 분절로 명료해진다. 그것은 스케일에 대한 알토의 특별한 생각이다.

알토의 공간은 정태적이시 않고, 그렇다고 하여 강요된 유동성도 아니다. 루터파의 교회는 목사의 예배형식 중 설교가 중요하다. 그래서 공간은 설교단으로부터 회중을 향해 확산되는 파도처럼 하였다. 오타이에미 공과대학의 전체는 그리드 구성에 의하지만, 모든 실내 공간은 외부를 포섭한다.

그러고 보면 알토의 방법은 기능적이고, 시각적이고, 조형적이고 융통적이다. 그의 공간은 역동적이나, 강요된 운동은 아니다.

20세기 중반의 세계건축을 리드하는 거장들은 모두가 장수하였다. 라이트 92세, 미스 83세, 르 꼬르뷔지에 78세, 그만큼 그들이 이 시기에 끼친 영향의 폭도 넓어졌으리라 생각된다.

알바 알토, 베커 하우스(1947-48) 인근에는 경치가 좋은 호수가 있다. 건축은 굽이치는 벽면을 따라 주거 각실이 배치되며, 그 외부 경관을 향한 평면의 구도가 그대로 외관의 형태를 이룬다.

알바 알토, 부오크센니스카 교회(1956~58) 성단에서부터 확대되는 힘이 건축의 벽에서 파동친다. 평면을 보면 예배의 크기에 따라 세 부분으로 나눌 수 있다.(왼쪽)

알바 알토, 쉐이나차로 시청(1950~52) 송림 사이에서 딱딱한 벽돌의 부피 사이로 사람을 흡입한다. 그것은 극화된 입구이다. (오른쪽)

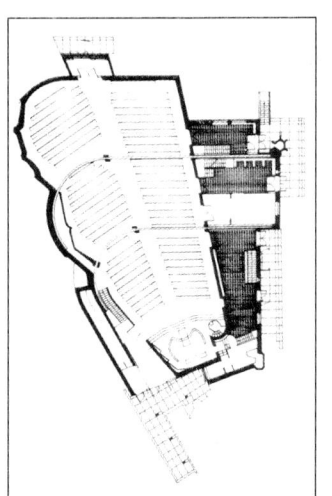

알바 알토, 오타이네미 공과대학(1949~61~64) 전체의 구성에서 중요하게 여기는 핵이 있고, 그것이 구도상 머리 부분인 강당이다. 평면의 아래에서부터 관리동, 강당과 공통과정, 측량학과가 구성되고, 맨 상부에 건축학과가 위치한다.

국제건축 International Style

20세기 초 건축문화는 지역적 감정을 털어버리고, 국제적으로 공감할 생각을 찾기 시작한다. 그것이 건축의 각 나라 말을 버리고 국제언어를 만들어 만국이 공유하자는 국제주의 스타일이다. 이 건축의 에스페란토 문화 방법은 50년대까지 꽤 설득력있게 받아들여져 갔다.

Congrés Internationaux d'Architecture Moderne

건축의 국제적인 관심을 모으는 동아리가 1928년 CIAM이라는 이름으로 만들어진다.

이 회의는 크게 3가지의 동기에 의한다. 먼저 젊은 건축가들을 위한 장소를 만드는 것이다. 두 번째는 직전에 있던 제네바 국제연맹회관 현상설계에서의 스캔들이다. 이 경기는 르 꼬르뷔지에의 작품을 당선작으로 선정했는데 보자르계를 속심으로 갖던 주최자가 양식적 스타일을 고집하게 되며 당선작이 무산된 바 있다. 이러한 정치적 장애에 대응하며, 건축가의 권익을 보장하는 장치가 필요했다. 셋째

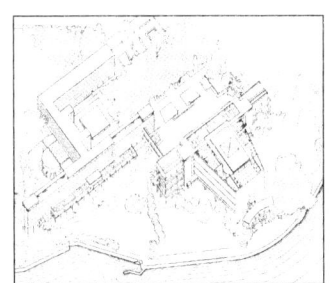

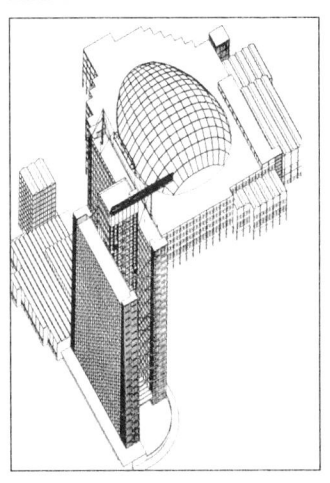

르 꼬르뷔지에+한네스 마이어, 국제연맹회관 (1927) 이 두개의 설계경기안은 따뜻한 르 꼬르뷔지에와 국제주의의 대비를 보인다.

허리슨+아브라모비츠+르 꼬르뷔지에, UN 본부(1950) 11인의 공동작업, 누구의 개별적인 주장도 의미가 없는 국제주의의 형태는 이제 비례의 문제뿐이며, 표장은 금속과 유리로서 국제 표준어를 말한다.

S.O.M(스키드모어+오윙스+메릴), 레버 하우스(1952) 유리의 가벼움, 비례의 아름다움, 도시로 개방된 저층부가 국제주의의 주된 텍스트이다.

가 보다 궁극적인 이유이지만, 건축을 세계적인 구조에서 논의하며, 세계 건축에서 소외되었거나 이론적 지원이 필요한 곳에 도움을 준다는 뜻이다.

1928년, 제1차 회의를 스위스 라 사라La Sarraz에서 가지며, 건축에 대해 국제적 논의를 시작한다.

국제주의 International Style

국제건축의 개념은 이미 바우하우스 총서 중 제1권 「국제건축, 1925」년에서 천명된 바 있다. "건축은 항상 민족적이며 개인적이다. 그러나 3개의 동심원인 개인, 민족, 인류 가운데에 제일 밖의 큰 원이 동시에 다른 두 원을 포함한다."

그래서 국제주의를 받아들인다는 것은 자신의 토착성을 포기하는 일과 같다. 결국, 멕시코의 국제주의든, 네덜란드의 국제주의든, 모두가 같은 얼굴을 갖는다. 그래서 이 스타일을 익명적이라고 하는 것이다.

국제주의는 그 태반의 조건으로 강력한 공업적 생산성의 능력이 필요하다. 역사가 얇은 신생 문화의 국가이지만 공업력만은 뛰어난 미국이 이 생경한 스타일을 번식시키는 것이다. 미국의 국제주의는 실제 S.O.M. 그룹(Skidmore, Owings & Merril)이 전방의 척후를 맡는데, 뉴욕의 레버하우스는 가장 명확한 결정이다.

뉴욕의 국제연합 본부는 1950년에 11인의 건축가가 연합하여 작업한 것이다. 작가가 '여러 명'이라는 것은 '아무도' 아니라는 것과 같다. 이 유엔본부를 보고 프랭크 로이드 라이트는 '괴짝'이라고 비아냥한다.

스타일의 세계 전파도 매체를 필요로 하는데, 세계의 정보 통

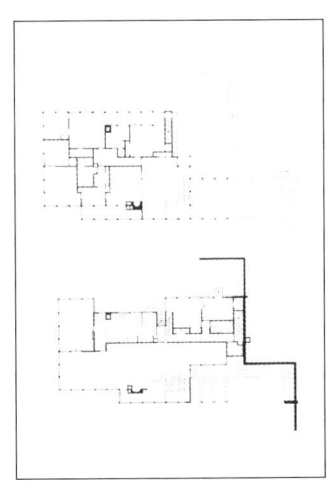

리차드 노이트라, 로벨주택(1927~29) 내부공간의 끊어지지 않는 연속성과 열린 구조가 전층을 흐른다.

신, 교통은 지난 20세기초에 비해 현저히 신장되었다. 국제건축은 엄청난 전파력으로 확산되며, 아프리카, 아시아, 유럽의 어느 도시에서도 「레버하우스」를 동시에 갖게 하였다. 매스를 버린 볼륨, 볼륨을 싸는 평탄한 피막, 피막의 투명성, 결과되는 단순한 유리상자 모양의 국제양식이다.

미국 서부에서 노이트라Richard Neutra의 주택은 최소한의 간결한 조형이지만 개방감이 뛰어난 공간이 태양과 빛에 감응한다. 이와 같은 경향을 특별히 캘리포니아 모더니즘이라고 한다. 로벨Lovell 주택은 철골조를 경량 표피로 감싸, 서부의 황량한 절벽 위에 얹혀졌다. 주택은 높은 곳에서 접근을 받아 흘러내려오며 내부공간이 전개된다. 건축주의 개방적인 성격의 반영이라고도 할 이 주택의 양명한 내부공간은 곧잘 bio-realism이라고 불리운다.

일본의 국제주의

일본의 모더니즘은 이미 서구화의 진로를 분명히 하던 사회 분위기에서 순조롭게 진행된다. 이때까지 어정쩡한 간접체험에 의하던 일본에서 직접자의 역할을 하는 사람이 레이몬드Raymond이다.
그는 1919년 라이트의 제국호텔 건축감독으로 도쿄에 들어와 일본 문화에 매료되어 그냥 주저앉는다. 그의 일본에서 첫 작품인 자택은 모더니즘의 콘크리트 구조이지만, 일본의 목가구의 감정이 배어 있다. 그는 일본에 미국적 모더니즘을 전하면서 그 자신은 다다미의 규범 비례와 미닫이 문이 갖는 공간적 확장력 등의 일본언어를 체득한다.

일본의 국제주의는 요시다 데치로吉田鐵郎, 마에가와 구니오前川國男, 요시무라 쥰조吉村順三 등이 레이몬드와 작업하며 국제주의 스타일을 익힌다. 그 후 마에가와, 사카구라 쥰조 등은 르 꼬르뷔지에에 사사받는 일본의 꼬르뷔지안이 된다.

한국의 국제주의

한국의 국제주의는 서구의 상황보다 20년은 늦다. 물론 모든 이입양식이란 것이 그 전이의 속도 때문에 시간을 필요로 하지만, 한국은 낙후한 기술공학의 환경에서 더듬거릴 수 밖에 없었다.
그래도 한국은 한다. 공업화가 안되면 망치로 두드려서라도.
1953년 국제주의의 모습으로 강명구의 계영빌딩이 서울 종로에 건축되는데, 그것은 공업생산이 부재와 설비를 가지고 만든 수공의 사실이었다.

정인국, 중앙관상대(1960) 비례의 미를 의식한 과제로서 청색 커튼월이다

정인국의 국립중앙관상대는 청색 커튼월을 입은 아름다운 체형을 이루지만 재료공학의 낙후성을 참아내어야 했다.
김정수의 조형성은 다양하지만, 1960년대까지 국제주의에 몰두한다. 그의 서울 성모병원은 멀리언이 표장을 싸는 커튼월이나, 아직 공업화되

지 못한 건축의 부품을 수공으로 해결해야
하였다. 서울 YMCA회관의 조형도 마찬가지
여서 몸짓으로라도 국제언어를 체득하려 애
쓰고 있었다.

어떤 면에서 국제주의는 쉽다. 그리고 방향
이 많이 같을수록 힘은 강해진다. 아마 세계
가 하나의 인식을 모아본 역사는 이 국제주
의가 처음일 것이다. 그러나 국제주의는 기
하학적 추상으로 허무를 담을 수 있을 뿐이
다. 국제건축 스타일은 미학적 가치보다도
더 싸게 더 많이 지을 수 있다는 오해가 토착
성의 가치보다도 우선하면서, 맹목적으로 확
산되었다.

CIAM 이후/ 제3세대 건축가

김정수, 성모병원 수평으로 긴 비례의 몸체를 알미늄과 유리의 커튼월이 감싼다. 비록 기술적으로 완성된 피막기술은 아니지만, 국제건축의 모양을 갖추려고 노력한다. (위)

김정수, YMCA회관 국제주의 (아래)

근대건축시기에서 19세기말 아방가르드의 건축가를 1세대라 하자.
모더니즘의 주역이 되는 거장의 시대를 제2세대라고 하면, 1960년
대는 다시 한번 전이되어 제3세대를 맞는다.

1956년 도제부르그에서 10차 총회를 마지막으로 CIAM이 폐기되며,
건축의 무대는 제3세대 건축가의 장면으로 전환된다.

전후에 등장하는 제3세대에게는 몇 가지 공통된 경향이 있다.
① 개인적인 작업보다도 생각을 같이하는 동인同人으로서 활동한
다. ② 건축적 관심은 지역과 도시로 확대되고, 건축의 유기적 이해
에 개념을 싣는다. ③ 전후의 사정에서 건축 일감이 충분하지 못하
지만, 그들의 진보적인 개념은 실천보다도 강연, 출판, 전시회 같은

세계의 국제주의 세계 각국이 같은 양식을 추종한다.

프로젝트가 주로 하는 일이 된다.

1956년 결성된 팀텐 Team X은 군집의 방법, 동적속성, 성장과 변화, 도시와 건축을 표제로 하며 건축과 도시를 통합된 시스템으로 본다.

G.E.A.M.(Group d'Etude d'Architecture Mobile)은 그 이름에서 나타나듯이 건축과 도시의 동적개념에 관심을 갖는다. 이를 위해 도시는 하부구조Infra Structure를 시스템으로 갖추고 건축은 거대구조 Mega-structure로서 도시 자체가 된다.

아키그램은 쵸크, 쿡, 그린, 헤론, 웹, 클램톤의 청년 건축가 그룹이다. 1961년에는 동인지 「ARCHIGRAM」을 출판하며 건축관을 천명했는데, 즉 명쾌할 것, 유동적일 것, 가변적일 것의 건축관을 펼친다.

'걷는 도시Walking City Project'와 같이 도시를 하나의 기계와 같은 시스템으로 보고, 내용은 유기체의 순환체계를 닮는다. 이렇게 건축은 점차 개별적 형상보다는 도시와 통합된 하나의 시스템이 된다. 건축이 유기적인 구조가 되는 것은 변화와 교체가 가능한, 더 나은 성능을 발휘할 수 있다는 다소 황당한 믿음이다.

이 개념이 비슷하게 현실로 이루어지진 것이 칸딜리스 팀(Candilis, Woods, Josic)이 이룬 뚤루즈Toulouse 도시설계이다. 이 프랑스의 지방도시는 6각형의 패턴을 따라 큰 줄기가 가지를 쳐가는 모양을 취한다. 여기에서 줄기는 도로, 상하수도, 전기, 가스의 하부구조와 공공, 상업의 도시기간 시설이다. 그 줄기에 주거와 개별기능이 달라붙는다. 이러한 조직적 구도는 변화와 성장에 적응이 잘 되고 도시의 생태도 건강해진다는 것이다.

이 제3 세대의 작업이 중요한 것은 비록 당시의 기술성에서는 공학적 환상에 그치고 말지만, 그 기계미학이 1980년대 하이테크 건축의 배경이 된다는 사실이다.

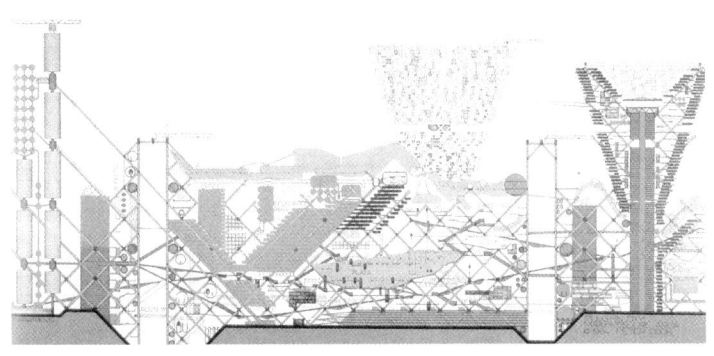

피터 쿡, 플럭-인 도시(1963~64) 도시는 기계이고 건축은 이 시스템을 이루는 부품이다.

역사에서의 건축, 시간의 모습

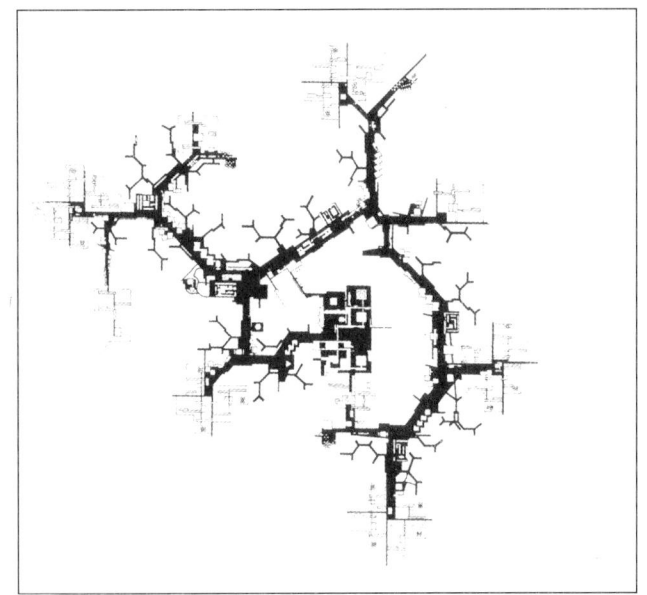

칸딜리스, 툴루즈 미레이으(1962) 육각형의 구도를 따라 계속하여 성장하는 도시는 큰 줄기와 작은 줄기로 이루어진 유기체와 같다. (왼쪽)

피터 쿡, 몬트리얼 타워(1967) 이 기계미의 조형이 1980년대 영국의 하이테크 건축으로 꽃 피우기 위해서는 20년 걸린다. (오른쪽)

지역적 건축의 대두

20세기 후반에 들어서며 세계의 건축은 지역적 각성 속에서 국제주의를 포기하고 자신의 언어들을 다시 찾는다. 유럽의 여러 나라뿐만 아니라 그동안 세계의 변방이었던 제3세계의 국가들에서 현저해지는 모습이다.

전후 프랑스의 건축은 르 꼬르뷔지에 이후 별다른 성과를 얻지 못하며 상당한 기간동안 침체된다. 그것은 구식의 보자르 교육방법이 새로운 시대의 건축으로 쉽게 전이되지 못하는 이유로 보인다.

빠리는 1952년 UNESCO빌딩을 갖지만, 작가 브로이어는 브라질 건축가이다. 상대적으로 푸루베, 제르퓨스 등의 조형주의가 귀중해진다.

무엇보다 이 시기에 기억되는 작가는 모더니스트 뻥귀쏭의 성격이다. 그는 프랑스적 이지주의와 감성을 함께 가져, 레지스탕스 기념

마르셀 브로이어, 유네스코 빌딩(1952~58) 삼각선의 평면으로 얻는 형태의 동적 형태이며, 르 꼬르뷔지에의 건축 요소들이 작용하고 있다. (오른쪽)

알리슨+피터 스미슨, 이코노미스트 빌딩(1959~62~64) 성 제임스 가로에서 도시의 건축이 가로 공간과 조직되기 시작한다. 물론 건축 양식은 주변의 것과 분명히 구분된다. (왼쪽)

관과 같이 우리의 폐곡을 찌르는 작품을 남긴다.

영국

아방가르드 시기에 영국은 디자인의 사회성과 새로운 구문을 제기하는 역할을 했다. 그러함에도 영국의 모더니즘이 더딘 이유는 그 보수적인 문화 체질과 관계 있다. 또한 영국은 2차 세계대전의 승전국이면서도 가장 큰 피해를 본 당사국으로서, 전후 한동안 전쟁복구에 여념이 없었다. 이러한 사회적 이유와 함께 전후 영국의 건축은 상당한 만큼을 관료에 의존하는 사정이 있다.

LCC(London County Council), CLASP(Consortium of Local Authorities Special Programme) 등에 의해, 전후 영국 건축은 주거단지, 공공시설, 도시 재건에 모든 에너지를 쏟는다. 이 공적 영역의 설계는 새로운 비전을 던지지는 못하나, 온건하며, 현실적이고, 건강하다.

알리슨과 피터 스미슨은 부부 건축가이다. 1950년대 이들의 초기

제임스 스털링, 레스터 대학 공학관(1959~63) 볼륨의 분절, 사선의 구성이 역동적인 외관을 이룬다. (왼쪽)

한스 샤로운, 로미오와 줄리엣 아파트(1954~59) 저층부에는 식당, 상점 및 서비스 기능을 공유하고 전체 200세대가 양광한 외부를 향한다. (오른쪽)

건축은 재료의 고유한 성질을 존중하고, 구조 설비가 명확한 표현으로 조형되는 합리주의 디자인이었다.

1958년 베를린 수도계획은 입체도시의 개념으로서 공중보도가 자동차와 분리되고, 건축과 자연의 상호관입을 보장한다. 이러한 유기적 구조는 앞서 말한 아키그램과 많이 유사하다.

이코노미스트 빌딩은 런던의 낭만적 건물들 사이에 있다. 유리와 알미늄을 입은 외관은 주변에 대해 분명히 이질적이다. 두덩이로 나누어지는 사무소는 그 사이에 가로 공간, 포켓 공원이 섞여 들며 도시의 공간을 재조직한다.

주목할 만한 또 한 사람은 스털링인데, 그의 짙은 표현성은 형태, 재료, 색채에서 보다 자유로우며, 레스터Leicester대학 기술연구소를 만든다. 그 건물에서 직립, 수평, 사선은 형태 원소가 되고 재료와 색채의 대비가 수사를 맡는다.

독일

독일은 2차 세계대전의 패전국가이다. 모든 것을 재건하는 데에 모아야 했다. 1933~45년 사이 히틀러의 예술 통제가 수많은 예술가들

한스 샤로운, 베를린 필 하모니 음악당(1956~63) 실내악당, 공간의 굴곡, 반사, 사각이 공간의 동태성을 이루는 것이다. (왼쪽)

괴트푸리드 뵘, 벤스베르흐 청사(1962~67) 평면, 콘크리트 구법이 표현적 억양을 크게 하면서도, 역사성을 재구성한다. (오른쪽)

을 미국과 유럽으로 이탈시켰으니, 전후 독일은 예술투자와 예술가 두가지 모두가 부족하다. 이 상황에서 국제 양식은 다른 유럽의 다른 나라에 비해도 꽤 유효했다.

국제주의 이후 이렇다할 동기를 찾지 못하다가, 독일은 샤로운의 표현주의에서 근대건축의 한 주류를 얻는다. '로미오와 줄리엣' 라는 이름을 가진 두 동의 아파트는 서로 건너다 보고 있는데, 9층으로 좀 더 날카로운 성질이 줄리엣이다. 이것은 U자형 평면에서 층당 9개의 단위가 밖을 향해 날카롭게 돌출한다. 물론 이러한 평면은 일조와 조망을 현저하게 확대할 것이다. 그 옆의 고층이 로미오인데 표정은 덤덤하다.

그의 최고 걸작인 베를린 필하모니 음악당은 자유로운 외관도 그러하거니와 내부공간에 주목한다. 그는 보편적이고도 쉬운 프로세니엄 아치형의 무대가 아니고 아레나 형식을 취한다. 그로써 무대와 객석이 친근하게 되는데, 그것은 고도의 음향공학적 해결이 전제되어야 가능한 시스템이다.

뵘G.Böhm은 역사적 사실과 자신의 건축을 결부시켜 새 사실을 만든다. 벤스베르흐 청사 Rathhaus Bensberg는 고성古城의 잔재에서 재생된 건축이다. 중정을 향해 모이는 자유로운 각도의 평면은 전통 형상을 기억한다.

이탈리아

전후 이탈리아의 건축은 유럽의 어느 나라에 비하여도 풍부하다. 그것은 전쟁 앞뒤의 시기에서, 어쩌면 프랑스, 영국, 독일에 비해 근대의 경험을 보다 견실히 한 때문인지 모른다.

파시즘의 건축은 너무나 정치적이었던 나치즘 문화와 달리, 근대주의를 포용한다. 무엇보다 이탈리아는 근대의 자양으로서 유럽의 어느 나라보다도 골깊은 전통를 가지고 있었다.

근대 합리주의와 이탈리아의 감성이 합성된 것이 로마의 종착역이다. 정면에서 거대한 수평선은 안으로 굽이쳐 들며 다이나믹한 내부 공간을 만든다.

이탈리아 근대건축의 대부인 알비니의 리나싼떼Rinassante 백화점은 분명히 근대적 구문이지만, 그 전면에 흐르는 질료의 정서는 마카로니이다.

뽄띠Gio Pontti는 서정적 감수성이 짙다. 성 까를로 S.Carlo 병원 부속교회의 간결한 형태를 지루하지 않게 하는 것이 뽄띠의 감각적 디

지오 폰티+삐에르 네르비, 삐렐리 타워(1956) 고층 빌딩의 구조적 아이디어어와 형태적 감각의 결합이다.

몬투오리오, 종착역(1947~50) 거대공간의 구조적 탁월함과 단순성으로 설제되는 전체의 조형에서 전후 로마의 기념성을 느낀다. (왼쪽)

프랑코 알비니, 리나싼떼 백화점(1958~61) 엄연한 근대 도시건축이면서 이탈리아의 질료를 머금는다. (오른쪽)

까를로 스까르빠, 베끼오 성관 박물관(1964) 리노베이션. 스까르빠의 공간적 해석력과 박물관 전시기법이 중세와 현대를 넘나든다.

BBPR(G.Banfi, L.Belgiojose, E. Peresuitti, E. N. Rogers), 벨라스카 탑(1958) 밀라노 구 도심에서 유일한 고층이지만, 역사에 돌아가 찾은 근대의 언어이다.

테일이다. 밀라노 역전의 삐렐리Pirelli 탑이라는 사무소 빌딩은 측면이 날카로운 형태로 시각적 비스타를 이룬다. 그것은 네르비의 탁월한 구조적 해석에 뽄띠의 형태 감각이 합쳐진 것이다.

스까르빠Carlo Scarpa의 건축 태도는 마치 건축을 공예처럼 하는 것 같다. 그의 작품은 대부분이 역사적 건물의 리노베이션인데, 그의 '상세의 미학'은 재료의 감각과 공작의 즐거움을 말해 준다.

이탈리아 BBPR은 밀라노를 중심으로 활동하는 5인의 청년 건축가(G.Banfi, L.Belgiojose, E.Peresuitti, E.N.Rogers) 그룹이다. 그들의 벨라스까Velasca탑은 밀라노의 도시설계에서 특별히 허용된 고층 건축인데, 그 수사가 전통의 성곽에서 차용된 것이 분명하다.

밀라노 체이스 만하탄은 도시의 예각을 이루는 가각부분에 있어 시각적 비스타가 된다. 이 은행의 조형은 그 후면에 있는 기존의 성당과 연속된 시형식이 분명하다.

네르비Pier Luigi Nervi는 근대건축에서 역학을 미학으로 승화시킨 작가이다. 그래서 그는 힘의 거동을 형상화하는데, 돔, 쉘, 서스펜션 등 특수구조에서 그리고 스케일이 큰 공작에서 더욱 빛난다.

로마 올림픽 체육관은 콘크리트의 돔으로 지붕의 표면을 따라 퍼지 네르비, 또리노 홀(1948~49) 95m스팬 100m 길이가 기둥없이 지지된다.

는 힘을 조형으로 포착한다. EUR의 체육궁전은 철골구조로서 로마의 것보다 규모도 더 커지고 역학적 거동도 더욱 다이나믹하다. 어떤 형태적 인위성보다는 철저히 역학적 원리를 바탕으로 하는 조형이어서 그것은 솔직하고 힘차다.

브라질

브라질은 1929년과 1936년 브라질에 온 르 꼬르뷔지에와 브라질리아 신도시 건설(1957~69)에 의해 커다란 동인을 얻는다. 당시 르 꼬르뷔지에의 협력자이자 제자이었던 코스타Lucio Costa,

루시오 코스타+오스카 니마이어, 브라질리아 신도시(1957~60) 마스터 플랜. 비행기를 담은 도시구조에 머리가 행정중심이며 양 날개와 몸체가 도시의 기간공간이다. 주거 부분, 인간적인 도시로서는 실패했다.

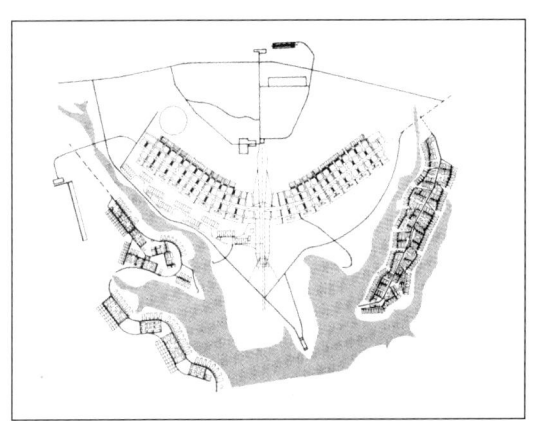

오스카 니마이어, 삼권三權 광장과 국회의사당(1958) 관아官衙의 내용이면서 기념비적인 조형이다. (왼쪽)

루시오 코스타+오스카 니마이어, 교육 보건부 청사(1936-43) 국제양식의 윤곽에 브라질의 혹독한 태양을 가릴 차광 루버를 입고 있다. (오른쪽)

니마이어 등은 브라질 모더니즘에서 선진적인 역할을 한다. 신도시 브라질리아는 신생 브라질의 야심 찬 프로젝트였다. 너무 도식적이라는 비판을 받기도 하는 이 도시의 구조는 머리, 가슴, 날개의 정형성을 모양으로 하며, 삼권三權 광장, 대통령 관저 등은 정치적 기념성 때문에 건축이 극화된다. 이후 브라질의 건축은 자유로운 서정과 활달한 심성을 가지고 토착적 모더니즘을 진행시키게 된다.

멕시코

제3세계 중에서 멕시코의 모더니즘은 특별하다. 아마 국제주의에 쉽게 젖을 수 없는 토착문화의 짙은 향기 때문일 것이다. 즉 아즈텍, 마야 문화라는 전통의 정서, 생동감있는 색채와 토착 재료의 그리고 기후의 특별함이다.

멕시코의 모더니즘은 여러 건축가가 동원되어 설계한 멕시코 대학에 집대성되어 있다. 이 대학은 하나의 신도시만큼이나 큰 규모에 멕시코 모더니즘의 실험장이 벌어진 듯하다. 멕시코의 토착문화가 그렇듯 풍부한 회화와 조각, 모자익과 장식이 모더니즘의 구문과 적절한 거리를 두고 관계한다.

아즈텍, 테오티후칸 이러한 조형성이 근대 멕시코 디자인에 중요한 단서가 된다.

후안 오고르만, 멕시코 대학 도서관(1950~52~53) 직방형의 서고는 창이 필요없고, 그 전면을 신화적 주제의 모자이크이 덮는다. (왼쪽)

페드로 라미레즈, 국립민속학박물관 (1963~64) 멕시코의 기후는 오픈 코트가 중앙홀의 기능을 대신한다. (오른쪽)

루이스 바라간, 바라간 자택(1947) 바라간의 자택, 멕시코의 모더니스트

오고르만 Juan O'Gorman의 조형은 보다 독특한데, 그가 반죽하여 만든 듯한 자택은 자연과 혼화하고 대지와 밀착된다. 그의 멕시코 대학 도서관은 합리주의의 몸체에 아즈텍 전통을 입는다.

멕시코 근대건축에서도 바라간 Luis Barragan의 미학은 수월히 구분된다. 그는 국제양식에 냉소를 보내며 스페인 바로크와도 무관하다. 그의 눈에 젖어 들어오는 것은 멕시코 민중의 색채이며 토착의 질료이다. 이 두가지의 요소가 그의 독신생활만큼이나 고적한 정제를 거듭하며 공간 속에 체화된다.

바라간의 자택을 보면, 요소들이 담백할수록 공간의 질량은 높아진다. 공간은 클 것과 작을 것, 비울 것과 채울 것이 적확하다. 그의 독신생활을 담는 침실, 식당, 주방이 검소한 대신 거실과 작업공간에 여유를 갖는다. 천장조명을 배제하고 스텐드 라이트에 조명을 의존함은 '빛을 그리는' 방법이다. 이 주택에서도 색채는 매우 중요한데, 백색의 회벽에 '신중한 토속 색'이 배접된다. 그래서 그의 색채는 단순한 채색이 아니라, 공간을 그리는 도구이며, 제4의 디멘션이다.

수녀원 부속성당 Capilla de las Capuchinas Sacramentarias은 중정을 끼고 둘러 친 내외 온갖에서 빛과 색채는 성심聖心이며 전통의 심성이다. 항상 그의 색채는 빛을 떠나 있지 않는다. 색채는 그 원색성에도 불구하고 거친 바탕 질감에 쉐이드를 동반함으로 들뜨지 않는다.

길라르디Gilardi 저택은 그의 말기 작으로 다시 한번 빛과 공기의 향기를 맡게 한다. 속으로 깊은 대지 가운데에 마당을 두어 앞과 깊이에 두 채로 나누어지고, 그 복도는 황색의 빛을 채집한다. 깊은 곳은 실내 풀이 있는 식당으로 빛, 색채, 물의 투명성이 함께 있다.

레고레따 Ricardo Legorreta는 많은 건축적 수법을 그의 선배 바라간으로 부터 전수받지만, 그가 누리는 사회는 훨씬 풍요롭고 과제도 다채로워진다.

멕시코 시의 까미노 레알Camino Real 호텔은 멕시코 올림픽을 위해 건설한 것으로 모두 4층으로 높이를 제한하여 공간이 수평으로 늘어진다. 자연히 서비스 복도는 길어지지만 그만큼 모든 객실을 외부공간과 가까이 접촉시킨다.

리카르도 레고레따, 까미노 레알 호텔(1968) 공간과 색채와 빛이 멕시코의 청명한 하늘에서 토착적인 색채감을 발휘한다

루이스 바라간, 길라르디 저택(1976) 바라간의 말기 작으로서 지하층의 실내 풀이 있는 식당

단게겐조丹下建三, 카가와현香川縣 廳舍(1958) 목구조에서 차용된 근대적 건축 수사가 콘크리트 구조로 이루어졌다.

메타볼리즘METABOLISM과 일본

근대건축사에서 일본이 가장 분명한 언사로 세계사에 언급되는 것은 1950년대 메타볼리즘부터이다. '신진대사'로 의미되는 이 운동은 단게겐조丹下建三에 의해 주도되는데 그 표제어처럼 건축을 유기적 특질로 표현한다. 건축은 스스로 숨쉬고 성장하며 진화하는 생명과 같다는 것이 메타볼리즘의 주장이다. 그리고 그들의 짙은 일본성의 미적 태도에 세계의 모더니즘이 주목하게 된다.

이 집단에 앞장 선 단게겐조에도 이지적인 태도와 전통적 관성이 함께 한다. 히로시마廣島 평화센터는 전자의 예이다. 그것은 2차 세계대전말 원자탄의 피폭 도시 중의 하나인 히로시마 시 중앙공원(평화공원)의 허리를 가로지른다. 필로티 위에 걸린 거대한 수평선은 자기 몸체 아래로 평화공원을 관류시킨다. 그것이 '평화'의 기표이다. 그에 비해 카가와香川현 청사는 일본 목구조 구법을 콘크리트로 번안한다. 그것은 아주 구체적인 전통의 수단이 되며, 그 후 많은 낭만적 모더니스트가 답습한다. 1960년 도쿄는 올림픽을 유치한다. 여기에서 단게겐조의 실내체육관은 두가지 의미에서 승리한다. 하나는 고난도의 현수懸垂구조 테크닉이며, 두번째는 이 구법을 가장 일본적 형상성으로 이끈 조형이다.

일본 근대건축은 르 꼬르뷔지에의 영향에 있는 마에카와前川國男의

단게겐조丹下建三, 히로시마 평화센터(1952~55) 수평선만으로의 평화 상징이 히로시마 평화공원을 가로 지른다. (왼쪽)

단게겐조丹下建三, 도쿄 올림픽 실내체육관(1964) 하이퍼 보릭 쉘이라는 고도의 기술과 일본적 형태 감각이 결합되었다. (오른쪽)

콘크리트 조형, 키쿠다케菊竹淸訓의 의식적 일본성으로 확대된다.

미국의 합리주의

2차 세계대전 이후, 미국은 국제정치와 경제 양면에서 패권 국가가 된다.

미국의 문화는 다인종, 다문화, 다계층의 복합적 성격에 있고, 국가의 지역적 성격도 사방팔방으로 다양하다. 자본의 꽃밭, 미국의 후기 모더니즘의 양태도 다채로워진다. 개발업자들의 부동산 투자가 도시개발을 부추기고, 뉴욕과 시카고 등의 대도시 건축이 문화를 리드한다. 20세기 후반에 들며 미국도 기능주의에 반발하며 미국적 서정성을 찾는다. 이는 다국적, 다인종, 다양한 계급이 찾는 문화의 특질일 수 있다.

시대, 문화, 지역적 입장에서 미국의 다양성을 말한다면 다음 여섯 가지 경향이 있다.

① 국제 스타일의 합리주의가 여전히 지배적이나, ② 점차 서정성

발터 그로피우스+피에트로 벨루스키, 판암 빌딩(1958)

마르셀 브로이어, 위트니 미술관(1963~66) 전면의 가로레벨을 비우며 상층부에서 볼륨을 키우는 이 도시의 미술관은 큰 한덩이의 공간에 모든 기능을 담는다. (왼쪽)

S.O.M, 리차드 댈레이센터, 전 시카고 시벽센터(1965) 미스의 조형이 계승되어 국제주의의 규범을 이룬다. (오른쪽)

케빈 로쉬, 나이트 오브 컬럼버스 본사 (1965~69) 네 귀퉁이와 중앙의 코어가 구조를 담당하며 동시에 강한 인상의 외관을 이루는 주어가 된다.

폴 루돌프, 미술건축학관(1959~63) 형태는 억양이 강한 볼륨의 구성이며, 조면 콘크리트가 그의 건축 물성을 두드러지게 한다.

이 배어드며, ③ 자가의 개별성이 주로 형태디자인에서 두드러지는 경향이 있는가 하면, ④ 주로 서부에서 지역적 토착성이 새삼스러워지기도 하고, ⑤ 미국의 구조기술은 독특한 표현의 장르를 만든다.

S.O.M.의 미국적 프래그머티즘은 70년대까지도 상당한 시장을 유지한다. 특히 목적기능이 단순하던 사무소 건축에서 S.O.M.의 설계생산은 미국적 규범이 된다.

그로피우스의 제자이며 바우하우스 제1회 졸업생인 브로이어Marcel Lajos Breuer의 미국에서 활동도 자리를 잡아간다. 그의 건축은 독일에서 익히던 합리주의에 비해서 상당한 만큼 변이된다.

성 존 베네딕트 아베이의 소성적 형태를 통한 종교적 상징성이나, 위트니 미술관의 강한 건축적 억양이 그러하다.

로쉬Kevin Roche의 건축 역시 합리주의의 범주에 있으나, 그의 건축은 상황과 대상에 따라 의사를 달리한다. 그는 J. 딘켈루와 함께 작업하며 매우 화려한 포트폴리오를 만들며, 80년대에는 포스트모더니스트로 변신한다.

미국적 프래그머티즘pragmatism에 서정성이 결합되며 점차 창의의 가치 시대로 접어든다.

루돌프Paul Marvin Rudolph는 미국의 모더니즘에서 가장 화려한 형태 솜씨를 자랑하는 건축가이다. 그의 형태는 직교하는 볼륨들로 윤곽이 뚜렷하고 억양이 강하다. 그래서 빛의 조성이 더욱 두드러지는데 여기에 강한 재료의 질감이 더한다.

미스의 추종으로 시작되는 존슨Philip Johnson의 건축적 걸음걸이는 예일대학 클라인타워 설계에서와 같이 형태주의로 전이된다. 그러나 우리는 80년대 포스트모더니즘에서 색이 바뀐 그를 다시 만나게 될 것이다.

야마자키Minoru Yamasaki는 일본계 미국인으로서 프린스턴 대학 졸업 후 미국 건축계에 화려하게 등장한다. 그러나 이 미국의 동양

미노루 야마자키, 세계무역센터(1966~73) 튜브 구조의 특수한 구조법으로 110층을 해결한 초고층이다. 이 쌍동이 타워는 2001년 9월 비행기납치 테러에 의해 붕괴되었다. (왼쪽)

필립 존슨, 예일 대학 클라인 타워(1962~65) 생화학관 용도의 건물로 튜브형 원주가 치솟는 형태를 이끈다. (오른쪽)

인은 시애틀 박람회 과학관에서처럼 고딕 취향에서 젖어 있었다. 뉴욕의 세계무역센터에서도 고딕의 기분을 볼 수 있지만, 이는 양식의 형태소가 초고층 구조법에 겹쳐진 미국적 아이디어이다.

형태가 심미성을 쫓다보면 자연히 개인적인 모뉴멘탈리티를 의식하게 된다.

사아리넨Eero Saarinen은 핀랜드의 낭만주의 시대의 건축가 에리엘(Eliel, 1873~1950)의 아들이다. 미국에서의 사아리넨은 자유, 자본, 다양의 문화 환경에서 현란한 형태의 언변으로 매우 바쁘다. 그는 제네럴 모터 기술센터와 같이 철저한 국제주의 건축을 보이다가도, M.I.T. 강당과 같이 구조적 조형에 뛰어난 해석력을 가지며, T.W.A. 터미널과 같이 형태 조형의 장인적 솜씨를 보이지만, C.B.S. 본사와 같이 합리주의자이기도 하다.

신대륙 미국에서 지역적 토착성을 말하는 것은 어렵다. 넓은 땅의

에로 사아리넨, C.B.S.본사(1960~64) 합리주의 디자인의 사무소 빌딩으로서 사아리넨의 다채로운 조형 세계 중의 하나이다.

역사에서의 건축, 시간의 모습

파올로 솔레리, 암석구岩石丘의 도시Mesa City(1958~61) 현실화된 건축은 아니지만 솔레리가 갖는 건축의 유기성을 잘 나타낸다.

지역성이 모두 별개이고, 다인종, 다문화의 신생국가라는 점에서 그러하다.

라이트가 세운 탈리어신 웨스트에서 땅에 대한 짙은 애착을 말했었는데, 그 부근에서 솔레리Paolo Soleri의 아리조나 활동이 계속되고 있다. 그가 암석구의 도시 Mesa City를 발표한 후 자연의 이상향을 실천하기 시작하는데, 이 문명주의 문화국가에서 벌어지는 노동과 땅의 가치가 특별하다.

미국의 기술 시대를 알리는 1960년대에 아주 대담한 특수구조의 개념이 유별난 공간과 형태로 현실화된다.

수학자 출신인 벅민스터 풀러R. Buckminester Fuller는 최경량, 최강력, 최경제 구조의 궁극점에서 공의 형태를 발견한다.

지오데직 돔은 3각면의 연속접합으로 이루지는 구체 형식이다. 이 구조는 1958년 유니온 탱크의 저장고부터 실용화되고, 몬트리얼 EXPO'67 미국관에서 완벽한 공의 공간을 구현한다. 그 공간개념은 맨해튼 계획과 같이, 그의 시스템이 임계점이 없음을 말한다.

이후 미국의 기술성은 스페이스 트러스Space Truss, 멤브레인 Membrane 구조 등과 같은 특수구법으로 독창적인 건축을 실현시키며 다음에 이야기될 후기 모더니즘을 맞는다.

벅민스터 풀러, 미국관-EXPO67(1967), 아주 얇은 피막으로 완전한 공의 모양이 되었다. (왼쪽)

벅민스터 풀러, 하이퍼 지어데직 돔(1961) 그는 이 돔으로 뉴욕 맨해튼을 뒤집어 씌워 전천후 도시를 만들 수 있다고 주장한다. (오른쪽)

칸은 에스토니아에서 탄생하여 소년시절부터 미국에서 자랐다. 그는 펜실바니아 미술대학에서 건축을 전공하지만, 보다 더 중요한 체험은 이탈리아의 역사 현장에서 체득하는 정서이다.

그의 건축사회에 데뷔는 매우 늦어 거의 60세가 다된 1960년에 리차드 의학연구소를 발표한다. 어쩌면 이 늙숙이 건축가는 국제양식이 소멸될 때까지 그의 활동을 지체시키고 있었는지 모른다.

당시 펜실바니아 대학에서 건축교육은 보자르(Ecole des Beaux Arts)식이었지만, 그는 이 구식의 교육을 자신의 목적에 겨냥하며, 보다 근본적인 것에 대한 체험, 즉 '그 속에 경이로운 감각의 체험'을 만들어 간다.

그의 공간은 유니버설한 성능을 믿지 않으며, 거침없는 내외부의 유동성도 없다. 건축의 피막은 헐렁한 맵시가 아니라 아주 구체적인 질량을 갖추어야 한다. 그의 건축은 당시에 횡행하던 어떤 이데올로기와도 연대하는 뜻이 없으며, 그의 구도자적 엄격성은 철저히 개별적이게 한다.

그의 공간은 우선 목적이 분명한 방으로 그려지고 그것을 결합하는 어떤 방법으로 전체를 얻어진다. 그것은 사람들이 공간에서 떠돌기 보다는 잘 머무르기 위함이다.

재료와 공법은 얼버무려지지 않고 시스템으로서 명확하다. 그리고 그것은 곧 형태로 직결되는 구체성을 가진다. 구태여 그는 건축에서 기술성을 크게 인정하지 않는다. 오히려 상황에 적확하다면 어떤 퇴락한 방법도 좋다. 인도와 방글라데시에서 벽돌과 콘크리트의 작업이 그러하다. 이러한 투박한 질료는 그의 따뜻한 감성이 젖어들게 하는데 중요하다.

그의 조형은 공간과 질감과 빛의 짙은 관계이다. 빛은 양광의 다른 쪽 이면의 어두움을 주시하면서 '침묵'의 수사가 된다. 초기에 그는 벽돌을 촉망하여 '쌓기'의 묘미를 즐기었다. 후기의 작업에서는 콘

루이스 칸, 엑스터 도서관(1965~72), 안을 비워 만든 공간이 이 건축의 메이저 스페이스이며, 이 공간을 통해 빛과 시각이 모아진다.

역사에서의 건축, 시간의 모습 147

루이스 칸, 소크 연구소(1959~1966) 세계 최고의 건축적 장면이다. (왼쪽)

루이스 칸, 예일대학 영국미술원(1969~74) 콘크리트와 목재의 재료가 빛을 머금는다. 이러한 빛과 공간과 재료가 우리의 감성을 적시며 미술의 표현력을 북돋운다. (오른쪽)

크리트에 더 애착을 보이는데, 아마 그것은 엑스터Exeter 도서관처럼, 빛과의 관계에서 좀더 중성적인 질료가 유효함을 아는 것이다.

소크 연구소는 태평양을 바라보는 곳이다. 칸은 이 풍경을 건축이 끌어 안기 위하여 긴 안마당을 만든다. 세 변의 콘크리트 벽 안에서, 이 나무 한 그루 없는 마당은 침묵하지만, 태양을 향해 시선으로 질문하는 공간이다.

예일대학 미술관과 이웃하여 있는 영국미술원은 약 20년간의 시간 차이가 있다. 그동안 칸의 공간은 훨씬 진화하여 영국 미술원의 공간은 빛과 미술에 더 포섭적인 힘을 싣는다.

영국미술원이 완결적인 공간인데 비해 킴벨 미술관은 확장과 융통성을 갖는다. 이 미술관은 세계 최고의 빛 환경을 가진, 미술품이 가장 행복한 집이기도 하다.

칸은 모더니즘과 후기 모더니즘 사이에서 중요하다. 그는 일시적으로 주목받는 건축가가 아니며, 앞 시대의 한계를 뒤 시대가 어떻게 여는가를 말해 주었다.

한국

한국의 모더니즘도 막연하게 세계사와 동조하던 국제주의를 떠나, 그 후기의 경향은 한국적 체질을 싣고자 한다. 이러한 특질은 꼭 표현적 의지를 거동해서만이 아니라, 어떻게 보면 재료와 기술의 한계를 극복하기 위한 노력이기도 하다. 이러한 이유에서 한국의 모더니즘 말투는 투박하다.

이광노이 합리주의로서 생산이나, 김중업의 조형적 솜씨도 빈약한 기술적 지원과 타협해야 했다. 이와 같은 제한된 소재와 구법을 극복하기 위해 프리캐스트 커튼월, 노출 콘크리트 구법 등은 꽤 인기 있는 멋거리였다.

역설적으로 말하여, 한국의 모더니즘은 서구와 한 단락 뒤지는 시기에 있지만, 그 뒤늦음으로 이미 세계 사회가 벌리던 국제주의에 대한 반동적 의사를 알고 자신을 만든다. 그것은 모더니즘의 수단을 다 버리지 않지만, 한국적 정서를 싣고자 하는 타협으로 나타난다. 한국의 모더니즘 건축이 진행되면서도 기술적 능력을 크게 신장시키지 못하는 것은, 워낙 부족했던 자본에 핑계가 있을지 모르지만, 전적으로 기술 계발에 게을렀던 탓이다.

고층빌딩은 철근 콘크리트 구법을 타성적으로 채택했다. 철골건축의 시도는 번번이 장애에 부딪치며, 한국의 철강산업이 본격화되는 1970년대까지 기다려야 하였다. 1973년 삼일빌딩, 당시로서 혁신적 높이인 30층에 본격적인 콜텐 스틸의 커튼월을 입으며, 70년대 사회의 진보를 상징하는 기념비가 되었다.

1960년대에 들어 한국의 건축은 전통성에 대하여 비로소 구체적인 구법으로 말문을 트기 시작했다. 아마 건축을 어떤 개념으로 말하기 시작하는 첫번째 경험일 것이다.

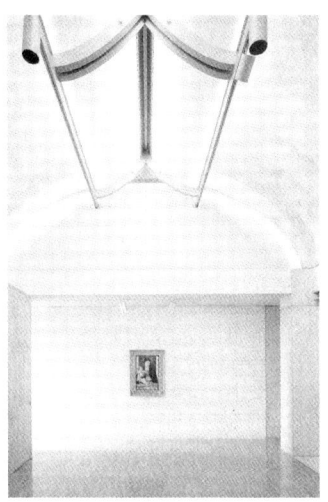

루이스 칸, 킴벨 미술관 볼트형 천장의 정점에서부터 흘러드는 빛의 번짐. 뛰어난 전시와 빛 환경이 얻어진다.

정인국, 서울시 교육위원회 전체적으로는 합리주의 조형을 따르나, 한국적 정서 또는 낭만적 감정을 얻는 방법이다.

역사에서의 건축, 시간의 모습

김석재, 육군 군종센터(1969) 힘찬 볼륨, 서정적 상징성 풍성한 콘크리트 조형은 대상을 하나의 조각적 시형식으로 다룬다. (왼쪽)

김중업, 주한 프랑스대사관(1961~64) 김중업의 전통에 대한 이해는 좀더 진전되어 건축의 형태 뿐만이 아니라, 건물과 대지와 자연의 관계가 더 확실해진다. (오른쪽)

김중업, 삼일빌딩(1969~70) 비례의 아름다움으로써 커튼월의 직방형 조형

한국의 지역적 모색은 우선, 형태에서 갈무리하는 방법이 더 직접적인 호소력을 갖는다. 기단, 몸체, 지붕의 3부 형식을 변용하는 방법, 특히 지붕의 조형은 상투적인 소재가 된다. 그래서 한국의 건축은 그 전통성이 형태에 있을 것이라는 통념을 상당한 동안 극복하지 못한다.

예를 들어, 국립중앙박물관 현상설계에서 승리하게 되는 수구적 전통관, 국립부여박물관에서 정체성에 대한 논란이 그러하다.

여기에서 김수근 건축은 새로운 작심作心에 들어선다. 김수근의 자유센터(반공센터)는 통상 그의 기념적 형태미로 말해지지만, 그보다 중요한 것은 내외간의 관계에서 공간이 언어하기 시작하는 것이다. 그는 한국의 전통건축이 가지고 있는 공간적 매력을 다시 구체화시키고, 자신의 건축에 적용한다. 그리고 이러한 공간의 차원으로서 전통의 이해는 그 후 한국의 모더니즘이 한 번 더 풍부해지는 동기가 된다. 한국의 전통공간은 세계의 건축이 그냥 갖는 보편적 성질과 우리만이 갖는 각별함이 따로 있다.

이희태, 복자기념성당(1967) 형태가 풍경과 함께 있어 전통에 이어진다. (왼쪽)

김수근, 공간사옥(1971~72) 전통의 공간이 확신을 준 결과이다. (오른쪽)

후기 모더니즘 Late Modernism

20세기 후반에 들어 건축은 심미성을 생산 수단에서 직접 취하는 경향이 활발해진다. 그래서 그 동안 뒷전에서 디자인을 지원만 하던 공학적 수단이 전면에 나서며 기계적 모습으로 나타난다.

이러한 기술조형의 경향은 ① 구조주의Structualism, ② 신생산주의 Neo-Pruductivism, ③ 미니멀리즘Minimalism 등으로 나타난다.

1970년대에 들어 미국의 기술우월성은 높이의 경쟁에서 혼자 우승하고, 대도시에서는 100층 이상의 꺽다리가 곧잘 등장한다. 이들 초고층의 건축을 구현하기 위해서는 특별한 구조기술이 필요하며, 건축가는 구조 수단을 곧 디자인의 수단으로 이어댄다.

건물도 기후와 충격에 대응하기 위해 옷을 입는다. 건물은 씌우는 재료의 성질과 디테일에 따라 매무새가 달라진다.

현대 건축에서 보편적으로 사용되는 유리와 금속재료는 그 이전의 모더니즘과도 구분될 만큼 발전되었다. 초대형의 판유리와 곡면 유리를 무한정 쓸 수 있게 되었고, 착색과 반사 유리의 기법이 새롭고도 화려한 옷을 입혔다.

S.O.M, 존 헨콕 센터(1969~70) 고층을 위한 구조 형식이 즉 표현이다.

역사에서의 건축, 시간의 모습

귄터 도미니크, 중앙은행(1979) 독일의 표현주의가 재기한듯 금속의 소재를 가지고 힘찬 가소적 조형을 이룬다. (왼쪽)

존 포트만, 보나벤처 호텔(1974~76) 반사 유리의 옷을 입은 4개의 원통이 기계시대의 심미이다. (가운데)

아이 엠 페이+헨리 콥, First Interstate Tower(옛, 연합은행 Allied Bank Tower), (1986) 프리즘 같은 형태, 반사유리는 건축을 하나의 허체로 숨기고 대신 주변을 자기의 모습으로 한다. (오른쪽)

와타나베 요지 渡邊洋治건축사무소, 제3스카이빌딩(1970) 알미늄 금속재료로 날카로운 심성을 표현한다.

선진기술을 이끄는 미국의 사정과는 조금 다르게 유럽의 레이트-모더니즘은 디테일에의 관심이 더 깊다. 스케일의 기질보다도 기술의 감각화를 찾는 것이다. 따라서 미국 건축의 막연한 미니멀리즘 보다는 부분과 상세의 감수성이 더 풍부한 언사이다.

일본의 디자인은 간결, 절제, 긴장의 이지미로 말하여 진다. 이러한 일본성은 극기에 가까운 정제의 과정을 거친다. 그 극소적인 절제의 조형은 모더니즘의 통합된 단순성과는 다른 것이다. 1972년 오사카 大阪만국박람회는 건축기술을 실험하는 주요한 기회였는데 그 후 일본의 기술성은 크게 전진한다.

하이테크 건축

우리는 1950년대에 팀 텐Team X이 이루고자 했던 기계미학의 건축을 기억한다. 그들 꿈의 씨가 40년 뒤 1990년대에 들어 싹을 트기 시작한다. 그래서 우리는 역사가 맴도는 것이 아니라, 지속적으로 진전하는 속성에 있다고 말한다.

하이테크 건축의 최초 기미는 빠리 중심 깊이 자리하고 있는 뽕삐두

삐아노+로저스, 뽕삐두 예술센터(1971~77) 모든 기술적 요소와 건축적 요소를 외곽으로 들어내고 내부를 자유공간으로 만든다.

예술문화 센터이다. 설계경기에서 당선된 삐아노Rerzo Piano와 로저스Richard Rogers의 합작은 그 기술적 품위에서 놀라운 것이지만, 더욱이 그 건축이 낭만적 고도 빠리의 도시적 문맥과 전혀 상반되는 이단이기 때문이다. 하이테크의 건축은 단순하게 고도의 기술이 적용되었다고 이루어지는 것은 아니다. 그것은 기술이 이면의 요소가 아니라 곧 표현으로 합일되어야 한다.

사람의 해부학적 조직은 근육과 뼈와 내장과 신경조직이다. 여기에서 만약 뼈대를 모두 밖으로 내놓은 구조를 취한다면, 그리고 모든 내장과 신경조직을 밖으로 끌어 내놓는다면 그것이 하이테크의 모습과 닮는다. 에이리언Alien(Ridley Scott(1979), James Cameron(1983), David Fincher(1993))이 꼭 그러한 모습이다.

보통 건축을 위한 기술, 구조, 공기 설비, 전기 설비, 운송, 정보 통신 등은 대부분 뒤에 감춰진 성능이기 마련인데, 하이테크 건축에서는 그들이 전면에 나서 표현을 지배한다. 홍콩香港 샹하이上海은행의 구조는 4개 피어가 4개 층씩의 바닥을 들고 있는데, 그 어깨 위에 다음 피어가 무등을 타고 올라앉은 모습으로 연속하여 높이를 만든

기거, No. 341, Danse Sabbatique(1977) 그래픽 아트, 이 작가가 영화 에어리언의 이미지를 제작한다.

역사에서의 건축, 시간의 모습 153

리차드 로저스, 로이드 보험회사(1979~86)
스테인레스 스틸, 유리 그리고 기계미학 (왼쪽)

리차드 로저스, 대우전자 본사 서울 목동에 건설 예정이었으나, 대우의 파산으로 무산되었다. 굽은 양 단면의 치솟는 볼륨이 최고의 기술성을 필요로 한다. (오른쪽)

다. 몸을 채우고 있던 뼈대와 내장이 밖으로 내놓으면 안의 공간이 자유로워진다.

이러한 고난도의 구조기술을 위해서는 엄청난 구조비용이 필요하다. 현대건축이 꽤 비싼 대가를 치루고라도 이러한 수단을 취하는 것은 기술문명을 자신의 이미지로 삼는 부가가치 때문이다. 아마 상당한 건축의 미학은 기술문화의 패러다임에서 자리를 틀 것이다.

현대건축의 내적 성능은 점차 디지털 미디어 수단으로 대체되어 가는 경향에 있다. 이에 건축이 지능을 갖는, 소위 인텔리전트 Intelligent 빌딩이라는 개념이 만들어지고 있다. 첨단 정보 시스템을 갖춘 건축은 스스로 문제를 진단하고 최적의 해결을 의사결정하는 것이다. 이러한 시스템이 건축 표현에 직접 영향을 주지는 않지만, 건축은 아마 자신의 지적 능력을 밖으로 뽐내고 싶을 것이다.

2.4. 모더니즘 이후, 개념의 시장

20세기 후반에 들어 모더니즘을 의심하는 그늘이 점차 넓어지며, 그 밑에서는 어떤 반문이 자라고 있었다. 모더니스트들이 구가하던 이상의 규격화, 그로 인한 개념의 건조화, 그리고 그 이후 제3세대 건축가들의 목쉰 구호가 새로운 패러다임으로 대체된다.

이제 모더니즘이라는 이전의 가치를 지우고, 새로운 가치를 찾는 것이기에 역사의 진행으로 보면 또 다른 반전처럼 보이기도 한다. 공간과 시간의 미학이었던 모더니즘에 상대하여 포스트 모더니즘은 시언어에 지배된다. 로고스logos가 지배하던 모더니즘 문화에서 페이토스pathos가 우세하는 포스트 모더니즘으로 전이한다. 이제 건축을 합리적으로 잘 해결했다는 비평은 뭔가 덜 떨어진 건축으로 취급되는 것이나 마찬가지로 들어야 한다.

감성시대, 포스트 모던 시대의 사람들은 감각적 만족을 증폭시키는, 보다 쉽고 빠른 방법을 요구한다. 그래서 사실상 건축보다는 패션이나 실내디자인의 작업에서 더 활발해지는 것이다.

포스트 모더니즘의 패러다임은 크게 다음의 4가지 갈래로 정리된다. 아마 이러한 정의는 대부분이 모더니즘을 뒤집으면 바로 보이는 이해일 것이다.

① 모더니즘의 이상주의를 거부하고, 대중과 건축가의 인습적 커뮤니케이션을 모색함. 이미 대중문화 또는 상업적 문화가 제도 문화 또는 고급 문화의 어깨 높이까지 자라고 있었다.

② 생산양식이 개개인의 삶의 모습을 지배하던 모더니즘의 이상, 계몽주의, 구조주의에서 벗어남. 어떤 대표 문화가 개개인의 삶의 질과 표현을 제어할 수 없다.

로버트 벤츄리, 길드 하우스(1965) 대칭의 구도에서 건축 요소들이 다시 복권되어 자기의 자리를 다시 찾아 들어 온다.

로버트 벤츄리, 바나 벤츄리 주택(1963) 그 어머니를 위한 주택으로 정면은 우리가 보편적으로 말하던 창, 문, 지붕을 되찾아 주었다.

③ 모더니즘의 일의univalent에서 다의multivalent의 가치로 전환. 모더니즘 문화의 통합적 가치로서는 이 세계문화의 다양성과 개별성을 통제할 수 없다.

④ 자신이 스스로 기획을 추진하며 그 동안 상대적으로 소외되었던 마이너리티를 복권하는 해방적 의미. 어떤 방향의 개별적 가치도 다원성의 부분으로 가능하며 문화의 윤택성을 돕는다.

⑤ 모더니즘이 저지른 반역사 혁명의 실수를 인정함. 지하에 묻혔던 역사는 복권되며, 아주 구체적인 건축적 의사로 햇빛을 본다.

사실상 '모더니즘으로부터의 일탈' 이라는 생각은 이미 60년대 초에 벤츄리Robert Ventury가 그렇게 열심히 말하던 것이었다. 시큰둥하게 듣는 건축계를 앞에 두고, 그는 이미 일련의 건축과 도시 디자인에서 역사의 귀중함, 대중의 미적 가치, 혼성된 문화에 관해 생각을 넓히기 시작하였다.

그러나 어떠한 시대 전환의 가치에도 불구하고, 포스트 모더니즘이 시대의 전폭적인 호응을 받지 못하고 역사로 퇴조한다. 좀 혹독하게 이야기하여, 그와 유사한 모두가 플레이보이건축Playboy Architecture 이라는 평가이다.

도시성의 회복

현대 도시는 비용면에서 효율을 우선하고 디자인함으로써 장소와 건축의 정서를 표백시켜 왔다. 이 창백함과 마비증세를 어떻게 회복시키는가의 문제는 포스트 모더니즘의 으뜸 과제가 된다.
크리에Rob Krier는 도시를 이루었던 요소를 면밀하게 살피고, 그의 디자인에 적용하는 문제에 열중한다.
그 동안 도시의 구조를 구획 개발로 정리하며 지워왔던 공간적 문맥을 회복시킨다. 이러한 방법론을 특별히 문맥주의Contextualism라 한다. 즉 도시의 건축은 이미 있던 것(도시의 역사성)과 나중에 생기는 것(신축 건물)이 있는데, 나중의 것이 먼저 것의 의사를 무시하면 생경하여 진다. 특히 역사가 오래된 도시에서 이 생각이 중요한데, 이미 있던 역사적 건축의 크기, 양식, 색채, 재료 등에 새 것이 동조하므로서 연속성이 유지되는 것이다.

역사적 귀의 또는 회고

근대주의의 맹숭맹숭함에 식상한 건축은 치장을 다시 시작한다. 특히 역사양식의 풍만함에 다시 눈을 돌리기 시작하는 것이다. 그래서 그동안 역사로부터 결별하는 것을 궁극적 목표로 하던, 건축의 생각은 70년 사이에 다시 변덕을 부려 역사양식을 복권시킨다.
처음으로 포스트 모더니즘을 국제적으로 함께 논했던 전시회는 1980년도에 열렸던 베네치아 비엔날레였다. 이 전시회의 주제인 「과거의 현현 The Presence of the Past」은 이러한 역사적 재귀의 뜻을 잘 말하여 줄 것이다.
그러나 포스트 모더니즘의 역사의식과 회고조는 분별해야 한다. 그것은 역사를 접어 돌자는 것이 아니라, 문화는 이전과 이후가 겹쳐

베네치아 비엔날레(1980) 포르토게시 프로그램, 전시회의 표제처럼 과거의 현재적 가치를 찾는 주제로 열린 건축 전시회이었다.

역사에서의 건축, 시간의 모습

마이클 그레이브스, 포틀랜드 청사(1979~82) 즐거운 대중 언어와 시청사

김기웅, 전주시청사(1981) 권위주의를 벗지 못한 역사 차용

원정수, 한국은행 별관(1987) 구관의 다츠노 깅코의 양식언어를 빌리지만 빌딩 시스템은 엄연히 다르다.

지고 이어지며 진행하는, 엄연한 시간성 속에 있다는 것이다.

미국의 포틀랜드시는 새 청사를 짓기로 하는데, 시내의 어느 건축보다도 눈에 잘 띄는 건물을 원했다. 보통 국가들의 청사가 보수적인 것과는 다른 요구이다. 건축가 그레이브스Michal Graves의 설계는 이 요구에 잘 적합한다. 청사는 상당히 역사풍이며 분명히 양식적 요소를 차용하고 있지만 그 전모는 현대적이다. 그래서 역사적이지만, 종래 위풍당당하던 고전의 권위주의가 아니라, 오히려 시민이 즐기는 대중성이 즐겁다.

굳이 이에 비교하자면 우리나라의 전주시청사가 있다. 이 청사도 다분히 우리의 역사 언어를 빌리고 있지만, 그 모습은 여전히 권위적이고 거만하다. 그것이 포틀랜드와 전주의 차이이다.

서울의 한국은행 본점도 그 앞의 기존하는 조선은행(다츠노 깅코辰野金吾, 1907~12)시절을 의식하고 있다. 분명히 구관의 기둥, 창의 요소, 프리즈 등이 차용된 신관은, 그러나, 훨씬 큰 거구가 입은 아기자기한 옷이다.

필립 존슨, 미국 전신전화 회사(1984) 뉴욕 맨해튼의 사무소 건물이지만 역사적 요소들이 외관과 내부의 중요한 기호가 된다. (가운데, 오른쪽)

아라타 이소자키磯崎新, 츠쿠바筑坡 시민문화센터(1980~83) 미켈란젤로의 광장의 바닥 패턴, 서양 건축의 어휘로써 건물 전모에 수사가 넘친다. (왼쪽)

이소자키磯崎新의 역사관은 세계주의처럼 보이는데, 그의 츠쿠바筑坡 시민문화센터는 로마에 있는 미켈란젤로의 까피탈리노 광장의 바닥 패턴을 빌리고 있다. 건축의 겉모습에도 유럽 건축의 요소가 많이 차용되고 있지만, 그 혼합 속에는 잡다한 것을 즐기는 풍요가 있다.

장식성

한스 홀라인, 하스하우스 백화점이라는 잡다한 속성을 표현으로 거둔다.

반세기전만 해도 모더니즘은 장식을 죄악시하며 모든 꾸민다는 허상을 벗어버릴 것을 우선의 가치로 했었다. 규범과 장식의 요소를 다 털어버리고 남은 최후의 단순성 그것이 궁극적인 모습이었다.

모더니즘이 손가락질하던 장식을 다시 걸치고 나온 포스트 모더니즘은 창백한 모더니즘에 비해, 자신이 훨씬 풍요롭다고 생각한다. 장식은 자연스러운

제임스 스털링, 베를린과학관(1979~86~88)
과학관이라는 무거운 주제를 역사적이나 대중적이며 장식적으로 한다. 이 건축은 기존의 석조 양식건축에 덧대어진 것으로 기존의 무거움과 대비되기도 한다.

미적 욕구이며, 자신의 표현수단이다. 성적 성능을 위해 자신을 꾸미는 꽃, 새, 물고기와 같이 사람도 의상과 장신구로 꾸미는데, 건축도 어려한가. 장식은 기호와 같은 어떤 의미 성능을 가지고 취해지기도 하지만, 그냥 꾸미는 행위도 좋다.

시각적 이미지의 증폭

이미지가 주제가 되면서 건축은 입체적 시각예술의 모습을 갖는다. SITE(Sculpture In The Environment) 그룹은 조각가 출신의 건축가 조직이다. 이들의 작품은 어떤 메시지를 담고 있지 않지만, 사람들을 놀라게 할 만한 시각적 흥미만으로도 조형의 입장을 다한다는 태도이다.

슈퍼 그래픽은 곧잘 포스트 모더니즘의 소재가 되는데, 그것은 주저

SITE ; E. Sousam A. sky, M. Stone, J. Wines, 베스트 쇼룸(1972. 80) (왼쪽)

찰스 무어, 무어 자택 회화적 그래픽에는 해학도 있다. (오른쪽)

함이 없이 직접적인 기호의 성능과 장식적 기능을 함께 갖기 때문이다. 건물의 전면을 덮는 슈퍼 그래픽은 문자, 추상의 패턴, 구상의 형상 그리고 색채가 건축조형을 지배하는 것이다. 그것은 미술관을 떠나 도시로 나온 미술과 같다.

대중성

사회적 의미에서 모더니즘이 가장 거세게 공격받던 것은 그 자신은 품위라고 생각하지만, 대중에게는 고까웠던 엘리티시즘이었다. 그동안 우리는 대중성이란 세련되지 못한 것으로 말하고, 건축의 품위를 위해서 고급문화를 따로 그리고 있었다. 이에 반해 포스트 모더니즘은 모든 삶의 문화, 그것이 비록 통속의 것이라 하더라도, 어떤 미적 동기를 가지고 있다고 믿는다.

그것이 비록 키치의 문화라 하더라도, 거칠지만 질박함, 순수한 만큼 큰 소구력, 유치하지만 쉬운 전달 등이 미적 수단으로 얻어진다. 포스트 모더니즘의 정신이 민주적이라는 것은 그 넓은 선택에서 여러 잔가지마저 존중되기 때문이다. 예술은 근대 시대에 이르러 종교와 황실의 문을 박차고 나왔으며, 포스트 모더니즘 시대에 이르러 자본주의의 품위에 냉소를 던진다.

찰스 무어, **원더 월** 뉴 올리언스의 낙관적인 풍토성과 놀이공원의 성격처럼 대중적인 즐거움으로 넘친다.

잡다의 문화

있을 수 있는 더 많은 가능성에 대한 생각이 다원의 문화를 가능하게 한다. 그것이 통합적 절대가치가 지배하던 사회에서 개별의 가치 시대로 전환되는 포스트 모더니즘의 뜻이다. 많으면 복잡하기 마련인데, 그것을 억지로 단순하게 하지 마라. 현대 사회의 구조가 그러하듯, 현대 건축의 내용도 여러 가지 복합체로 만들어지고, 그 구조

루시엥 크롤, **루뱅 대학 기숙사 및 의학동** (1969~74) 많은 사용자가 참여하여 이룬 디자인으로 잡다한 창과 문의 요소가 얽혀 특별한 조형을 만든다.

역사에서의 건축, 시간의 모습 161

테리 파렐, TV.AM(1982~83) 간판이 건축의 요소가 된다.

의 다중성이 건축의 이미지를 복잡하게 할 수밖에 없다는 것이다. 그것이 하이브리드hybrid의 문화이다. 모더니즘의 조형에서는 조화되지 않는 것 사이에 배척이 일어났지만, 포스트 모더니즘은 이들 개체의 개성을 손상하지 않고 중합시키는 것이다.

기호 건축의 메시지

모든 대상에는 저마다 뜻하는 바를 가지고 있으며, 건축은 어떤 메시지의 매질이 되고자 한다. 그럼으로써 건축은 아주 구체적인 의사 소통을 사람들과 할 수 있다. 건축이 스스로 무엇을 말하려는지 분명히 하는 것이다. 이는 어떤 의미화도 부정하며, 추상화하여, 익명에 있던, 포커 페이스와 같은 모더니즘 건축과 비교되는 일이다.

런던의 TV Am 방송국의 문자기호가 건축요소로써 전면에 나서는 것이 그러하다.

홀라인Hans Hollein의 상업 건축은 그 겉 표정만 보고도 그것이 무엇을 내용으로 갖고 있는지 확연하다. 비엔나의 3가지 상점 건축은

한스 홀라인, 오스트리아 여행사(1978) 깃발, 키오스크, 야자수는 기억을 위한 기호이지만, 곧 공간을 장식하는 금속 오브제이다.

한스 홀라인, 슐린 보석상점 (1972~74) 공예품의 메시지를 외장에서 분명히 한다.

그 외장에서 무엇을 파는 가게인지 뻔히 말한다. 빈의 오스트리아 여행사는 그 실내에 야자수, 키오스크, 깃발 등을 기호로 하여 여행의 기억을 되뇌이게 한다.

언어학적으로 의미의 성능은 기의記意와 기표記票로 구분된다. 가슴, 마음, 애정이란 우리가 머리에 떠올리는 ♥기표로 대신된다. 그러나 사람들은 '사랑'이 꼭 어떤 대표상징만으로 그려지지 않는 것을 뒤늦게 깨달았다. 그 구조주의라는 '결정론적인 이해'에 대한 반문, 그것이 초기 기호학에 대한 의문이며 탈구조주의의 생성이다.

그것은 언어적 습관, 표현의 상황, 기억의 개별성, 전개의 배경에 따라 현저히 다른 기의를 가질 수 있다는 것이다. 그래서 후기 구조주의 건축은 어떤 결정론적인 원리도 믿지 않으며, 대상과 상황에 따라 개별적일 수밖에 없는 의미를 설정해 가는 것이다.

예를 들어 아이젠만의 생물학연구소는 건축이 서게 될 자리의 흔적에서 구조를 시작한다. 베를린 유태인 박물관은 홀로코스트의 기억, 베를린과 유럽의 미래에서 유태인의 생활문화, 기존의 베를린 박물관 옆 대지에 확대된 장소, 마당의 올리브 나무와 랜드스케입이 갖고자 하는 의미이다.

다니엘 리베스킨트, 유태 박물관(1999) 열키고 설킨 지그재그 형의 공간은 오랜 도시의 기억에서 추출된 것이며, 건축에 이르러 유태 박해를 전하는 경로이다.

현재의 시점에서 언뜻 포스트 모더니즘은 이미 결별된 것, 좀더 심하게 말하면 실패한 행로였는지 모른다. 만약 잘못 들었던 행로라면 다시 되돌아 나오는 소모가 필요할 것이다. 나는 이 실패한 행로의 이유가 상당한 만큼 찰스 젱크스와 미국문화에 있다고 생각한다. 그들은 모더니즘의 한계를 알고 즉각 포스트 모더니즘의 도래를 끌지만, 그것은 껍질의 모습이었다. 그래서 젱크스Charles Jencks의 포스트 모더니즘이라는 장황한 정의는 사실상 모두가 스타일로서 관심인 것이다. '모습'으로 포스트 모더니즘을 그리고 있던 미국의 현대건축에 비해, 유럽의 포스트 모더니즘은 '내용'을 다시 뒤지기 시작하였다. 그것이 기호학으로부터 발전시킨 후기 구조주의이다.

탈구조주의, 해체

베르나르 츄미, 21세기 도시공원, 라 빌리뜨(1986~87) 공원을 이루는 땅-면, 가로와 공중보랑-선, 공원의 시설물-점이 있다. 작가는 이 요소들을 분해하고 재구축함으로써 각각의 성능이 더 분명하게 한다. 그로서 전체 120m 면적을 그리드로 좌표하고 그 위에 점, 선, 면의 구성이 생겼다.

렘 콜하스, 쿤스트 할(1992) 이 현대 미술관은 내외부의 경계를 헐며, 내부구성에서도 인습적 구조를 깨뜨린다.

귄터 베흐니쉬, 유치원 어린이들의 건축이라는 주제가 그러하듯 격식 구조를 버린다.

만약 건축이 '궁극적으로 예술이 되고자 한다면 우선 모든 주변 요인을 해체하는 일부터 시작하여야 한다. 경제적 효용의 기대, 구조와 기술적 제한, 그리고 무엇보다 기존의 알량한 조형원리로부터 해방. 만약 건축이 이러한 요인들로부터 자유로울 수 있다면 이제 비로소 예술이라고 불러도 좋다.

보통 건축은 기승전결의 구조로 전개되는 것처럼 말해왔는데, 그것은 동기-발상의 원리-전개-공유 문법-예측된 결과와 같은 것이다. 공간의 구성도 진입-분배-서비스-목적의 구조로 나타나기 마련이었다. 건축마다 다른 목적에도 불구하고, 그 공간의 전개는 정형화된 구문에 따르는 것이다. 탈구조주의는 이 구조주의를 지탱하던 보편성을 더 이상 인정하지 않는다. 개념에 따라 공간은 경계를 헐고, 얼마든지 도치할 수도 있고, 가역될 수 있으며, 우발성까지 의도된다.

그것이 해체의 모습이다. 공간의 해체는 자연히 형태의 해체를 만든다. 종래 형태를 이루는 조화원리는 우습게 되어버렸다. 기능이 건축을 결정할 수 없으며, 어떤 구조나 시스템 기술의 한계도 표현을 장애할 수는 없다. 경제의 원리는 더욱이 건축의 이유가 되지 않는다. 사실상 우리가 건축에서 기대하는

쿱 힘멜부라우, 디자인 스튜디오(1983~88) 디자이너의 스튜디오로서 어떤 기존의 구문법도 버린다. (왼쪽)

쿱 힘멜부라우, 공장(1988~89) 공장의 생산 기능은 직방형으로 남지만, 입구와 라운지 부분은 해방된다. (오른쪽)

상징, 의미는 사실상 불확실한 것이고, 순수한 심미를 위해서는 장애가 될 뿐이다.

이들이 절대의 자유를 향해 구사하는 수단은 구성적 원리에서 벗어나며, 다양한 요인들의 혼성에 대하여 한계가 없다. 건축은 연속되지 않으며, 위치가 바뀌어질 수도 있다. 분쇄, 분열, 흐트러지며, 거꾸러지기도 한다. 또는 끊기거나, 나아가서 무너지기도 한다. 궁극적으로 어떤 규정적인 그물로 포착될 수 없지만, 대상이 갖는 개별 상황, 대상과 사이의 차이를 길게 끔, 차연의 과정에 있게 된다. 이야기가 좀처럼 쉬워지지가 않으나, 그것은 건축이 절대 자유를 위해, 의미조차를 포함한, 이전의 모든 가치를 해체하고 난 다음의 개념이기 때문일 것이다.

하이젠베르크는 "과학에서는 사람들이 가능한 좁게 변화시키려고 할 때, 즉 우선 윤곽이 확실한 문제의 해결에만 노력을 집중시킬 때 혁명의 결실이 쥐어진다."라고 하였다.

근대주의는 낭만주의에 대항하는 아주 분명하고도 구체적이며 좁은 한계에서의 투쟁목표를 상대하였다. 이에 비해 현대건축은 비록 급속한 변화의 사이클을 만들었지만, 근원적인 변화의 목표를 찾지 못하고 있다. 목표가 너무 확산되고 만 것이다. 포스트 모더니즘의 행보가 그러하다.

차링 크로스 역 재개발(1990) 역사적 도시 런던에서 현대건축이 갖는 타협

역사에서의 건축, 시간의 모습

낭만적 모더니즘, Neo-Rationalism

우리는 현재 두 가지 이해 사이에서, 20세기를 떠나며 건축은 모더니즘의 시기를 종결하는가의 질의를 갖는다. 그것은 ① 포스트 모더니즘이 더 이상의 지지를 얻지 못한 채 진전되지 못하는 사실, ②그러나 이미 합리주의 시대와는 현저히 다른 가치관에 있다는 시대정신 사이에서 잠시 길을 잃었다는 사실이다.

현재의 진행은 어떤 과격한 진보의 국면에도 불구하고, 그 보편적인 모습은 모더니즘에서 크게 벗어나 있지 않다는 사실이다. 다만 지금의 모더니즘이 지난 60년대까지 건축을 지배하던 합리주의의 것은 아니다. 보편의 가치를 떠나지 않지만 그 해결의 개별성은 보다 넓은 다원성을 이루어간다.

어떻게 보면 합리주의라는 보편성과 후기 모더니즘이라는 개별적 가치의 타협처럼 보인다. 나는 이 타협의 경향을 '낭만적 모더니즘'이라는 정의로 내려본다. 그것은 지난 세기동안 건축이 비방하던 역사와의 화해이고, 표현의 금단 현상 뒤에 다시 나타난 화기이며, 도시와 건축의 새로운 화합이다.

알도 로시, 장제장(1971~84) 모더니즘의 이상과 역사적 근거가 결부된 조형을 보인다.

김수근, 경동교회(1980) 종교의 의미는 추상적이지도 않고 간접적이지도 않다. 건축은 몸 전체로 상징성을 말한다.

한국의 현재건축

20세기 후반 우리나라의 건축도 현저히 후기 모더니즘으로 전이해 있다. 김중업의 평화의 문(서울, 1988)을 지나며 한국의 거장시대는 우리의 등 뒤로 문을 닫는다. 우리는 이제 제3의 마당으로 들어섰는데, 이 후계 세대의 자리는 훨씬 넓지만, 다양성의 숲으로 차게 될 것이다. 곧 개념의 시대이다.

한국의 21세기 건축은 좀더 나은 기술과 안정된 환경을 수단으로 할 수 있게 되었으며 무엇보다 개념의 시장으로 열린다는 사실에 고무

받는다.

역사 안의 건축

역사를 그리려면, 시간이라는 앞뒤 관계만이 아니라, 지역과 계층적 사실들이 좌우 상하로 직조되는 것을 알아야 한다. 그래야 비로소 역사는 입체상의 추진체임을 알게 된다.

역사는 가끔 변덕을 부리는 것처럼 보이기도 한다. 그러나 모든 역사의 진전에는 반드시 어떤 동기가 있다고 보아도 틀림없다. 우리는 모든 역사 사실을 꼭 전후의 인과관계로 읽을 수는 없지만, 어떤 문화적 사실도 무작정 성립되지 않음을 안다.

지난 6,000년 동안의 건축역사를 펼친 그림으로 그려보면, 역사는 끊임없이 변화하지만, 어떤 관성을 가지고 있다. 그리고 보면 역사가 미래의 가치를 위해 왜 유효한지를 알 수 있다. 그러나 먼저의 사상이 관성으로 다음 생각의 허리춤을 잡고 뒤에서 잡아당길 때 전이는 머뭇거린다. 무릇 선지자는 이 탄성의 줄을 과감히 끊을 줄 알았으며, 대중과 사회가 이를 지지할 때 더 큰 힘으로 추진할 수 있다. 그래서 건축은 진화한다.

3 조형예술로서 건축, 아름다움과 그 수단

건축을 이해하는 일은 우리의 눈을 들어 주변을 보는 것만큼이나 쉽다. 그것은 바로 우리와 이웃에 그대로 있는 사실이기 때문이다.

그러나 우리가 건축을 좀더 잘 말하려 할수록, 대부분의 예술을 이해하기 위한 태도와 같이, 그 방법도 여러 갈래가 있고, 서로 얽힌 관계에서 말하게 된다.

조형예술로서 건축은 상당한 내용을 미술과 함께 하며, 예술사의 큰 부분이며, 사회학적 대상이기도 하다. 기술공학의 발전과 문명사의 단면은 건축기술사와 매우 닮았다.

3.1. 도시와 장소와 대지, 건축의 시작점

서울 금호동 재개발 도시에서 건축은 대지를 잃고서는 존립되기 어렵다.

도시는 사람과 건축이 집합된 결과이다. 건축은 땅 위에 어느 곳에서 세워지기 시작했지만, 그 집합의 이익을 알면서 이미 4000년 전부터 도시를 이루어 왔다. 도시화는 건축을 자연과의 관계에서 멀어지게 하는 대신에 도시의 서비스 체계들과 관계가 깊어간다. 대개는 상당한 밀도의 인구와 경제, 문화, 사회 기능이 인공환경에 모여 집약적인 성능을 발휘한다.

높은 밀도와 복잡한 요소들로 형성되는 도시는 어떤 조직적 질서를 필요로 한다. 이 질서의 효용을 구상하는 것이 도시계획이다.

고대 도시는 대체로 신전을 중심으로 질서를 만들며, 절대 왕권시기가 되면서 왕궁을 중심축으로 도시의 구도를 잡았다. 메소포타미아, 이집트의 도시들이 그러하다. 중세 유럽은 대성당을 도시 구조의 중심으로 삼으며, 방어의 성능이 중요해지자, 성곽으로 외곽을 둘러친다. 서구의 도시가 구심점을 향한 방사형 구조인데 비해, 동양의 도시는 직각 그리드를 즐겨 쓴다. 베이징과 한양도 왕궁을 중심축으로 하는 조직적 체계를 잡으며 성곽으로 방어의 한계를 정했다.

도시의 공간

역사적으로 도시의 질서 체계는 자연발생적인 힘과 이를 적절히 조정하려는 도시계획에 의해 공간적 구도를 이루어 왔다. 그리고 도시는 매우 오랜 기간 동안 숙성되며 질서를 안정시켜가게 마련이다. 대개 서구의 도시는 교환의 시장과 종교를 찾는 교회를 구심으로 하고 교통의 발달과 함께 성장하였다.

스프렉켈센, 거대한 아치(1983~89) 원경, 빠리의 중심축에서 풀어 온 배치 개념을 읽을 수 있다.

유럽의 도시들은 대부분 오랜 동안 누적된 역사와 새롭게 가꾸려는 자존심을 함께 가지고 있다. 그들은 도시에 이 자존심을 표현하기 위해 기념물을 필요로 하고 공간의 구도를 특별히 한다.

빠리 외곽, 라 데빵스에 있는 거대한 아치Grande Arch는 그 위치부터가 의도적이다. 빠리 구 도심에 있는 루브르 박물관을 거쳐 에뚜왈 광장의 개선문의 두 다리 사이를 통과한 축선軸線을 더 연장하면 이 건물의 가운데를 통과하게 된다. 다시 말해 파리가 가진 거대 도시의 중심축을 가슴으로 받아들이는 상징성이 이 건축의 주제이다. 작가는 이 상징성을 '세계로 향해 열린', '미래를 관망하는 창'의 뜻으로 말하였다. 'ㄷ'자를 세워 놓은 아치는 110m의 높이로 다리를 벌리고 서 있다. 수직으로 선 37층의 양 쪽 부분은 관공서와 사무소로 쓰이며, 최상부를 가로지르는 100m×100m의 평면적은 미술관, 극장, 문화공간으로 되어 있다.

이 최상부까지의 접근은 아치의 빈 공간에 설치된 전망 엘리베이터

에로 사아리넨, 제퍼슨 기념관(1946~)
200m의 높이와 너비의 아치 사이로 센트루이스의 중심축을 통과시킨다.

들을 타고 오르는데, 상승하면서 점진적으로 벌어지는 빠리의 전망이 우리를 압도한다. 그것이 공간을 미적 체험으로 이끄는 것이다.
1946년 세인트루이스 시가 공모한 제퍼슨 기념탑 설계경기에서 근대건축가 중 가장 현란한 형태 솜씨를 자랑하는 사아리넨이 당선되었다. 이 위대한 포물선, 200m 폭으로 벌어지는 아치는 높이도 200m이다. 그는 세인트루이스 도시의 중심 축을 이 기념물의 두 개 피어 사이로 지나게 하는데, 이 기념탑의 정점에 오르면 세인트루이스 도시의 공간적 질서가 한 눈에 들어온다.

서울도 오랜 수령을 통해 익혀온 품위가 있는 도시이다. 서울은 세계의 어느 도시보다도 뛰어난 산과 강과 자연의 조건을 가지고 있으며, 오랫동안 숙성된 역사의 향기가 있다. 이 시간의 품위를 현대가 깨뜨리고 있다.

종로 네거리에는 보신각이 있다. 이 종각 건물의 문화재적 가치는 대단하지 않으나, 종각-종로는 서울의 중심이며 오랜 기억 속의 존재이다. 그 건너편에 화신백화점이 있었으며 60년대까지만 해도 명건축 중의 하나이었다. 일제 때 지어진 이 건물이 헐리고 지금의 종로타워가 세워졌다. 이 우람한 대체물은 종각과 종로를 압도하며, 자본주의의 상징처럼 억센 몸짓으로 있다.

도시의 공공공간

도시는 공적 영역의 구조가 좋아야 좋은 도시가 된다. 세계의 어느 도시도 공공 영역이 빈곤한 채 좋은 도시가 되는 경우는 없다. 도시의 공적 영역이란 가로, 광장, 공원 등의 사람이 만든 환경과 하천, 호수, 삼림 등 자연의 환경이다. 또한 공공공간은 그 도시의 역사적 유산인 성곽, 옛 건물 등이 포함되는 경우가 많다.
서양의 도시는 가로와 광장 문화를 바탕으로 진화되는데 비해, 한국의 도시는 문화를 공유하는 힘이 부족하다. 도시의 근대화는 밀도의 경제가 우선하며 더욱 도시 공간을 척박하게 했다.

도시의 공공 공간에 대해서는 건축도 공유의 책임을 져야 한다. 그래서 건축이 적합한 오픈스페이스를 가져야 하는 것은 하나의 윤리이다. 특히 대규모 개발 프로그램에 의한 건축은 공공을 위해 얼마나 너그러운가를 가리게 된다.

쇠락한 도시를 수술하여 새로운 건강을 찾도록 하는 것이 재개발이다. 서울의 시민적 기대와 함께 이루어진 재개발 사례의 하나가 을지로 재개발 16.17지구이다. 중소기업은행, 장교빌딩(쁘랭땅 백화점), 한화빌딩의 3개 건물로 한 블록을 이루는 이 공간은 중정형의 오픈스페이스를 안에 담는다. 그러나 이 공간은 그들만의 공간이다. 도시건축에서 오픈스페이스는 너무 밖으로 벌려지면 안식감이 없고, 너무 안으로 감추어져서도 안된다.

마테라 Matera는 이탈리아의 아주 작은 지방도시이다. 도심 4거리의 한 코너를 차지하는 지구를 재개발하면서 작가는 시민들이 사랑

을지로16.17재개발지구, 중소기업은행 본점-김중업, 현암빌딩-김우성, 장교빌딩-한울건축, (1984~88) 오픈스페이스는 상당한 규모를 할애하지만 일반이 접근하기 어려운 폐쇄적 형식에 있고, 높은 건물의 볼륨이 지배하는 스케일 때문에 안정적이지 못하다.

까를로 아이모니노, 마테라의 도심 재개발 (1988~91) 가각街角에서의 오픈스페이스와 후면에 자신의 공간을 공조시킨다.

하는 이 도시의 공간을 이해한다. 그래서 자신의 건물이 만드는 오픈스페이스를 광장에 직접 접속시킨다. 그리고 이 오픈스페이스는 상업공간의 아케이드로 이어진다. 도시는 공공의 힘이 있고, 건축은 그 자신의 내부 기능 때문에 도시를 밝히고 활성화시킨다. 이렇게 사적 영역과 공적 공간의 관계를 통해 두 힘을 결합시키는 것이다.

빠리는 5세기경에 프랑크족에 의해 수도가 된지, 이제 약 1500년 동안 통해 숙성되어온 도시이다. 엄격한 도시설계에 의해 대부분 6층 이하로 높이가 제한되며, 건축은 역사적 정서를 파괴하지 않는 약속을 지켜왔다. 그 결과 세계에서 가장 찬란한 도시문화를 갖게 된 이 도시도 일부에서 재개발이 필요하게 되는데, 그 하나의 프로젝트가 레잘Les Hales지구이다.

이 지구는 레잘 성당을 포함한 역사적 기념물들이 많고 그 주변도 빠리의 중심답게 좋은 역사적 맥락성을 유지하고 있다. 건축가의 과제는 이러한 역사적 주변성을 다치지 않고 어떻게 현대적 도시기능을 담는가이다. 그 해결은 우선 모든 시설 공간을 지하에 묻는 것이다. 그러나 지하라는 공간은 상식적으로도 어둡고 무겁다. 지하에의 접근은 편안하지 못하며 불안하기 마련이다.

이 세 가지 해결, 곧 도시의 역사성 유지, 새로운 현대적 기능의 충실, 지하 환경의 해결이 작가의 개념이다. 모든 기능 공간을 지하화하는 대신 큰 오픈스페이스를 만들고 그 중심에 파 내린 정원sunken garden을 구성한다. 이 선큰 가든은 그 자체가 주변을 위한 휴식공간이기도 하지만, 주된 지하 시설의 입구가 된다. 지하공간이라는 무거운 예감을 불식시키기 위해 주변 벽을 모두 완벽한 투명체로 하였다. 마치 '투명의 분수' 같다. 3개 층 높이의 투명성은 지하의 공간을 숨쉬게 한다. 그 안에는 거대한 쇼핑 센터와 스포츠 시설, 위락 기능이 있다.

끄라우드 바스꼬니, 포럼 데잘(1972~79) 지하 공간으로 진입하는 선큰 공간, 선큰 주변의 투명성은 지하로의 전이를 위한 상대성이다.

장소

건축은 땅 위에 세우고, 그 집적된 모든 양상이 도시이다. 모든 땅은 건축의 기반이지만, 이러한 땅의 성격이 아주 특별한 경우도 있다. 우리는 이러한 곳을 '장소place'라 한다.

도시에서 장소는 어떤 특별한 자연, 역사적 기억, 이용의 습속, 기념적 상징 등이 작용하며 만들어진다. 이러한 장소를 곧 인위적으로 급조하기는 어려우며, 여러 시간을 가지고 자연스럽게 숙성되기 마련이다. 예술의 전당을 세웠다고 하여 그곳이 곧 문화의 장소가 되지 못하며, 독립기념관을 세웠다고 국민적 장소가 되지 못한다.

어떤 집약 경제의 동기를 가지는 명동의 거리, 파고다 공원과 같은 시민 사회적 동기를 갖는 장소, 구 한말 이후 피눈물 냄새에 젖은 정동을 갖는다.

하와이 진주만은 1941년 태평양전쟁을 도발하는 일본의 기습공격에 의해 진주하던 미 해군력이 괴멸되었던 기억을 가지고 있다. 여기에 승전국 미국은 그들의 실수를 기념하는 기념물을 설립한다.

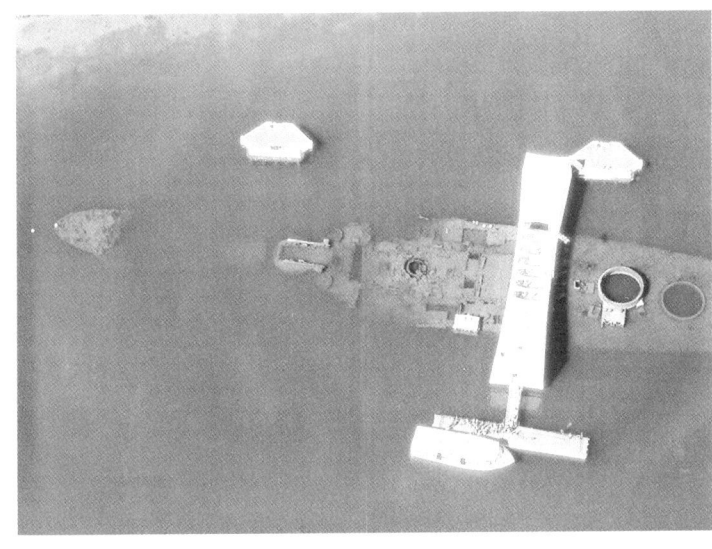

알프레드 프라이스, 미군함 아리조나 기념관 (1962) 수몰된 전함 위에 직교하여 세워진 수상 기념관.

에밀로 암바즈, 슐름버그 연구소 대지와 건축이 분리되지 않는다. 그래서 이 건축은 도시적이지 않다.

미군함 아리조나는 진주만에 정박 중이던 1,177명의 승선원과 함께 그 자리에서 수장되었다. 가라앉은 배는 규모가 워낙 크고, 수심도 깊지 않아 수면에서 그 잔해가 그대로 보인다. 그 군함 위에 건축가 프라이스가 디자인한 56m 길이의 백색 기념관이 얹혀져 있다.

모뉴먼트는 가라앉은 군함의 긴 축과 직교하며 얹혀졌으며, 양쪽 어깨가 오르고 가운데가 낮다. 작가는 이 형태의 상징성을 다음과 같이 말한다. "가운데 숙은 형태는 최초의 패배이며, 튼튼하고 힘차게 솟은 양쪽 끝은 궁극적인 승리를 상징하며, 전반적인 효과는 안정과 평온이다. 슬픔에 대한 함축된 의미로써, 보는 사람들의 내면 깊숙한 감정, 각 개인의 반응을 깊이 할 수 있도록 세부적인 장식을 배제하였다." 여하튼 이 기념물은 세계의 어느 모뉴먼트 보다도 극적인 감정이입을 경험하게 한다. 그러나 우리는 그 극적 감동이 건축가의 디자인이라고는 보지 않는다. 그것은 수몰된 거인 함대의 잔해가 남겨진 진주만의 그 장소성이다.

건축은 땅 위에 세운다. 건축은 땅을 모태로 한다.

미야시마嚴島 (이츠쿠시마) 신사神社 바다의 밀물과 썰물이 전혀 다른 공간 풍경을 만든다. 사진의 지금은 밀물이 들어와 있다.

사찰이나 수도원처럼 대지를 떠나 건축이 이루어지는 경우도 있지만, 그것은 아주 특별한 목적 때문이다.

일본 히로시마 근처의 이츠쿠시마嚴島 신사神社는 바닷가에 세워졌는데, 이 바다는 간만干滿의 차이가 심하다. 그래서 밀물 때에는 신사의 바닥까지 물이 들어차고 썰물 때에는 땅이 된다. 물이 차들어 올 때 이 신사는 바다 위의 건축이 되는 셈이다. 이 건축가는 바다로부터 접근하는 배치를 만들고 이 자연의 현상을 장소화 하는 경이적인 발상을 한다.

쉬멜라 수도원은 터키 북동 고원의 카라다아Karada의 절벽 위에 성모의 계시를 받은 한 사제에 의해 세워졌다.

계곡의 개울 소리가 훨씬 잦아들고, 힘이 들어 발뿌리만 보고 걷다가 숨이 차서 고개를 들 때쯤, 갑자기 나무 사이로 수도원이 나타난다. 인공이 자연에 필적한다는 인상은 이집트나 아즈텍에서도 있었지만, 이 수도원은 자연에 함께 한다는 것이 다르다.

일부 암벽을 파내어 공간을 얻은 후 수십 년간에 걸친 공간의 구축은 피멍든 수도사들의 어깨로 이루어진다. 일거에 이룬 스케일이 아니므로 공간들의 크기는 대개 예닐곱 걸음의 크기이다.

쉬멜라 수도원(4C) 중세 비잔틴 시대 수도원은 고립된 위치를 찾았다. 동부 터키의 험준한 산악 자락에 수도사들이 손수 지은 수도원이다.

조형예술로서 건축, 아름다움과 그 수단

이러한 종교적 열성을 자연에 새기는 건축 행위는 한대의 암굴묘에, 인도의 아잔타 시대에도 거창한 사업으로 추진되었다.

로마인들의 건축적 상상력에 놀라는 기회는 많다. 이스탄불의 지하 저수조는 누구도 그 내부에 관심짓지 않을 폐쇄된 공간이다. 이 지하 저수조를 만드는 로마인은 완전한 기둥 양식과 볼트 구조를 갖춘 조형뿐만이 아니라 상상력의 자유로움을 구가한다.

모두 336개의 기둥으로 구성되는 대규모 사업을 위해 이 건축가는 주변의 헌 건물에서 기둥들을 주워 모아 구조를 해결한 모양이다. 공인들은 이 공사과정에서 자신들의 상상력을 발휘한다.

땅은 원래 풍요한 곳이 있고 척박한 곳이 있다. 그래서 생태학적 기준을 가지고 좋은 땅을 고르는 풍수지리의 논리가 이루어 졌다. 땅에는 기氣가 있는데 그것은 흙, 바람, 물과 기상학적 자연 요건으로 조합된 정기精氣이다.

대지는 풍광風光과 함께 있고 그 자신이 경치의 일부이다. 건축은 그 주위의 경관을 살피며 자리잡고, 그 자신이 경치의 일부가 된다. 그래서 좋은 풍수는 자연의 재해만이 아니라 인재人災마저도 제어할 수 있다고 믿는다.

특히 우리나라와 같이 4계절의 구분이 확연한 반도의 나라에서 풍수는 생존을 위한 절대적인 조건처럼 생각했다. 현대 도시에서는 이

하늘의 집, 에스파니야 추상미술관(14C) 중부 스페인의 작은 도시 쿠엔카의 중세 목조 저택을 미술관으로 개조했다. 벼랑 위의 건축은 하늘을 대지로 하는 듯 하다.

지하 저수조(5C) 콘스탄티노플 시기부터 건조된 지하 저수조, 로마인들은 이 지하의 물 탱크를 격조있는 건축처럼 만들고 싶어 했다.

자연과의 기반관계, 풍수론은 무색해졌지만, 여전히 우리에게는 앞과 뒤가 있고, 방위와 좌향이 중요하다.

우리나라와 같이 산세가 크고, 평지가 드문 나라에서는 마을도 아무데나 이루어지는 것이 아니라, 인간이 잘 살만한 조건을 가리는 데 까다로웠다. 이를 위해 가장 귀중한 텍스트가 이중환李重煥의 택리지擇里誌이다. 조선 숙영조시대에 실학자 이중환은 30년을 국토답사 끝에 자연생태와 인문환경의 두 가지 관점에서 좋은 마을의 기준을 정리하였다. 그래서 우리는 택리지를 단순한 풍수지리의 차원이 아닌 인문지리학의 귀감으로 삼는다.

하회 풍수와 풍광의 마을

도시에서 대지란 그냥 땅이 아니라, 집을 짓기 위해 도시계획법으로 규정한 조건에 맞는 토지이다. 논, 밭, 강, 산 등은 대지가 될 수 없고 집터만을 대지라 한다. 국가는 땅의 관리를 위해 집을 지을 수 있는 곳, 자연상태로 이용만 할 곳, 자연으로 남겨두어야 할 곳을 나누어 정의한다. 도시에 건축을 하며 자연의 조건보다도 인간이 이룬 교통, 경제, 문화 등의 인위적 상황이 더 중요하게 되었다.

대지에는 시간의 흔적이 젖어있다. 땅은 건축 이전에 이미 수천 년의 기억을 가지고 있다. 건축가에게 주어지는 대지는 어떤 역사적 기억을 가지고 있으며 주변과 이야기하는 대상이다.

오픈 스페이스

대지가 주어졌다고 하여 이 공간을 모두 건물로 채우지는 않는다. 큰 집을 짓겠다고 함부로 채울 수도 없는 것이, 법으로 건폐율이 정해져 있기 때문이다. 건폐율이란 건물이 땅을 차지하는 면적의 비례이다. 이 건폐율은 토지이용권역에 따라 다른데 도시계획법은 대지를 주거, 상업, 공업, 녹지지역 등의 용도에 따라 건폐율을 여러 단계로 정했다.

건폐율을 뒤집어 말하면 건물을 짓고 남는 공지의 비율을 따진다고 해도 좋다. 그리고 이 남는 공지를 오픈스페이스open space라 한다. 하나의 대지에서 건축과 오픈스페이스는 서로 보완적인 관계에 있으므로 두 관계는 별개가 아니다. 그래서 오픈 스페이스는 단순하게 여유로 남겨지는 것이 아니고, 그 자체가 생활문화의 공간이며 잘 다듬어 가꾸어야 할 대상이다.

한국 전통건축에서 건물과 공간은 칸과 켜의 구조로 결합된다. 목조건물은 제한된 폭을 갖는 대신 길이로 커지면서 규모를 키운다. 그래서 자꾸 채를 나누고 마당을 만들어 끼고 도는 것이다.

주택 수졸당에서 마당은 전통의 한옥에서 그러했듯이 방과 마루에서 연장되는 구체적인 생활공간이다. 서양의 주택이나 요즈음의 도시주택과 같이 마당과 내부공간이 별개가 아니라, 관조하는 대상으로, 생활의 움직임을 직접 받는 형식으로 하려면 구체적으로 결부시켜야 한다.

좀더 큰 규모의 외부공간이지만 국립국악고등학교는 생활의 거동과 공간의 위치를 같이 살핀다. 운동장에서 필로티 밑으로 통해 들어가

충효당 한옥의 공간 구성, 채와 마당이 연속되어 공간과 자연의 접면을 길게 한다.

승효상, 수졸당(1993) 관조하는 마당과 그를 향해 터진 내부공간은 서로 함께 한다.

민현식, 신도리코 기숙사(1994~96) 건물과 건물 사이는 그냥 빈틈이 아니라 거주자의 생활을 담는 여유이다.

면 두 개의 교실 건물 사이에 중간 마당(中庭)이 있다. 이 마당은 통로의 역할만이 아니라, 학생들이 서로 만나는 장소(gathering space)가 되며, 건물 안으로의 긴장이 이완되는 공간이 된다. 작가는 이 공간의 한 변을 25m로 정하는데, 그 치수가 사람들이 서로 잘 인식할 수 있는 범위라고 하였다.

빈 공간은 결국 채워지는 것의 상대로 만들어진다. 건축과 담과 같은 실체로 둘러쳐지면서 비움의 윤곽과 성능이 분명해진다. 들판의 외부공간이 막연함에 비해, 집채가 '비움'을 규정하는 마당은 더 분명한 것이다.

건축 이상의 스케일에서 비워 내는 공간이 도시의 광장이다. 주변 건물들의 윤곽으로 규정되는 이 빈 공간은 건물의 높이와 광장의 넓이로 그 한정감이 정하여 진다. 그리고 광장은 가로와 주변 건축을 섭생하며 자신에게 시민 생활을 담는다. 다시 말해 비워졌다고 하여 광장이라고 하지 않는 것은 서울 여의도 광장을 두고 하는 말이다. 그래서 서울은 이 무색한 광장을 녹지공원으로 바꾸었다.

3.2. 공간, 건축예술의 으뜸 요소

공간은 건축의 제 1 주제이다.

원시적 기원에서 건축의 공간은 적당한 크기를 정하는 일에서 시작되었을 것이다. 점차 생활 내용이 다채로워지며, 여러 가지 공간이 차려지게 되고, 사람들은 공간 사이의 관계를 인식하게 되었다. 또한 사람들은 생활문화를 여기에 담고 자신의 장소를 표현하기 시작한다.

이제 공간은 기하학적으로 정제되며, 양식으로 다듬어져간다. 건축가는 여기에 의미와 상징을 실으며 건축의 목적을 넓히었다.

공간의 형성

공간 만들기

공간은 기본적으로 빈 사이이다. 즉 물리적으로 채워지지 않은 빈 상태이다. 그러나 우주도 공간이며 하늘도 공간이다. 여기에서 건축적 공간이라는 정의가 필요하며 거기에서 공간은 '있어야 할 의미'를 갖게 된다.

우선 공간은 바닥, 벽, 천장과 같은 물리적 차원이 필요하다. 상식적이지만 이 조건은 자연적으로 얻기도 하고 인위적으로 축조하기도 하는데, 이 인공의 방법이 곧 건축이다. 인공의 방법은 매우 다양하며, 거기에 감정이입이 이루어지며 공간의 예술이 이루어지는 것이다.

공간을 만드는 두 가지 형식, Sterotomic과 Tectoics

공간을 만들기 위한 기술적 방법은 무한하지만, 크게 형식적인 면에서 나누면, 스테레오토믹Sterotomic과 텍토닉Tectonics의 형식으로 갈라 볼 수 있다.

스테레오토믹은 어떤 실체를 파내어 가며 공간을 확보하는 방법이다. 땅 두더지의 집과 같은 것이다. 텍토닉은 공백상태에서 쌓거나 짜서 공간을 축조하는 방식이다. 새 둥우리가 그렇다.

아마 인류는 동굴 주거와 같은 스테레오토믹 형식에서 건축을 시작하다가 수혈주거竪穴住居와 같은 혼용된 형식을 거쳐, 지상에 가구식架構式 집을 지으며 텍토닉 형식을 발전시켜간 것으로 보인다. 그렇다고 하여 스테레오토믹→텍토닉의 과정을 진화과정으로 볼 수는 없다. 스테레오토믹 형식은 어머니의 자궁처럼 공간의 원초성으로 이해되고, 텍토닉 형식은 비교적 그 조형의 자유로움으로 공간의 적용이 더 다채로울 뿐이다.

그러나 공간과 형태가 항상 별개인 것은 아니다. 타지마할의 전모는 형태로부터 인식되지만, 몸체의 파들어간 반半 돔은 텍토닉한 것이고, 지붕에 얹힌 돔은 스테레오토믹한 것이다. 이들이 하나로 혼합된 자태를 이루기 때문에 이 묘당의 조형이 절묘한 것이다.

석굴암 스테레오토믹, 파내어 만든 공간

지각의 장

지각적인 이해에서 공간은 장場으로 형성된다. 우리는 물리적으로 규정되지는 않지만 지각의 힘으로 공간을 만든다는 것이다. 예를 들어 두 점 사이에는 선형의 장이 이루어지며, 4개의 점사이는 4각형이라는 면상이 이루어진다. 거기에 높이의 지각을 끌어 올리면 3차원의 공간이 그려진다. 우리는 지각의 역학적 거동만으로도 공간을

경복궁의 경회루, 텍토닉 공간 한국의 공간은 대지 위에 구체를 짜올리며 공간을 머금도록 한다. (왼쪽)

타지마할, 텍토닉과 스테레오토믹의 혼합 몸체의 정면은 파들어 내고, 그 위에 축조된 돔을 얹는다. (오른쪽)

떠올릴 수 있지만, 이를 구체화하기 위해서는 물리적인 단서가 긴요하다.

공간은 공간 자체만이 아니나, 그 안에 포함될 기둥, 가구, 집기 등의 대상물과 함께 형성되는 구체具體이다. 밀도가 높거나 낮은 것은 공간의 크기, 형상, 채워진 물적 요소의 정도에 따라 달라진다. 하지만 이 공간의 밀도란 산술적 밀도만이 아니라, 거기에 작용하는 긴장과 이완의 구도에 따라 이루어지는 지각적 밀도가 더 문제이다.

열리고 닫힘

카르낙 대신전 다주실多柱室, 하이퍼스타일, 밀도있는 공간을 구축해서 긴장된 지각을 형성하고 종교적 상징성을 극대화한다.

건축공간은 결국 주변에 대해 열리고 닫히는 관계에 따라 개방성을 정도 한다. 그 열리거나 닫힘으로써 엄청난 일들이 벌어진다. 기氣의 인지적 흐름, 기류氣流의 물리적 힘, 전망이라는 시각적 관류 그리고 빛의 투입 정도를 결정짓는다. 얼마나 열린 공간을 만들어 가는 환경, 차경, 표현 등의 여러 가지 건축적 의도에 따라 다르다.
개방성은 지역의 기후가 원초적인 이유가 되며 폐쇄적이거나 개방적인 조직을 갖게 된다. 또 하나의 중요한 동기는 경치이다. 한국의 건축은 원래 '채'를 잘 나눈다고 하였다. 그렇게 가급적 자연과의 접촉면을 극대화하려 하며 잘 숨쉬는 공간을 만든다. 그 주변에는 반드시 좋은 경관이 있을 것이며, 이 경치를 풍경화처럼 빌려 오는 이른바 차경借景이 이루어진다.

이렇듯 한국의 건축은 자연을 가슴 속까지 끌어들인다는 생각 때문에 인위적인 조경의 수법을 우습게 안다. 자연은 우리 주변에 충분하여 내부공간을 적절히 열기만 하면 경치가 방안에 있다.

기능과 공간

쓰기 위해서 공간을 만든다고 했듯이, 대체로 공간의 기능성은 합리적 크기와 비례로 결정된다. 즉 모든 공간은 기능 마다 적절한 크기로 규명되어야 하며, 동선 또는 지각적 관계를 통해 성능을 삼게 된다. 그러나 이러한 기능성은 절대적인 것이 아니어서, 표현적 대상이 되면서 공간은 특별한 크기, 비례를 취한다.

역사적으로 의식을 위한 공간은 형식을 강조하게 되고, 그것이 양식으로 전수되어 왔다. 원초적으로 거슬러 찾으면 의식 형식과 미적 표현은 동조되어 왔다. 비록 근세 이후 예술의 미적 욕구가 양식으로 부터 해방되면서 미학적 의미는 크게 확대되지만, 원초에서 형식의 미는 양식 미학의 근거이었다. 양식으로서 공간은 점차 생활기능이 복잡하고 다원화되면서 의미를 잃고 기능이 형식미를 대신한다. 극기야 모더니즘 이후 공간은 해체되기에 이르며 기능으로부터도 자유로워지

한옥 공간의 중층성, 공간 너머의 공간, 그리고 그 너머의 공간

일본의 도시주택 일본의 공간 역시 열리고 닫히는 변용이 특징이며, 그 연속성으로 크고 작은 공간을 이룬다.

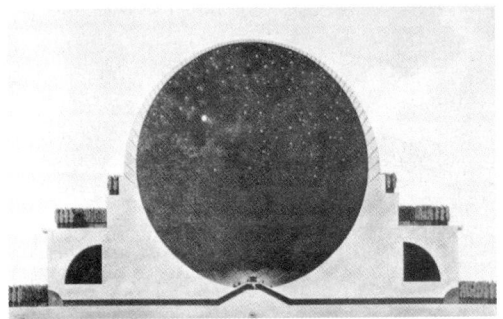

아이작 뉴턴을 위한 기념물, 불레(1784) 외관과 내부. 우주의 공간적 상징을 위해 구를 조형한다.

기를 희구한다. 이른바 절대 공간의 추궁이다.

공간과 형태

건축이 '형태'를 통해 미적 체험이 되는 것은 조각예술과 크게 다르지 않다. 이에 비해 공간을 통한 미적 체험은 건축만이 갖는 수단이라고 할 수 있다.

보통 건축의 공간 형식은 그 공간의 목적에 따른다. 교회는 예배를 위해 필요한 공간적 형식이 있고, 체육관은 체육을 위한 공간적 형식을 필요로 한다. 내용에 따라서는 교회, 예식장, 법정과 같이 비슷한 형식을 쓰는 경우도 있다. 그 모두가 의전적 양식을 절대 필요로 하는 건축들이다. 그리고 실제로 현재의 교회 공간은 초기 그리스도교 시대부터 법정의 형식을 본따서 정립되었다.

공간의 형식은 기본적으로 기능 규모에 상관지어진다.

체육관의 크기는 당연히 코트의 크기와 객석의 규모에 의해 결정된다. 대체로 3,600m^2 이상의 바닥과 규모가 상당한 높이 12m 이상으로 구축되어야 한다. 자연히 특수한 구조법이 필요하고 공간의 형식도 넓이에 따라 구조형식이 결정된다.

체육관이 원형의 평면 형식을 곧잘 취하는 것은 코트를 둘러 친 객석으로부터 시선을 집중시키는 기능적 이유와 대규모 공간의 구조적 이유에 의

하는 것이다.

역사시대를 통해 공간을 창출하려는 건축가의 의지가 가장 극적으로 나타난 것은 로마 판테온의 돔이다. 이 만신의 신전은 정신적 의미를 만들기 위해, 가장 정제된 기하인 원圓, 돔이라는 고난도의 구조 기술, 그리고 신에게 바치는 장식들로 이룬 것이다. 이 돔의 형식은 중세와 르네상스를 거치는 동안 종교 건축의 영원한 주제이며 하늘을 향한 몸짓이었다.

돔의 공간적 형식을 더 적극적으로 생각한 것이 르두의 공 모양 공간이다. 공은 무한대의 방향과 기하학적 속성이 있다. 그는 이미 18세기 후반에 우주의 형상적 차원을 공간으로 그리고 있었다. 건축가들의 공간에 대한 끝없는 상상력과 새로운 발견의 의지가 건축을 진보시키는 것이다.

샌프란시스코 하이얏트 호텔의 내부공간은 직각 삼각형의 로비를 둘러싸는 3변에 객실이 배치되는 구성이다. 이 객실의 한 변은 경사져 올라간다. 따라서 그 내부공간은 피라미드의 속을 비어 낸 것과 같은 형식이 된다. 우리는 이 로비 공간에서 매우 다이나믹한 공간의 인상을 받으며, 객실이 있는 각층에서 내부를 내려다 보는 광경도 압권이다. 이러한 공간의 형식은 곧 외관으로 이어진다.

공간이 어떤 도형적 속성을 갖는 것은 피라미드로부터 근대 건축의 상자형 건축까지 보편적인 방법이었다. 방형, 다각형, 원형은 사람이 그릴 수 있는 기초 도형이며, 이들의 조합만으로도 역사시대의 건축이 대부분 해결되었다. 이러한 기하학적 규범은 18세기 바로크 시대부터 무너지기 시작한다. 현대 건축에서도 건축의 도형성은 보편적인 단서이지

존 포트만, 하이얏트 리전시 호텔(1974) 삼각형 구도의 형태는 곧 내부의 비워진 삼각추의 대규모 아트리움의 결과이다.

조형예술로서 건축, 아름다움과 그 수단

한스 샤로운, 베를린 필하모니 홀(1956~63) 중심에 무대를 둔 아레나 형식의 음악당으로서 공간의 요소들이 비정형한다. 슈투트가르트 대학 태양열 이용 연구소 (왼쪽)

권터 베흐니쉬, 슈투트가르트대학 태양열 연구소(1987) 형태의 분해와 함께 공간도 갈라지고 기울어지며 해체된다. (오른쪽)

만, 기하학적 질서를 벗어난 구성은 정형성을 참지 못하는 많은 작가들에 의해 시도된다.

부등변, 비정각의 형태를 갖는 베를린 필하모니 음악당은 사정이 따로 있다. 이 음악당의 특징은 외부 형태보다도 내부공간에서 더 잘 드러난다. 모든 벽은 평행하거나, 정각의 위치에 있지 않으며, 그 레벨의 구성도 다채롭다. 이러한 불규칙한 구성은 음악당의 음향효과를 위한 고려를 포함한다. 소리는 빛과 같이 입사각과 반사각이 같다. 만약 평행하는 두 벽 사이의 무대에서 소리를 낸다면 그 음들은 중앙 축에 집중하게 된다. 음악당으로서는 치명적인 것이다. 이러한 현상을 방지하기 위해서는 불규칙한 벽의 배열이 바람직하나, 대신 음향이 소외되는 부분이 있어서는 안된다.

부정형 공간의 극단적인 예는 조형을 해체하려는 건축에서 잘 나타난다. 의미의 해체 과정에서 공간의 분해는 개연적인 사실이 된다. 건축이 이루는 무한한 요인들을 생각하고, 그 조합의 무한성을 알며, 어떤 정형성보다도 임의성을 더 중요하게 생각하는 건축가가 보기에 건축이 정형을 취하는 것은 아주 편협한 선택일 뿐이다. 슈투트가르트 대학 태양열 연구소는 갈라지고, 벗어나고, 기울어지며, 외관과 내부공간을 해체한다. 여기에서 공간은 만유인력에 저항하거나, 어떤 구조적 질서에서 벗어나 부유하고 싶어한다.

유니버설 스페이스

공간의 융통성이 뛰어나서 용도를 다양하게 수용할 수 있는 성능을 유니버설universal하다고 한다.
미국 I.I.T대학 크라운 홀은 미스의 범용공간중에서 대표적인 예이다. 이 대학 건물 뿐만이 아니라 미스의 모든 건축은 이와 같이 열린 형식으로써 유니버설한 적응력을 얻는 대신, 극단적으로 절제하며 만든 비례의 미학만을 남긴다. 크라운 홀은 건축과 디자인 전공 학생을 위한 공간인데 내부는 교실이나 실기실, 홀 등의 구획이 고정되어 있지 않다. 그래서 이 오픈된 홀은 몇 개의 교실로 나누어 쓰다가도 전시 홀로 쉽게 전환할 수 있으며, 파티, 집회 등 모든 형식의 행위가 탄력적으로 수용된다. 대신 공간마다 생각할 수 있는 개성은 포기되고 균질화 된다.

미스 반 데 로에, 크라운 홀(1952~56) 외관, 내부 공간, 한 통으로 터진 공간, 그 뛰어난 기능의 융통성, 이에 비해 외관은 비례만을 남긴 단순성으로 그친다.

공간의 차원

위계, 내부와 외부와 그 중간

건축에서 공간은 우선 외부의 공간이냐 내부의 공간이냐 하는 두 가지 속성으로 나누어진다. 대체로 더운 지방일수록 이 내외의 경계가 희박하지만 기상이 혹독한 지방에서는 경계 방법이 분명하다.

조형예술로서 건축, 아름다움과 그 수단

시저 펠리, 뉴욕 금융센터(1982) 이 아트리움은 완전한 외부공간의 느낌이지만, 유리로 싸여 공기조화가 되는 실내공간이다. 더욱이 도심 속의 자연이 함께 있는 공간으로써 내부공간은 특별한 것이다.

내부공간은 바닥, 벽, 천장으로 제한된 시계에서 우리의 지각을 담는다. 반면에 외부공간은 천공天空에 노출된 지각으로 구체적인 제한은 땅바닥 밖에 없다. 그러나 이러한 내부와 외부의 규정은 너무 거친 정의이다. 왜냐하면 우리의 건축공간에는 내부도 아니고 외부도 아닌 상황이 더 흔하기 때문이다. 내부인 것 같으나 외부로 느끼는 정자와 같은 곳이 있는가 하면, 외부인 것 같으나 내부라고 해야할 온실 같은 공간이 있다.

건축에서 이러한 내부적 외부, 또는 외부성 내부와 같은 적응은 매우 미묘하고도 다채로운 단계로 만들어진다.

공간의 구조, 다중성

프랑크푸르트 수공예미술관에서 아래, 위층을 연결하는 공간은 작가가 즐겨 쓰는 '격자로 포용된 트임'이다. 대체로 미술관의 전시실은 빛의 문제 때문에 폐쇄적이게 마련이지만, 상대적으로 공적인 공간은 개방될 필요가 있다. 이 미술관의 내부가 경색된 인공환경의 느낌을 벗어나는 것은 자연광을 힘껏 접촉하게 하되, 여러 겹의 공

리차드 마이어, 수공예 박물관(1979~85) 분화된 4개 동에 의해 건축이 외부공간을 포섭하는 힘이 크며, 내부공간이 외부공간을 접속하기 위해 여러 겹의 레이어를 취한다. (왼쪽)

최식崔植 댁, 경주 한옥은 건축공간이 관류하는 성질이 뛰어남으로써 자연에 대한 포섭력을 얻는다. (오른쪽)

간으로 지각을 거르는 성능 때문이다. 이렇게 건축은 공간의 겹layer을 입는다.

이 레이어가 홑겹일 경우 단조로워지고, 잘 조절된 복겹의 구조가 내, 외부간의 관계를 풍부히 한다는 것이다.

이러한 내외간의 중간적 성질을 뜻하는 건축 언어는 매우 많다. 양성 사이의 중성이거나, 하나에서 다른 하나 사이로의 전이라 하거나, 하나와 하나 사이의 매개라 하거나, 중간적인 의미 등 여러가지가 두루 쓰인다.

우리의 전통공간에서도 이러한 중성은 매우 많다. 정자가 그렇고, 마루가 그렇다. 특히 우리나라는 사계절의 구분이 분명하여, 상황에 따라 폐쇄와 개방을 변용하는 힘이 크다.

통합된 구조와 다중 구조

모더니즘의 공간은 가능한 단순하게 통합되는 경향이 있었다. 이에 비해 모더니즘 이후 건축은 공간을 자꾸 중첩시킨다. 따라서 모더니즘의 공간은 한꺼번에 전모가 드러나며 그 정체를 일거에 알게 하는 것에 비해, 현대의 공간은 여러 겹의 공간적 구도로써 여러 단계의 시계視界가 필요하다.

여기에서 다중성이란 단순한 표현의 문제가 아니라, 사용 목적, 지각적 순응, 전이의 효용 등이 같이 있다.

이와 같은 중간성의 의미는 일찍이 우리의 한옥 공간에서도 잘 이해된다. 비교적 규모가 큰 궁궐이나, 사찰은 여러 단계의 전이과정을 통해 주체 목적에 이른다. 살림집에서 여러 단계로 만나게 되는 대문-행랑채-사랑채-안채에 이르며, 마당-기단-댓돌-마루-방에 이르는 과정이 그러하다.

이러한 중간 성격의 공간을 중요하게 여기는 것은 토착 기후와도 깊이 상관된다. 남방의 건축이 개방적이거나, 북방의 건축이 폐쇄적인 것에 비해, 4계절이 있는 한국의 토착기후에서는 그 환경적 대응이 다채로워야 했을 것이다. 여기에서 미묘하고도 섬세한 단계별 공간적 감수성이 발달한 것이다.

우리가 교회 건축에서 세속의 공간으로부터 가장 신성한 지성소 sanctuary에 이르기 위해, 안뜰atrium-포치portico-본당nave-후진apse의 위계적 형식을 만드는 것이 그러하다.

이슬람 사원 모스크는 어느 종교건축과 마찬가지로 일상을 떠나 기도하는 공간이다. 여기에서도 세속 공간에서 예배 공간으로 전이하

세리미에 회교사원(1569~75) 바질리카와 비슷하게 주랑를 둘러친 전정이 세속과 종교 공간을 가른다.

는 코트가 중요하다. 이 모스크의 코트는 대개 회랑으로 둘러쳐지고, 기도공간의 전정으로서 기능을 갖는다. 적조함, 집중함, 긴장함이 고양된다. 이것이 비움의 무게이다. 이러한 위계적 전이성은 우리의 사찰 건축에서도 마찬가지이다.

공간을 다중화하는 것은 먼저와 나중, 외곽과 내곽, 주변과 중심, 주제와 부제, 지배적인 것과 종속적인 것 등의 관계로 나타난다. 다만 하나와 다른 하나는 병렬적이기도 하고 포섭적일 수도 있다.

이러한 순위, 위계의 관계가 점진적으로 전환되는 것을 전이의 구조라 했다. 우리의 공간 체험 중에 가장 빈번한 것은 외부에서 내부공간에 이르는 사이에 여러 단계의 중간 공간들이다. 또는 공적인 영역에서 사적인 영역에 이르는 사이에도 다양한 준공간들이 있다. 다시 말해 그런 것 같지만, 꼭 그런 것만은 아닌 공간들이다.

건축에서 공간적 흐름에 대한 감수성을 강조하는 것은, 그것이 단순한 표현의 문제만이 아니라, 실제 효용의 문제이기 때문이다.

사람의 시각에서 빛에 대한 반응은 즉각적이지 못하고 순응의 시간과 과정을 필요로 한다. 밝은 곳에서 어두운 곳으로 급히 전환하면 암맹暗盲 또는 명맹明盲의 상태가 되는 것이 그러하다.

일반적으로 동일 공간 또는 인접 공간에서의 밝기의 분포는 조도 또는 휘도의 비가 3:1~5:1 정도로 유지될 때 적절한 것으로 알려져 있다. 그러나 옥외의 풍광風光을 실내로 끌어들이려는 시도가 활발한 현대 건축의 특성상, 주광晝光이 지배적인 위치에서 내부의 밝기의 차이를 이 정도로 유지하려면 면밀한 공간적 구조를 생각하여야 한다. 이러한 순응은 시각만이 아니라, 여러 가지 지각적 적응을 위해서도 필요하다.

개인의 생활 영역을 공적 영역에 직결시키면 그의 프라이버시가 거북해 진다. 여기에서 두 영역을 자연스럽게 전환시키기 위해 준공간의 개입이 긴요하게 된다.

승효상, 문화공간(1994~96) 목적공간에 이르는 수직 동선공간을 분리한다. 동선공간은 외부의 가로에서 끌려 들어온 것인데, 공간 사이를 전이시키는 역할을 더 분명히 한다. (왼쪽)

가와사키 川崎河原町 고층아파트 일본의 소형 아파트이지만 공공영역과 개별 주호의 접속 부위를 전이시키는 뜻이 크다. (오른쪽)

일본 가와사키川崎河原町 고층아파트에서 복도로부터 주호 내부에 이르는 사이에 설정된 공간을 살피기 바란다. 복도와 현관을 직면시키지 않고 매개공간(露地)을 삽입하며 두 영역간의 충돌을 제어하게 한다. 선진국 중에서 가장 작은 집에 사는 일본 사람들의 공적 영역에 대한 배려이다.

공간 속의 공간

공간에 대한 특별한 경험은 건축가의 공간적 상상력에 의해 무한하다. 이러한 상상력을 역사적인 건물에서 단서를 찾는 경우도 많다. 슈투트가르트 현대미술관은 '공간 속의 공간' 이라는 방법이 특별하다. 건축의 외곽을 두루는 주체적인 공간을 만들고, 그 안에 커다란 원형 공간이 함입되어 있다. 이 로툰다 공간은 로마 건축물의 모티브를 인용한 것이다. 하늘이 열린 이 원형의 공간은 건축이 숨쉬는 공간이다. 건축가는 이 공간의 인상을 극대화하기 위해 외부로부터

진입한 우리가 예기치 못한 사이에 만나게 한다. 그리고 이러한 극적인 만남을 길게 지속시키며, 여러 레벨에서 볼 수 있도록 원형의 외곽을 도는 경사로를 따르도록 하였다.

프랑크푸르트 암 마인의 강변에는 세계적인 수준의 박물관들이 연속적으로 자리하고 있어 문화 거리를 형성하고 있다. 그 중의 하나, 독일 건축박물관이 있다.

이 건축물의 외관은 양식적인 것으로 큰 특징은 없다. 그것은 이 박물관이 19세기에 지어진 저택을 개수한 것으로, 그 외관만을 보존하고 내부를 박물관으로 개수한 것이기 때문이다. 그러나 이 박물관의 안에 들어서면, '건축 속의 건축'이라는 주제에서 말하여지듯, 관람객은 건물 안에 심겨진 또하나의 건물을 보며 의외성을 느낀다. 관람객은 공간 안의 공간을 다니며 전시 자료와 함께 이 이중 구조의 공간에서 아주 긴밀한 접촉 거리로 건축을 만난다.

파리의 라빌레뜨에 있는 음악의 도시 - 음악박물관은 음악의 역사를 여러 가지 주제로 나누어 전시하고 있다. 이 전시주제들의 단락마다 공간적 전이가 이루어진다. 하나의 주제에서 다른 국면으로 전이함을 공간적으로 표현하는 것이다. 그것은 일종의 무소로스키의 「전람회의 그림」에서의 프로미나드와 같다. 이 전환의 국면은 건축가가 전체 시스템에 영향받지 않고 자신의 공간언어를 자유롭게 연주할 수 있는 일종의 카텐자이다.

하나의 공간과 다른 공간과의 관계를 직접 충돌시키지 않고, 어떤 매개를 개입시켜 순화시키는 방법에 따라 공간에 대한 감수성이 둔한 건축이 되든가, 아니면 섬세한 전이의 동기를 놓치지 않는 건축이 된다.

제임스 스털링, 슈투트가르트 현대미술관(1977~84) 오픈 로툰다와 그를 회유하는 램프가 이 건축의 시각적 호흡이다.

오스발트 웅거스, 독일 건축 박물관(1912~13, 81~84) '집 속의 집'이 이 박물관의 주제를 상징하며 건축의 공간적 이해를 분명히 한다.

포참박, 음악의 도시(1997) 주체 공간을 빛과 함께 감싸는 공간이 이 음악당의 빛나는 조형이다.

공간의 미적 체험

건축이 어떤 미적 체험을 일구는 것은 일차적으로 형태이며 그를 전달받는 것은 전적으로 시지각에 의존된다. 이에 비해 공간은 시지각을 포함한 보다 많은 지각 체계가 관련된다. 이것은 공간이 얼마나 많은 요인의 교합交合 속에서 얻어지는가를 말하는 것이다. 그래서 형태의 이해가 비교적 쉬운데 비해, 공간의 미적 이해는 만만치가 않다.

공간의 미적 체험은 우선 그 형상에서 시작된다. 원이 만드는 원만함, 또는 예각이 만드는 긴장 등은 공간의 상징 기호로도 곧잘 쓰인다. 또한 공간의 크기와 비례를 정하는 일이 중요하며, 긴박과 이완 같은 심리적 표현에 이른다.

공간의 역동적 특질

공간은 어느 순간에도 고정되어 있지 않다. 물론 물리적으로 말해 공간은 고정된 물상이지만 여기에 시지각이라는 마법이 그것에 동적 속성을 갖게 하는 것이다.

다시 말해 우리의 시지각이 고정된 것이 아니므로 공간은 고정된 물상일 수 없다. 여기에 공간과 시간의 관계가 만들어진다. 공간이 고정되어 있고, 시선이 움직여도 둘 사이의 관계는 동적이다. 공간과 시각이 동시에 움직이면 더 강력한 복합적 운동이 벌어질 수 있다. 그러나 그 둘이 같은 방향, 같은 속도로 움직이면, 시각적으로는 정지된다. 폐쇄된 엘리베이터에서는 어떤 상승감도 느낄 수 없는 것이나, 시속 수백 킬로미터로 달리는 하늘 위의 비행기가 어떤 속도감도 없는 것과 마찬가지이다.

이것은 운동감을 위해서는 대상과 시각 사이에 반드시 준거가 개입되어야 한다는 사실이다. 달리는 자동차의 창과 고정된 풍경 사이에는 시각 관계가 형성되므로 동적이다. 여기에서 자동차 창의 프레임이 준거의 틀이 되는 것이다.

운동의 메커니즘

시지각과 공간 간의 관계에 따라 공간은 활달한 동적 체험, 또는 훨씬 정적인 체험이 이루어지기도 한다. 예를 들어 대단위로 위아래가 개방된 공간에서 에스컬레이터를 타고 오르는 동안 우리는 주변에서 벌어지는 공간의 동태성을 느낄 수 있다. 우리의 시선을 성단에 고정한 채 참여하는 예배 공간은 상당히 정태적이게 된다.

와싱톤 호텔 에스칼레이터의 운동과 동조되는 시각적 전망이 공간을 다이나믹하게 한다. (위)

페이, 루부르 박물관 입구 홀(1984~88 개조) 유리 피라미드 입구 공간의 다채로운 동선 처리와 공간의 동적 속성을 엮었다. (아래)

김중업, **교육개발원(1983)** 계단은 건축에서 역동적 시각을 만들 중요한 기회이다.

에로 사아리넨, **TWA 공항(1956~62)** 여러 방향, 여러 각도, 여러 속도, 여러 질감의 운동이 복합되어 자유곡선을 만든다.

공간을 동태적이거나 정태적으로 정의하는 입장이 곧 표현이다. 미적 체험을 영향짓는 것이 카타르시스라는 이해에서 볼 때, 공간의 동태, 또는 정태는 매우 강한 표현의 수단이 된다. 우리가 청룡열차와 같은 놀이 기구를 타고 허공을 휘저으며 체험하는 카타르시스와 같이 건축의 공간도 그러한 이치에 있는 것이다.

운동의 속성

속도는 시간이다. 공간에서 일어나는 시각 운동의 속도는 공간의 다이나미즘과 우선 관계된다.
사람의 시각 운동은 어떤 패턴과 질감을 갖는다. 즉 미끄러지듯이 이동하는 질감으로서 에스컬레이터는 음계적이다. 이에 비해 계단은 운율적이다.
공간의 동적인 속성은 이러한 방향성과 아울러 이동 속도, 질감과 상관된다.
공간의 동적 운동은 방향성을 갖는다. 기본적으로 사람은 수평으로 이동하며, 수직 이동에 각도가 복합된 것이 사각 방향이다. 건축 공간에서 대표적인 예는 계단과 램프 그리고 에스컬레이터 등이 있다. 대체로 직각 체계에 의한 공간에 익어 있는 우리는 대각적 방향에서 좀더 짙은 동적 체험을 얻는다. 그렇듯 복합적인 운동성은 차원이 복잡해 질수록 격렬하여 진다.

수직적 운동

기본적으로 수평이동에 익어있는 우리에게 수직적 이동은 우리에게 별다른 높이의 동적 체험을 준다.

시카고의 일리노이 주정부 센터는 일반적인 관공서의 권위적이고도 경색된 인식을 철저히 불식시킨다. 건축가 헬무트 얀의 포스트 모더니즘으로 전개되는 건축은 그 외부에서 도시와의 관계짓기로 시작되지만, 우리를 압도하는 것은 힘차게 열린 내부 공간이다. 소위 모든 이에게 개방된 아페루뚜또Apertutto가 그것이다.

L.A.의 보나벤처 웨스틴 호텔은 영화 '사선에서In the Line of Fire' (1993)의 테마 장면이 벌어지는 로케이션이다. 은퇴하였던 경호원 클린트 이스트우드는 대통령의 암살 음모를 저지하는 임무에 든다. 호텔의 공용 공간의 분위기는 매우 산만하며 복잡하다. 이 어지러운 공간 속 어디에서 암살범이 저격을 노리고 있는지 종잡을 수 없다. 아마 이러한 긴박감이 넘치는 설정을 위해 이 로케이션이 결정되었을 것이다. 결국 오픈된 공간을 오르내리는 전망 엘리베이터가 저격범 검거의 현장이 되는데, 활극은 이 다이나믹한 공간의 속

헬무트 얀, 일리노이 주정부 청사(1981~85)
속이 빈 반곡면의 볼륨, 그를 꿰뚫는 수직 동선이 다이나믹한 공간을 적극적으로 접촉하게 한다. (왼쪽)

존 포트만, 보나벤처 웨스틴 호텔 (1974~76), 대형 호텔 공공공간, 여러 가지 기능을 갖는 공간에서 여러 차원의 공간적 운동성이 얽혀있다. (오른쪽)

바티칸 박물관 선회와 상승이 중합되는 나선 램프의 운동성

후미히코 마키, 스파이럴(1989) 공간의 순회. 이 장면이 건축의 미적 카타르시스이다.

프랭크 로이드 라이트, 구겐하임 미술관(1957~59) 나선의 운동은 위로 올라갈수록 직경이 벌리며 더욱 다이나믹하여진다.

성을 영화속으로 끌어들인다.

선회와 상승의 합

공간에서 벌어지는 동적 체험은 여러 요인이 복합으로 이루어지기 마련이다.

운동성 중에서도 가장 다이나믹한 속성은 맴돌며 오르는 동작이다. 이 형식이 가장 다이나믹하다는 것은 수직-수평의 복합된 방향을 다시 회전시키기 때문이다.

뉴욕의 구겐하임 미술관에서 벌어지는 공간적 특징은 매우 복합적인 시계의 조건을 디자인한 결과이다. 우선 선회하는 운동에다가 나선형의 경사로를 따라 상승하는 각도가 복합된다.

이 인상적인 공간은 영화 '맨 인 블랙Man in Black'에서 외계인을 쫓는 장면을 위해 로케이션된 바 있는데, 촬영은 이 공간의 다이나미즘을 잘 포착하고 있다. 전체의 평면은 원형으로 위가 벌어진 원통형 공간이고, 천창에서 투입된 빛이 전체 공간에 충만하게 된다. 이 원통형 공간을 감싸며 내려오는 경사로는 음악이며 춤추는 공간이다.

관람자는 이 경사로를 따라 끊임없이 전개되는 벽면을 따라 그림을 감상하도록 되어 있었다. 자연히 벽과 바닥의 관계가 일반적인 건물처럼 직각이 아니게 된다. 감상자를 직립시키지 못하는 경사로는 편안하지 않다. 결국 이 순회하는 경사공간은 전시의 기능을 포기하고 별도의 재래식 전시공간을 증축하였다. 그러나 이 구겐하임 미술관의 공간은 그 독창성 때문에 20세기의 기념적 건축으로서 여전히 사랑받고 있다.

고요한 공간

정태적 공간을 찾는 뜻은 적조미에 있다. 이러한 정태성은 주로 의전 공간에서 많이 나타나며, 이 형식은 힘의 평정으로 얻어 진다. 좌우의 힘이 평형을 이루는 균제는 정태성을 얻는 대표적 수단이다.
우리의 생활공간 중에서 가장 의전적인 공간은 장의장일 것이다. 벽제 장제장은 이렇듯 상징적이고도 엄숙한 의전의 공간을 위해 입구에서부터 여러 겹의 공간을 만든다. 이것은 별리別離를 주저하는 듯하기도 하고, 조금이라도 더 시간을 끌려는 의도로도 보인다. 백색에 대해 우리나라 사람들은 순수의 감성을 가지고 있다. 그러므로 이 백색의 공간은 비록 엄숙하다하더라도 우리를 침울하게 하지 않는다. 장례장의 공간은 친숙한 곳은 아니나, 사자死者에게는 이승을 떠남을, 가족과 친지들에게는 망자亡者를 보내는 장소로써, 보다 특별한 체험을 하도록 하였을 것이다. 그 방법을 위해 내부공간의 전개를 균제와 깊이의 공간으로 취한다. 입구에서부터 흡입되는 중심공간은 떠나는 사람에 대한 애도의 과정이기도 하다. 건축가는 이

김수근, 벽제 장제장(1983~86) 대칭으로 깊이를 향한 공간의 기본 구도가 정적 표현을 이룬다.

공간을 좀더 극적으로 만들기 위해 좁은 기둥을 병렬시키어 원근법의 광경이 더욱 분명하도록 하였다.

3.3. 형태, 아름다움에 이름

공간을 건축 디자인의 주제라 했었다. 그러나 그것은 주로 건축물을 안에서 보는 관점이고, 건축을 밖에서 볼 때 드러나는 형태는 건축의 영원한 테마이다.

공간과 형태는 분명히 구분되어야 하는데, 공간 형식(raumgestaltung)에 상대하여 형태는 입체 형식(korperform)이라 한다. 전자는 '상태'이고 후자는 '모양'이라고 보면 좋겠다.

사람들은 건축을 공간보다는 형태로 먼저 이해한다. 그것은 형태가 일차 시각기호인데 비해 공간은 다차 지각기호이기 때문이다. 그만큼 형태는 좀더 쉽다.

양식과 형태

역사적으로 건축의 형태는 양식style이라는 형식 규범에 지배되며 매우 더디고도 긴 여정을 걸어 왔다.

근세에 이르러 모더니즘 건축은 이 양식의 틀을 벗어 던지면서, 건물의 형태는 보다 자유로워진다. 언뜻 지난 2000년 동안의 양식시기에서 겪은 변화보다 20세기에 들어서 100년 동안의 변화가 더 다채로운지 모른다.

헤겔은 건축 형태의 유형을 3개의 범주로 나누어 말하는데, 고전적

호오류우지法隆寺 중국의 문화는 한국을 거쳐 일본에 이르러 극동 아시아 건축의 양식성을 공유한다.

중세 가구의 건축 닮기 중세까지만 하여도 가구와 공예는 건축의 양식적 모습을 곧잘 따랐다.

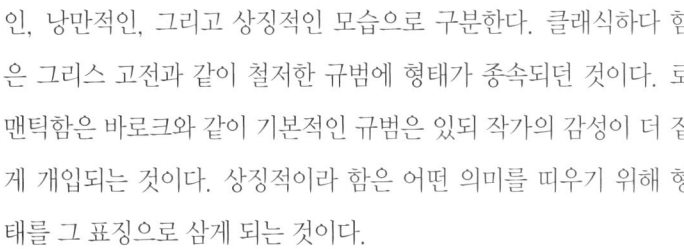

인, 낭만적인, 그리고 상징적인 모습으로 구분한다. 클래식하다 함은 그리스 고전과 같이 철저한 규범에 형태가 종속되던 것이다. 로맨틱함은 바로크와 같이 기본적인 규범은 있되 작가의 감성이 더 짙게 개입되는 것이다. 상징적이라 함은 어떤 의미를 띠우기 위해 형태를 그 표징으로 삼게 되는 것이다.

역사 시기동안 건축의 형태는 모든 디자인의 텍스트가 되었는가 보다. 중세의 가구들이 건축의 모습을 담고자 하며, 공예작품이 그의 모티브를 건축의 양식미에서 곧잘 찾는다.

절대미

20세기 들어 모더니즘의 건축은 형식은 물론 상징성 마저 벗게 된다. 그로부터 추상예술의 생각과 동조하게 되고, 건축은 절대의 미를 찾는다. 그로써 건축은 크기, 프로포션, 균제, 리듬과 같은 미의 원리만을 대상으로 하였다. 그러나 후기 모더니즘에 이르러 이러한 미의 원리도 믿을 수 없거나 깨뜨려야 할 대상이 되며 해체에 이른다.

형태의 기본

크기와 높이

크기 자체가 미적 대상이 되는 경우가 많다. 일상적인 크기를 벗어나 의외로 크다는 사실이 우리의 지각을 흔들며 어떤 때는 감동의 대상이 된다.

1933년산 킹콩은 엠파이어스테이트빌딩을 오른다. 1976년산 킹콩은 뉴욕 월드트레이드센터를 오른다. 고질라는 맨해튼을 밟고 다닌다. 광활한 대지에 상대하여 상당한 크기의 조형이 미적 의도인 경우는 역사에도 많았다. 특히 권위와 신성을 위한 이집트, 아즈텍 문화는 크기에 대한 열정을 남기었다. 중세의 종교건축이 규모가 클수록 신앙이 깊다고 믿는 것도 그러하다.

지질학자들이 말하는 시간과 크기는 보통 우리의 것들과 스케일이 다르다. 그들은 2천년을 '매우 짧은 시간 동안'이라 하고 1Km 두께의 빙하를 '매우 얇은' 두께라고 말한다. 우리의 일상에서도 크기는 척도가 없는 한 정의하기 어렵다. 과연 얼마 이상부터 크다고 하며 어느만큼 부터 작다고 하는가 그것은 상대적일 뿐이다. 이보다 크고 저보다 작다고 할 수 있을 뿐이다.

스케일은 적당한 크기에 대한 감각이다. 대개 건축은 하나의 덩어리이기 보다는 여러 형태로 구성되기 마련이다. 대개 오랜 역사의 도시에서 옛 것과 현대의 것 사이에는 표현 양식이 변화된다는 점 이외에 집의 규모부터가 달라진다. 도쿄東京의 아오야마靑山 지역은 서울의 강북 도심과 같이 그리 크지 않은 건축으로 형성된 시가이다.

이 가로에 좀더 규모있는 새 건축 '스파이럴Spiral'을 짓게 되었다. 후미오 마키는 이 건물이 들어설 가로가 전통적으로 작은 대지의 분할로 자그마한 건물들로 채워져 왔다는 사실을 읽는다. 상업과 문

후미오 마키, 스파이럴(1982) 파사드, 도시의 주변 건물의 크기와 동조하려고 스스로 크기를 시각적 조절한다.

박춘명, 대한생명보험본사 사옥 63빌딩(1979) 높이의 희구는 수직적 비례감을 극대화한다.

화의 여러 복합용도로 쓰이는 이 건축을 위해 건축가는 정면을 여러 개의 작은 요소로 분해시켜 마치 작은 단편들을 쌓아 놓은 조형을 이루었다. 이 의도는 주변의 크지 않은 스케일 중에서 자신의 건축이 가질 크기의 거북함을 줄이려고 애쓰는 것이다.

서울 여의도의 대한생명 63빌딩은 그 규모보다도 높이에 대한 희구를 나타낸다. 63층의 이 빌딩은 높이에 대한 수직적 비례감을 극대화하기 위해 측면의 폭을 가급적 좁게 설정하였다. 밑이 넓고 위가 좁은 형상은 일단 구조적인 안정성을 갖지만, 조형적으로는 상승하는 수직적 비례를 강하게 하기 위함이다.

밑둥우리에서 상부로 올라 갈수록 좁아져 상승하는 수법을 체감이라고 하는데, 점증적인 체감은 우리나라의 옛 탑의 상승하는 형태가 대표적인 예이다.

비례

미스 반 데어 로에, 시그램빌딩(1957) 모든 장식과 수사적 요소를 벗고 프로포션의 미적 대상으로 남는다.

스케일은 그 자체로서 의미를 갖지만, 한 치수와 다른 치수간의 관계로서 정도가 더 중요하다.
이를 비례Proportion라 한다.
인류가 만들어온 가장 아름다운 비례를 황금비율golden section이라 하고, 이를 우리의 일상생활에 적용해왔다.
우리가 쓰는 용지는 대개 황금비율에 가깝다. 뽐낼만한 몸매를 팔등신이라 하는데 그것은 머리의 길이가 전체 신장 중의 비율이다. 이 모두가 비례이다.
건축에서도 치수를 선택하는 조건은 여러 가지가 있지만, 심미적 입장에서는 이 비율이 문제이다. 그러나 건축은 3차원의 조형이기 때문에 이 2차원의 비율이 절대적일 수는 없다. 그것은 건축의 볼륨에 대한 시각의 위치, 색채의 톤, 투명성, 빛의 조건 등의 시각적 조건

헬몬드, 피에볼롬, 파일 보딩겐(1973~8) 도시의 주거, 연립주택이 갖는 반복의 패턴을 리듬으로 끌어낸다. (왼쪽)

르 꼬르뷔지에, 라 뚜레뜨 수도원(1953~57~60), 내부 중정을 향한 창살의 비례와 리듬 (오른쪽)

에 따라 현저히 달라지는 능동적 속성에 있기 때문이다. 어떤 경우에는 극단적인 프로포션을 이루며 미적 효과를 기하기도 한다. 예를 들면 수직 비가 극대화되면서 미적 카타르시스를 느낀다.

영화 하이테크 도둑의 이야기 '엔트랩먼트Entrapment'의 후반부는 태국, 쿠아라 룸풀의 페트로나스 빌딩에서 촬영된다. 빌딩 위에서 쫓고 쫓기는 장면은 높아서 아슬아슬한 즐거움을 준다.

리듬

윤주헌, 녹색 겔러리(1991) 비대칭, 건물의 윤곽, 상세가 대칭을 벗어나 운동한다.

리듬은 건축을 음악성에 비유하여 이야기할 가장 구체적인 사실이다. 그것은 주로 간격과 크기를 원소로 하며 어떤 반복성으로 이루어진다.

르 꼬르뷔지에의 비례 치수는 수학적 계열화로 읽혀지며 동시에 운율적이다. 물론 운율자체가 수학적이지만, 이를 시각화하기 위해서는 길이, 넓이, 간격과 같은 치수와 빛, 색채, 질료에 대한 느낌이 총화된다.

이 리듬감을 적극적으로 하기 위해서는 반복이 가장 유효하다. 그러나 이 반복이 지루하지 않기 위해 적당한 변조도 필요할 것이다. 건축 형태의 크기, 간격, 배치 위상에 따라 어떤 운율도 가능하다.

홍콩 피코크 대칭이 지배하는 굳음, 장대한 스케일이 기념적이다.

엠마누엘 기념관 인간적인 스케일을 넘는 장대한 스케일, 대칭과 무거운 기단 등의 조형 언어가 제국주의의 상징과 연관된다.

짧게 하기, 길게 늘이기, 더디게 하기, 빠르게 하기, 그리고 이들의 콤비네이션으로 모든 음악적 표현이 가능하다. 더욱이 건축의 운율은 3차원의 것이기 때문에 시각적 음악이다.

균제

균제는 대칭과 같은 뜻으로 중심을 두고 그 좌우가 동일한 양태이다. 앞서 대칭의 공간이 정적이라고 하였지만, 형태에서도 좌우 양자의 힘이 대등한 상황은 안정적이고 정적이다. 그리고 대칭은 중심을 향해 지각을 집중시키는 특질 때문에 봉건 사회의 건축은 이 대칭의 조형을 즐긴다. 대개는 권위적 건축이나 의전적 형식으로 굳어진 두 어깨의 느낌을 갖게 한다.

형태의 도형적 성질

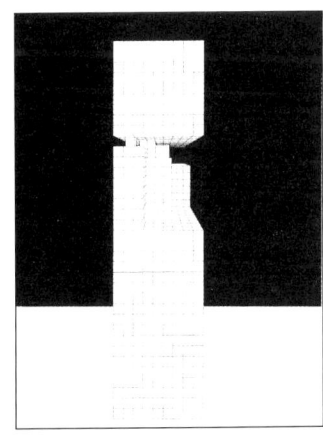

우리가 그릴 수 있는 모든 도형이 건축화될 수 있지만, 대개는 기하학적 형태에 따른다. 그리고 그의 도형을 지배해온 것은 수직과 수평이다. 수직은 만유인력으로 지구의 중심과 하늘의 정점을 향한 축이고 수평은 대지와 나란하다. 수직과 수평은 입방체를 이룬다.

히에리히, 프로젝트 Situierung des Sechsten Korpers auf Teilflache der Grund Platte 직각과 큐빅의 심미

마리오 보타, 스타비오 주택(1980~82) 가장 분명한 도형적 요소인 원형의 벽, 대칭, 직각의 개구부, 삼각형 등을 엮는다. (왼쪽)

필립 스탁, 르 바론 베르 Le Baron vert, 녹색의 남작男爵(1992), 필립 스탁이 일본에 만든 미니멀리즘 (가운데)

훈데르트바사르 형태의 유희성과 복잡함이 아마추어 건축가의 분방한 심성과 닮았다. (오른쪽)

스위스 건축가 보타Mario Bota의 조형은 스위스의 문화만큼이나 간결하고도 명확하다. 그는 어떤 과제에 대해서도 입방체를 지배형태로 한다. 그는 대형 건물보다 소규모 건축에서 훨씬 정제된 형태적 감각을 발휘하는데, 시각적으로 한 눈에 포착되는 크기에서 좀더 잘 조형할 수 있기 때문이다.

보타는 대부분 그 자신이 별도로 디자인하는 콘크리트 블록을 즐겨 사용한다. 블록이라는 재료는 벽돌보다 좀 크지만 한 켜씩 쌓아 건축을 구축하는 방법은 동일하다. 블록이 형태의 원소가 되면 입방을 뚫거나 덧붙일 부분도 직방 형태에 지배되는 것이다.

보통 우리가 질서롭다고 생각하면 직각으로 반듯반듯한 모습을 그린다. 기하학적 통제 도형이 우선하는 생각이다. 그러나 사실상 더 원초적인 질서는 자연 생태가 만드는 유기적인 질서이다. 만약 건축을 유기적 대상으로 생각할 때, 그것이 유기체의 조직을 닮는 것은 당연하다. 이를 좀더 확대하여 형태를 구상할 때 프라텔과 카오스까지 단서가 될 것이다.

단순함과 복잡함

가장 최소한의 것만 남길 수 있는 정제를 거쳐 미니멀리즘이라 하는 독특한 예술 유형을 만든다. 이러한 극소주의는 모더니즘에 이어지지만, 역사시대에도 이러한 의식은 여러번 발견된다. 일본의 전통 시문학 중에는 하이쿠俳句라는 한 줄짜리 시 형식이 있다. 시는 길어야 열일곱 자를 넘지 않는다. 단 한 줄에 시인은 자신과 대상을 축약시키지만, 그 이미지의 그림자는 깊고도 길다. 하이쿠는 5-7-5자의 모두 17자로 구성되는데, 시 한수를 소개하면 다음과 같다.

은어를 주고 그냥 가버린 친구 한밤중 대문

현재 건축의 어떤 경향은 문화의 복합성, 다중성, 복잡성을 그대로 드러낸다. 요소들의 다양함, 재료와 색채의 다채로움, 크기의 복잡한 구조화 등이 복잡함을 만든다.

지배 형태

원은 정방형에 내접하거나 외접하기 때문에 방향성이 없다. 타원과 계란형은 두 개 이상의 중심을 가지며 그 축을 따라 방향이 생긴다. 정원 正圓은 구심성이 있고 부채꼴로 나뉘어지는 성질이 있다. 원의 입체형

요른 웃손, 시드니 오페라 하우스(1956) 날아오르는 쉘과 장대한 수평의 기단, 이 둘의 상대성, 깃털에서 연상된 유기적이고도 동적인 형태

루이스 칸, 방글라데시의회장(1962~83) 원통의 볼륨을 파낸 삼각형, 원래 원과 삼각형은 조합되기 어려운 도형인데, 루이스 칸의 조형에서는 긴장의 미학이 된다. (왼쪽)

김중업, 서산부인과 의원(1965) 콘크리트로 구사할 수 있는 조소성은 자유곡면의 형태를 만드는데 아주 유효하다. (오른쪽)

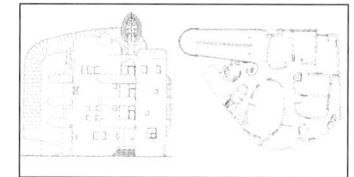

식은 원통, 원추, 공 등이며 가장 생태학적 형태인 쉘을 만든다.

시드니 오페라 하우스는 1957년 국제현상설계의 당선작을 실현시킨 것이다. 39세의 당선 작가는 당시까지만 해도 무명에 가까운 청년 건축가 웃존 Jørn Utzon이었다. 웃존은 이 '비상하는 유기체의 시상詩想'으로 당선되며 일약 세계적인 건축가 반열에 든다. 크고 작은 여러 개의 쉘 형태는 언뜻 바람을 힘껏 머금은 돛배와 같다. 이러한 이미지가 세계적 미항美港인 시드니의 상징으로 충분하며, 세계 최고의 모뉴멘탈한 건축을 오스트렐리아가 갖게 되었다.

콘크리트는 시멘트, 모래, 자갈을 적당한 비율로 섞어, 물에 갠 뒤, 형틀에 붓고, 굳힌 것이다. 이 때 형틀을 어떤 모양으로 짜느냐에 따라 형태가 자유롭게 만들어진다. 이를 가소성이라고 한다.

김중업의 서산부인과 의원은 콘크리트 구법으로써 건축의 외관은 언뜻 생태적인 또는 유기체적인 인상을 준다. 아마 자궁을 연상해도 좋을 것이다. 평면도를 보면 좀더 분명한 형태적 의도가 드러나는데, 남근男根으로 직유되는 형태는 이 산부인과 건축에 대한 작가의 예술적 유희인 듯도 하다.

상징

건축의 형태에 상징성을 부여하는 것은 그 자신의 사회적 성능을 드러내고 싶기 때문이다.

교회는 신을 향한 종교적 의미, 법원은 법의 정신을 표징으로 할 수 있다. 어떤 기념적인 건축은 그 내재 기능 자체가 상징일 뿐이다.

건축가 사아리넨의 TWA공항 터미널에서 우리는 여행에 대한 기대와 추억을 만든다. 그래서 이 건축의 상징성을 비상飛翔에 두는 것은 자연스러운 발상일 것이다.

우선 외관에서부터 비약을 시작하는 새의 날개짓을 연상케 한다. 그 내부공간에서 굽이치는 곡면들은 새의 근육을 보는 듯하며, 부분과 전체가 다이나믹한 공간적 인상을 만든다.

빈에 있는 오스트리아 여행사는 여행의 추억을 디자인의 주제로 한다. 홀라인 Hans Hollein의 금속으로 조소된 야자수, 하늘의 갈매기, 이국적 파빌리온 등이 그 수사의 수단이다. 이와 같이 주제를 구체적으로 표징화하는 태도가 모더니즘의 의미를 부정하려는 태도에 상대하여, 포스트 모더니즘의 한 경향이기도 하다.

독일 베를린 중심에 있는 카이저 빌헬름Kaiser Wilhelm 교회는 2차 세계대전 중 피폭되어 대부분이 파괴되고 일부의 잔재만이 남아 있다. 베를린 시는 이 교회의 잔재가 전쟁의 상흔을 웅변으로 상징한다고 생각하고 보존하기로 하였다. 대신에 그 대지 안에 새로운 디자인의 교회를 짓는다. 이 건물의 단순한 겉 모양은 기존하는 교회의 고딕 형식과 대비를 이룬다. 그러나 진정한 이 건

에로 사아리넨, T.W.A.공항터미널(1955~62)
외관, 날아 오르는 쉘

에곤 아이어만, 카이저 빌헤름 교회(1959~63)기독교의 상징성은 '구원'으로 구체화되며, 이를 색채와 빛으로 말한다.

축의 상징적 의도는 내부공간에 있다. 8각형의 평면을 이루는 8개의 벽면은 전면이 스테인드 글래스로 되어있다. 이 색유리의 화면은 구체적인 주제를 갖는 것은 아니지만, 어떤 형상보다도 강한 신의 구원을 전한다.

같은 종교적 상징성이지만 조금 비판적인 시각으로 서울의 충현교회를 보자. 이 교회는 언뜻 중세 고딕의 양식을 따르는 것처럼 보인다. 원래 고딕의 형식미는 그 아이디얼한 구조 체계와 미적 표현이 합일되는데 의미가 있다고 하였다. 이 교회에서 철근콘크리트 구조와 고딕의 외형은 전혀 상관되지 않는다. 그래서 그 표현은 허울이다. 우리는 이 교회가 상징으로 고딕 양식에서 빌려온 뾰죽 탑과 뾰죽 창을 상기할지 모른다. 그래도 이미 18세기 서구에서 종결된 양식성이 왜 20세기 이 땅에 재현되어야 하는가를 의아하게 여겨야 한다.

우선 맹목적으로 받아들이는 양식적 관성은 벗어야 한다. 시대구문이 맞지 않기 때문이다. 정신적인 공간을 만드는데 하등 도움이 되지 않는다. 그리고 나서 우리는 참으로 종교적이고, 정신적이며, 본질적인 것에 있게 된다.

만약 이러한 과시적 외형보다 좀더 종교정신을 중요하게 여기며 교

백문기, 만종교회(1994~97) 형태적 상징성보다도 정신적 공간을 만들기 위해 애쓴다. (왼쪽)

충현교회 16세기 고딕은 현대 한국에까지 통속적인 종교의 상징으로 되어 있다. (오른쪽)

회를 설계하다면, 원주 만종교회와 같은 것이 가능할 것이다.

빠리의 중심 중에도 중심인 시떼 섬에 유명한 노트르담 성당이 있고, 그 뒤에 전몰자 기념관 Mémorial de la Déportation이 있다. 이 기념관의 공간은 시떼 섬의 끝머리에서 지하에 있기 때문에 몰려다니는 관광객들은 지나치기 쉽다.

긴장할만큼 좁은 입구 계단을 통해 선큰된 공간으로 내려가다 보면 하얀 벽면에 날카로운 철제 조각이 말하는 상징성과 만난다. 어둡고 좁은 입구를 거쳐 내부공간에 이르면 숨을 멈추게 할만한 상징성이 벌어진다. 수용소의 철창을 은유하는 공간과 2차 대전 중에 희생된 레지스탕스들의 비명碑銘 벽면이 우리에게 감정이입된다. 보통 건축의 상징성은 보통 기념탑과 같은 형상으로 말하려 하지만, 이 기념관은 공간, 형상, 빛, 기호와 같은 소재가 복합된 현상으로 감정이입되는 것이다.

죠르주 뺑귀쏭, 전몰자 기념관(1961) 철조각은 Roger Desserprit 제작, 백색의 공간 속에서 어둠에서 희생하는 정신이 은유된다.

조형예술로서 건축, 아름다움과 그 수단

양식으로부터 형태

모더니즘 대 포스트모더니즘

어떤 건축은 단 한 컷의 사진으로 그 전모를 담을 수 있다. 어떤 건축은 필름 한 통을 다 소모하여도 그 전체의 모습을 설명하는데 부족한 경우가 있다. 아주 단순히 말해 전자는 주로 모더니즘의 조형이고 후자는 포스트 모더니즘의 조형이다.

그래서 형태는 단순 통일 형태(Uni-Form)의 개념과 복잡·임의 형태(Random-Form)의 상대적인 이해가 있고, 이 두 경향은 역사를 통해 반복되어 왔다고 한다.

양식성으로 부터 벗어나고자 하는 모더니즘의 가장 두드러진 특질은 역사 양식의 부정을 통해 비로소 자신의 가치를 선명히 할 수 있다는 믿음이다.

그러나 이러한 반지역성, 반역사성은 20세기 후반에 들어서며 지역문화의 개별성, 역사적 맥락과의 재결합으로 복권된다. 이른바 포스트 모더니즘이 다시 한번 뒤집는 양식의 회귀성이다.

리카르도 보필, 도씨따니에 아파트(1979~84)
광장 및 블럭체계를 중세에서 본 듯하나, 현대의 구법과 재료로써 건축의 억양은 다를 수 밖에 없다.

역사의 인덱스

우리가 어디로부터 무엇을 가져왔는가의 근원적 인식으로 되돌아 가보자. 거기에는 근대주의가 그렇게 끊어버리고자 애쓰던 역사의 끈이 있다. 원칙적으로 '양식의 재귀성'은 '환원 Reduction', 또는 '재건 Renewal'과는 구분되어야 한다.

또한 그것은 단순히 '오래된 것 Antiquity'이 아니라, 지난 의미의 새로운 발견이다. 포스트 모더니즘은 비록 역사적인 것에서 단서를 찾으나 동시대성의 수단을 통해 다시 탄생시킨다는 것이다.

그 방법을 찾기 위해 역사적 원전을 다시 뒤지던 크리에는 역사양식을 유형학으로 해석한다. 그 형식성은 모더니즘이 차버렸던 규범의 미학이었으며 낡은 향기였다. 이 유형화의 방법은 건축의 잔가지를 쳐버리고 큰 본질을 보게 하는데 유효하다.

꾸밈의 효용성

모더니즘의 건축이 '궁극적 순수'를 위해 '단순한 정제'를 계속하는 동안, 그 한편에는 '꾸민다'는 욕구가 금단현상처럼 잠재되어 왔다. 드디어 내적으로 발효되어온 장식의 욕구는 현대건축의 표면에 번져 나오기 시작하였다. 창백하였던 근대건축은 화장을 하기 시작한다. 그로써 건축은 그의 디테일의 조형, 미세의 미美를 찾으며 심미의 범위를 확대한다.

양식의 국적과 사대성

양식이 어떤 미학적 태도에서 발현되던, 그것은 동시대성으로써 의미에 비추어지지 않으면 안된다. 우리나라에서 양식을 재구성하는 방법으로 크게 두 가지 태도가 보인다.
첫째는 서구의 양식적 구어를 받아 내는 태도.
그러나 양식 본래의 미적 가치보다는 그 뒤에 드리워져있는 사대적 문화의사가 문제이다. 언제부터인가 우리는 서구문화를 고급 문화라 하고, 서구의 고전양식은 곧 고상한 격식의 수단이 된다. 대부분의 후진국에서 나타나는 이러한 문화적 사대성은 역사에 대한 진지하지도 않은 능멸이라고 생각된다.
둘째는 서구의 구문은 빌리나 단어는 한국성에서 찾는다는 방법.
김기웅의 전주시청사, 독립기념관, 윤봉길의사기념관의 일련의 작

서양 양식풍 현대 한국의 도시에서 서양의 역사 양식풍을 모방하는 대중문화는 후진국이 일반적으로 갖는 컴플렉스의 발로이다. (왼쪽)

김기웅, 윤봉길의사 기념관 양식의 원형에서부터 인용되나, 요소가 갖던 본래의 의미 보다는 훨씬 과장되거나 극화된다. (오른쪽)

업은 이 방법적 유의에 통한다. 이들에서 주요 요소인 지붕, 기둥, 기단의 3부형식과 장식적 수단들은 우리의 원전에서 찾아진 것이다. 그러나 본래의 어의보다는 과장되거나 의역되므로써 포스트 모더니즘의 태도라고 볼 수 있다. 이러한 시형식은 기념적 건축에서 더 잘 먹힌다. 고전이 믿음이며, 양식이 권위이다.

3.4. 구조, 건축을 세우는 법

건축은 작은 살림집에서부터 도시적인 규모에 이르는 크기까지 만들어진다. 어떤 규모이던지 건축은 안정된 물리적 사실이어야 함이 기본이지만, 건축은 이미 그 시스템에 의해 조형을 이룬다. 어느 경우에는 세우는 방법 자체가 시형식視形式이 되고 마는데, 특히 현대의 하이테크 건축이 그러하다.

어느 시대에서나 새로운 것을 이루려는 창조적 긴장감이 새로운 기술을 요하며 조형을 창출한다. 고딕은 최고의 하이테크였으며 동시에 종교미학에 깊이 결부된다. 로마의 돔이 르네상스 쿠폴라로 진보되는데에는 끊임없는 공간적 이상을 그렸다가 지우고, 실패와 성공을 거듭해 온 결과이다.

기술과 표현을 분리하여 생각하는 것은 건축가와 구조엔지니어링의 역할이 분담된 모더니즘 이후에 생긴 오해이다. 보통 건축가의 공간적 상상력을 위해 구조 엔지니어가 해법을 찾지만, 궁극적으로 그 양자의 관계는 하나의 뜻이다.

물론 철저히 '구법으로부터의 자유'를 시형식으로 하는 작가도 많다. 게리의 조형은 현란할 만큼 다채롭지만, 그는 거의 구법을 의식하지 않는다. 그의 조형은 즉흥적일 만큼 자유롭고, 필요하다고 생각되는 어떤 로우테크lowtech나 재료도 가리지 않는다.

여러 가지 구법과 조형

지구는 만유인력에 있고 구조물은 자체의 무게와 건물에 실리는 모든 무게에 견뎌야 한다. 이 인력을 직압이라 하고 대개는 기둥이나 벽 같은 수직적 지지체로 견딘다. 그래서 세상의 온갖 건물을 버티

프랭크 게리, 춤추는 물고기 재료와 구법의 자유로움

파올로 솔레리, 교량 가소可塑형 구조응력 해석

조형예술로서 건축, 아름다움과 그 수단

페이, 중국은행(1982~85~90) 70층, 4' 4.5"
1.33m모듈 (왼쪽)

터키 이즈미트Izmit 지진(1999.8.17.) (오른쪽)

어 주어야 하는 땅은 참 무거워서 힘들다. 그래서 건축의 구조법은 가급적 가벼우면서도 충분한 역학적 성능을 발휘해야 한다.

건축은 수직적 힘의 거동뿐만이 아니라 옆에서 밀어대는 힘에 견디어야 한다. 수평력은 크게 두 가지로 작용하는데 그 하나는 바람이며 다른 하나는 지진이다. 바람은 건물의 상층부를 흔들고, 지진은 건물의 발목을 흔든다.

이러한 역학적 거동은 모든 건축 디자인에 기본적인 조건이 되나, 특히 거대한 공간이나 초고층의 높이를 해결하는 건축술에서는 무게와 횡력을 동시에 감내하여야 하는 특별한 시스템이 필요하다.

가구조 Post and Lintel

고전 시기에서 건축은 기둥과 보를 기본으로 하는 가구조架構造이다. 서양에서는 주로 석조가 되고 동양에서는 목조가 되나 그 기본 원리는 마찬가지이다. 그러나 이 방법으로 일거에 큰 공간을 얻는 데에는 절대적인 한계가 있다. 그래서 작은 칸들을 계속 붙여 가며 큰 집을 만든다.

우리나라 전통 건축은 나무를 짜 맞추는 목조 가구법으로서 독자적인 전통의 조형을 발전시켜왔다. 목조는 적절히 제재된 부재를 '이음'과 '맞춤'의 방법으로 규모를 해결한다. 이음이란 한정되기 마련인 목재의 길이를 늘려 쓰기 위한 것이다. 맞춤은 둘 이상의 부재를 하나로 결구하여 다른 방향으로 전환시키기 위한 기술이다.

목제이건 철제이건 가구架構는 트러스Truss 방식으로 더 널리 쓰인다. 작은 부재를 삼각형으로 조합하여 만들면 가벼우면서도 월등히 강력한 구조체계가 된다.

현대건축에 이르러 철의 보편화는 철골구조를 양산하게 된다. 철골은 경량이면서도 강인한 역학적 소질을 가지고 있으며 가구식 구조로서 간단하고도 신속한 구축이 가능하다.

조적

벽돌이나 석재 블록을 쌓아 만드는 조적법은 목구조와 함께 역사적으로 가장 오랜 수법이다.

석재를 운반하기 쉬운 블록 모양으로 나누고 이를 역학적으로 쌓는

석조구조 상세, 아크로폴리스 입구 그리스의 석조도 기본적으로는 기둥위에 보를 얹은 가구조架構造를 원형으로 한다. (왼쪽)

한옥의 목가구조 상세 목재를 짜고, 잇고, 엮어서 큰 볼륨을 만든다. (오른쪽)

데, 보통 몰탈로 블록 사이를 채워 발라 접착시킨다. 그렇게 접착된 블록 조각은 일체가 된다. 그러나 단순하게 벽처럼 쌓기만 해서는 횡력에 약하게 되고 공간의 크기도 극히 제한된다. 그래서 쌓기의 방법에 따라 더 효율적인 공간을 얻을 수 있다는 사실을 알았다. 즉 아치, 볼트, 돔 등을 만들면서 공간은 훨씬 개방적이게 되었다. 벽돌은 손아귀에 꼭 들어오는 크기로서 한 손에 쥐고 쌓는다. 블록은 두 손으로 들어 올리는 크기를 벗어나지 않는다. 그래서 벽돌과 같은 작으마한 단위가 만드는 질량이기 때문에 푸근한 느낌을 준다. 벽돌이나 블록 말고도 단위화된 재료는 모두 쌓아서 조적조를 만들 수 있다. 타이어도 쌓고, 병도 모아 쌓으면 공간을 만들 수 있다.

조적조는 단위화된 벽돌이나 블록이 줄눈과 함께 어떤 반복의 패턴을 만든다. 스위스 건축가인 보타Mario Botta는 이와 같은 '쌓기의 미학'을 가장 잘 보여준다. 그는 자신의 디자인을 위해 대부분 블록을 특별히 주문 제작한다. 그래서 그의 건축은 매스(mass, 괴체塊體)의 조형이되, 뚫고, 비워내는 구성이 블록 크기의 배수로 결정된다. 한장 한장 쌓아올리는 벽돌의 구법은 건축의 차근한 심성에 맞는 조형 방법이다.

아치, 볼트, 돔

아치는 두 지지체 사이를 포물곡선으로 넓힌다. 볼트는 곡면으로 넓힌다. 돔은 3차곡면으로 넓힌 반구의 형식이다.

건축은 두 개 이상의 구법을 복합시켜 더욱 다채로운 표현을 이루기도 했다. 아치와 아치의 교합, 교차하는 두 개 이상의 볼트, 볼트 위의 돔 등이 그러하다. 돔의 발명은 직면체의 조형을 넘어 새로운 공간적 경험을 가능케 했다. 역사적으로 이 돔은 로마, 로마네스크, 비잔틴, 르네상스 시대에 이르기까지 꾸준하게 발전된다.

마리오 보타, 단독주거(1979~89) 콘크리트 블록의 조적으로 이루는 조형은 결국 블록이라는 직방형에 지배된다.   마이크 레이몬드, 타이어 벽 자동차 타이어도 쌓을 수만 있으면 조적조이다.

중세 고딕 양식은 건축구조의 혁명일 뿐만 아니라, 공간예술에서도 획기적인 일이 된다. 그 이전의 벽체식 구조는 모든 힘을 벽체가 견뎌야 하였으므로, 공간의 넓이와 높이를 만드는 데에는 한계가 있었다. 또한 조적식은 중량구조이기 때문에 개방면을 만드는 데에도 현저한 제한이 가해지는 것이다.

고딕은 기둥과 볼트를 직결하며 높이를 상승시키는데, 여기에서 문제가 되는 옆으로 밀리는 힘, 즉 횡력橫力에 대한 대응을 버트레스로 해결한다. 더욱이 이 버팀벽을 공중을 가로지르는 가공架空 형식인 플라잉 버트레스flying buttress로 발전시켰다. 이 구조법은 건축을 경량화 하는데 큰 효과가 있고 창의 면적을 훨씬 넓힐 수 있게 하였다. 당시로서는 획기적인 하이테크의 공법이었다.

르네상스 시대에 건축가가 몰두하던 구법은 쿠폴라이다. 이는 돔의 형식을 진화시킨 것으로 보다 가볍고도 장대한 공간이 가능하여졌다. 쿠폴라는 운두가 높아지며 밑에 채광창을 두는 드럼을 갖기 때

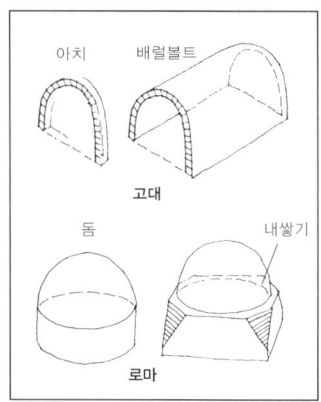

아치-볼트-돔 (고대 로마 시기)

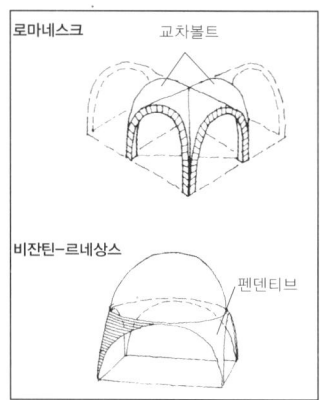

볼트+아치 (로마네스크-비잔틴-르네상스 시기)

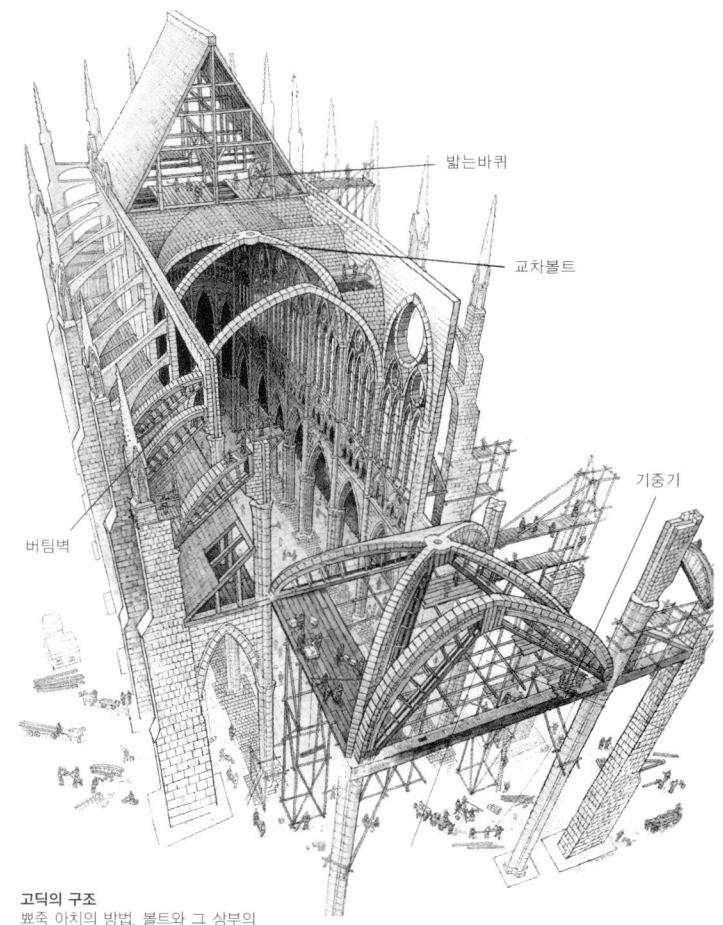

고딕의 구조
뾰족 아치의 방법, 볼트와 그 상부의
지붕판, 후라잉 버트레스와 그 주변 부축 기둥의 역할 (National Geography)

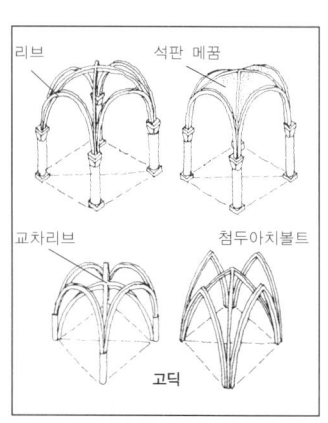

리브와 첨두아치(고딕 시기)

문에 새로운 빛의 차원을 함께 얻는다.

직립이나 직교가 일상적인데 비해 구球는 역사시대 동안 하늘과 우주의 모습으로 그려져 왔다. 18세기 르두의 둥근 공간에 대한 희구는 이상에 그치지만, 20세기 기술이 이를 성취시킨다. 풀러 Buckminster Fuller의 지오데직돔geodesic dome은 역학과 조형이 종합된 공간이다.

지오데직 돔은 하나의 소우주와 같다. 곡면은 끝이 없는 연속성으로

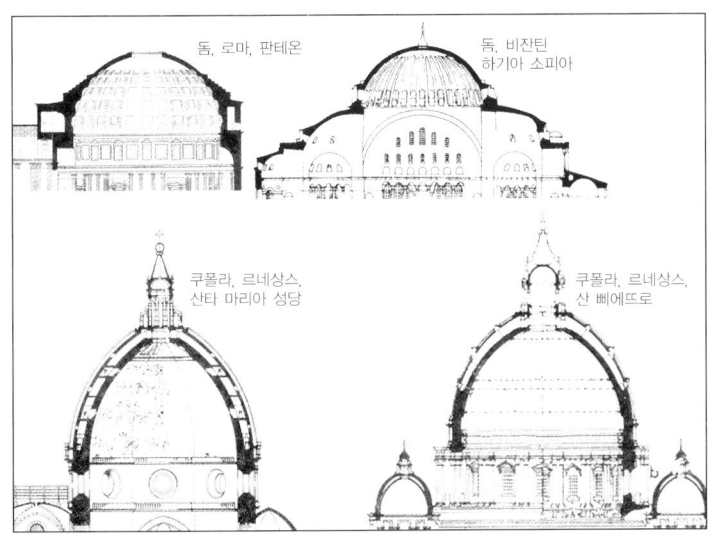

돔, 쿠폴라

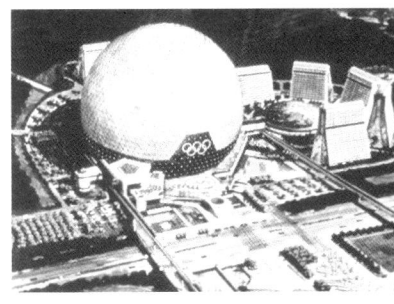

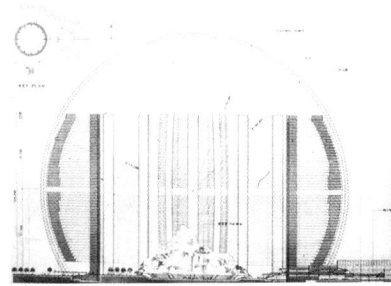

벅민스터 풀러, 서울올림픽 선수촌 응모안 (1988) 그의 지오데딕 돔을 응용한 디자인으로 고층 아파트먼트를 거대한 돔으로 씌워 전천후 환경을 만든다.

감쌀 수 있게 되므로 영원성으로 은유된다. 그래서 '원만圓滿'의 공간이 얻어진다.

일체식

19세기 산업혁명 이후 철과 콘크리트가 보편화되며 건축은 고층화를 이룬다. 철은 잡아당기는 힘(인장력)에 절대적인 강점이 있는 반면 누르는 힘(압축력)에는 휘어지듯이 형편 없다. 반면에 콘크리트는 인장력에 취약한 대신에 압축에는 월등한 능력이 있다. 이 두 가지 강점을 결합한 것이 철근 콘크리트이다.

모더니즘 건축의 형식을 가장 잘 압축하여 말하는 것이 르 꼬르뷔지에의 도미노 구체Domino Skelton이다. 이 구법은 단순한 구조 방법의 이해가 아니라, '구체로부터 공간의 해방'이라는 뜻이 더 중요하다.

콘크리트는 물과 시멘트와 모래를 물에 개어 반죽한 상태를 틀에 부

르 꼬르뷔지에, 도미노 구체(1910~29) 수직 기둥이 지붕을 들면 그 아래에서 공간이 자유롭게 개방된다. (왼쪽)

프레드릭 키슬러, 끝임없는 집(1920) 이 표현주의의 건축은 무한공간의 개념을 콘크리트의 소성塑性에 의해 만든다. (오른쪽)

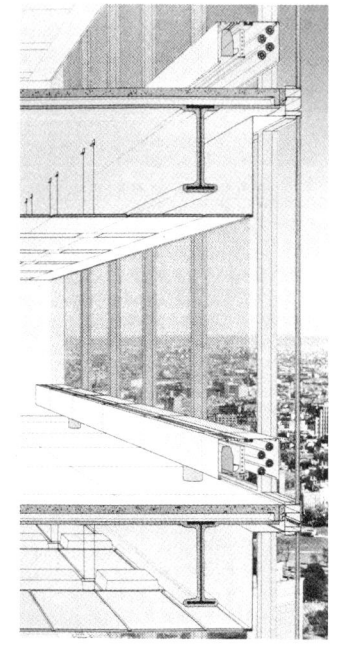

커튼 월 단면 기둥이 외관에 영향을 주지 않기 위해 안에 들어와 있고, 밖에는 별도의 외벽을 막으로 덧댄다.

어 굳히는 공법이기 때문에 일체식이다. 일반적으로는 기둥과 보와 슬래브로 이루어지지만, 어떤 형태의 틀(거푸집)을 만드는가에 따라 어떤 형태의 구사도 가능하다. 즉 조각적일 만큼 자유로운 이 형태의 소질을 가소성이라 한다.

팔을 어깨 위로 곧추 세운 경우 보다도 몸과 직각으로 앞을 향해 뻗쳐 들고 서있는 벌이 더 힘들다. 서있는 구조보다 뻗친 구조가 특별한 것은 그 구조법이 인력의 법칙을 저항하려는 의도 때문이다.

기둥과 보를 외관에 직접 노출시키지 않기 위해 마지막 기둥에서 바닥을 돌출시키고 여기에 건물 겉 표면을 싸 바른다. 그래서 보통 이것을 구조 벽과 구분하여 커튼 벽curtain wall이라고 한다.

일단 캔티레버된 부분은 외관을 자유롭게 한다. 어떤 건축은 캔티레버 자체가 그의 미적 의도인 경우도 있다.

밀워키의 전쟁 기념관은 정사각형 평면 위에 4방향으로 뻗어 나간 캔티레버로 井자 모양의 구체가 된다. 여기에서 캔티레버는 8m에 이른다. 이러한 구조는 일반적인 바닥과 보로는 해결하기 어렵고 수직 벽체 전부가 구조체 역할을 함께 하는 것이다. 한쪽 끝만을 쥔 카드를 수평으로 뉘우면 휘어져 내린다. 카드를 수직으로 세워 쥐면

끄덕 없다.

캔티레버 공간은 그 응력적 대응만큼이나 다이나믹한 인상을 준다. 이 배테랑을 위한 기념관의 조형은 단조로울 만큼 절제되어 있지만, 이 '내어 민 공간'으로 미국의 힘을 상징한다.

후쿠오카 근교에 있는 키타큐슈北九州 시립미술관은 허공으로 돌출한 두 개의 긴 박스가 조형의 주제이다. 돌출된 상자 모양의 구체는 9.6m×9.6m으로 그 내부는 전시공간이다. 이 돌출을 극대화할 수 있는 것은 바닥, 지중, 벽체 모두가 콘크리트 박스처럼 일체화되어 다함께 인력에 저항하기 때문이다.

조립식 구조

나카긴中銀 캡슐타워는 1970년 일본 오사카만국박람회에 출품되었던 전시관을 동경 시내에 구현시킨 것이다. 건물의 용도는 원룸 주거의 집합체인데, 단위체는 2.5m×2.5m×6m 직방체이다. 이 건축은 일본의 극소 스케일 취향을 나타내는 것 같다. PC 콘크리트 구법

아라타 이소자키, 키타큐슈北九州 시립미술관 (1974) 캔티레버로 이룬 두개의 나란한 상자의 역학적 거동이 곧 표현에 이른다. (왼쪽)

에로 사아리넨, 밀워키 전쟁기념관 (1953~57) 깊은 캔티레버의 조형이 기념성을 대신한다. (오른쪽)

으로 만든 이 건물은 콘크리트 공장에서 미리 찍어내어 생산한 단위들을 현장에서 쌓아 올리며 조립한다. 직방체는 방향을 엇갈리게 쌓아 블록 쌓기의 표현이 두드러진다.

건물을 조립하는 방법은 크게 두 가지 목적 때문이다. 하나는 공장에서 부재를 만들어 두었다가 현장에서 조립만 하므로 공사기간이 단축되고, 둘째는 현장에서의 공사 도구와 인력이 매우 간소화된다는 이점이다.

1988년 서울 올림픽은 운동경기뿐만이 아니라 여러 가지 국제적인 문화 이벤트가 함께 열린 문화 올림픽이기도 하였다. 어떤 나라는 오페라단을 보내고, 어떤 나라에서는 무용단을 파견하고, 어떤 나라는 미술 전시회를 개최하기도 했다.

독일은 건축물을 보내었다. 그것이 쿤스트 디스코이다. 이 건물은 독일에서 제작된 부품들을 실어 날라 여의도 현장에서 며칠만에 조립하여 완성했다. 건축의 형태는 주제인 디스코만큼이나 다이나믹하고 그 내부공간은 디스코 파티의 행태를 아주 잘 반영하고 있다.

쿠로카와 키쇼, 나카긴中銀 캡슐 타워(1968~72) 완전한 조립식 구조로서 상자 모양의 주거단위가 공장에서 제작되어 현장에서 쌓아 구축한 것이다. (왼쪽)

페터+율리아 본, 쿤스트 디스코(1988) 이 조립식 철골 구조는 부품을 독일에서 만들어 서울에서 조립한 것으로써 구법의 특징이 곧 경쾌한 아름다움으로 이어진다. (오른쪽)

높은 구조

높이라는 주제 자체가 건축의 표현의지가 되며 높이에 대한 수많은 도전이 이루어져왔다. 수직성이라는 주제가 주로 기념적 건축에서 효용을 가졌던 것과 같이 월등한 수직 비례는 미적 카타르시스를 이룬다.

그러나 고도의 높이를 이루기 위해서는 매우 특별한 역학적 대응이 필요하다. 키가 큰 건조물을 옆에서 밀면 휘청거린다. 건물이 휘청거리는 것도 어느 정도이어야지 지나치면 부러지거나 아주 휘어버린다. 이러한 변형을 막기 위해서는 건물의 뼈대가 강인해야 한다. 그러나 뼈대를 강하게 한다고 마구 구조체를 크고 두텁게 하면 자신의 체중을 감당할 수 없을 만큼 무거운 집이 되는 모순에 빠진다. 그래서 초고층 구조의 요체는 경량화와 강인함을 동시에 해결하는 일이다.

높이의 문제에서 어느 정도 흔들리는 것은 할 수 없지만, 지나치면 멀미를 일으킨다. 정도 이상의 흔들림은 구조체 보다도 여러 가지 설비의 이음이 먼저 파괴될 것이다. 건물은 대개 옥상에 물탱크에 물을 저수하였다가 내려쓴다. 이 때 초고층에서는 내려 미는 수압이 문제이다. 매우 강한 수압은 저층부의 수도 파이프를 절단낼 것이다. 그래서 몇 개의 중간층에 저수 탱크를 나누어 설치하고, 이로부터 서비스한다.

고층건물은 그 형태에 따라 안정의 소질이 다르다. 사람도 발을 모으고 서 있는 것 보다 다리를 벌리고 서는 것이 안정적이다. 건물도 극단적으로 높이가 높아지면, 이러한 횡적인 힘에 대응하는 안정적인 형태가 유리해진다.

시카고의 퍼스트 내셔널 은행First National Bank은 스커트처럼 아래로 내려갈수록 벌어지며 높이에 대한 안정성을 구한다.

머피+퍼킨스+윌, 퍼스트 내셔널 은행(1969) 60층, 횡압에 강한 형태, 하부로 내려갈수록 넓어지는 모양이 안정적이다.

시저 펠리, 페트로나스 빌딩(1997) 88층, 원형의 가까운 다각형 평면이 방향을 타지 않으며 두개 타워가 서로 붙고 있어 안정된다.

앞뒤의 두 방향으로만 벌리는 것이 아니라 네 방향으로 벌린 4각추는 더욱 안정적이다. 그 안정성의 극치가 피라미드이다. 피라미드를 높이 방향으로 계속 늘리면 샌프란시스코의 트랜스아메리카 Transamerica 빌딩과 같이 된다. 이와 같이 수직상 힘의 거동을 건축적으로 표현하면 독특한 조형을 거둘 수 있다.

쿠아라룸풀의 페트로스나 쌍둥이 타워는 서로 부축하는 중간의 브릿지가 있다. 시저 펠리는 이를 '하늘에 이르는 다리'라 하지만, 아주 중요한 구조적 해결이기도 하다.

자체의 무게 부담을 최소한도로 하면서 강인한 뼈대를 만드는 방법 중의 하나가 가새를 대는 것이다. 보통 건물이 수직과 수평으로 힘을 전달하는 것에 비해 이 방법은 힘을 대각방향으로도 확산시키면서 수직-수평재의 변형을 막는다.

이 경제적인 방법을 실현시킨 것이 시카고의 존 헨콕John Hanckock 빌딩이다. 100층 높이인 이 건축물은 세계 최고의 빌딩 반열에 들어 있다.

시카고의 존 헨콕 빌딩과 지척 거리에 시어스 타워Sears Tower가 있다. 이 구조 방법 역시 아주 독특하다. 평면에서 볼 수 있듯이 전체 사각형의 평면은 각변을 3등분하여 모두 9개의 작은 사각형으로 집합을 이룬다. 각각의 작은 사각형은 독자적인 구조체를 이루는데 이 독자적인 구조체 9개가 묶어진 형식으로 힘을 합쳐 횡력에 버틴다. 바람이 심하게 불 때 사람들이 서로 부둥켜안고 버티는 이치와 같다. 이를 '묶어진 튜브(bundle tube)'라고 한다.

우리의 일상생활에서 쓰는 수수빗자루가 있는데, 이 빗자루대가 꼭 번들 튜브이다. 빗자루는 쓰기에 무거워서는 안되고, 바닥을 쓸어대는 힘에 강인하여야 한다. 수숫대를 여러 개 철사로 엮어 빗자루 대를 만들면 매우 가볍고도 강한 힘을 발휘한다. 꼭 그러한 이치의 구조법이 번들 튜브이다.

튜브는 속이 빈 상태의 구체이다. 속이 비었기 때문에 가볍고 힘은 강하다. 건축의 구조방법에서도 속을 비우고 밖으로 촘촘히 구조체(기둥과 보)를 엮는 것을 튜브 구조라 한다. 그것을 응용한 대표적인 예가 뉴욕의 세계무역센터이다.

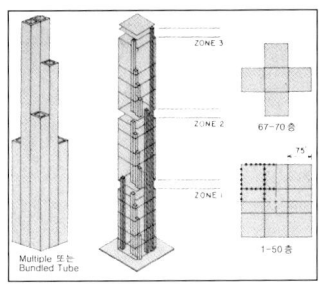

S.O.M., 시어스 타워(1974) 번들 튜브, 110층, 443m 높이 평면, 전체 정방형을 9개의 작은 튜브로 나누고 이를 다시 묶어 강인한 역학적 성능을 발휘한다.

넓이를 위한 구조

대규모 넓이를 얻는 것은 기능적 과제이기도 하지만, 넓이 자체가 표현의 목표가 되기도 한다. 만유인력 아래에서 최소한의 지지체로써 장대한 공간을 얻기 위해서는 힘의 거동을 유도하는 특별한 기법이 필요하다.

미노루 야마자키, 세계무역 센터(1966~76) 튜브 구조, 410m 높이, 외곽에 배치된 촘촘한 수직선들은 단순한 창틀이 아니라 모두 함께 응력에 대응하는 외곽 구조체이다. 그래서 전체는 한 통의 튜브와 같다. (왼쪽)

S.O.M, 존 헨콕 센터(1967~70) 계속되는 X 브레이싱이 지드 프레임의 방법으로 100 층의 높이를 해결한다. 높이 337m (오른쪽)

현수 구조

밑에서 무게를 떠받치는 일반적인 구조를 뒤집어 생각하면, 위에서 잡아당기어 무게를 든다는 생각도 가능하다. 미국 샌프란시스코의 금문교와 같이 긴 거리의 교각 사이를 강력한 케이블로 이으면 그것은 자연스러운 곡선으로 드리워진다. 이 곡선의 주 케이블에 다시 수직 케이블을 매어 교량의 상판을 들고 있게 하는 해결이다. 이 원리를 건축에 응용하면 매우 긴 거리, 넓은 공간을 일거에 덮어 낼 수 있다.

미국 미네아폴리스의 연방저축은행 Federal Reserve Bank은 양측 단에 두 개의 코어를 먼저 구축한다. 이 코어는 엘리베이터, 화장실, 파이프 스페이스, 공기 닥트 등이 콘크리트의 조밀한 구축벽으로 구성되어 매우 강력한 내력성이 있다. 이 양쪽의 코어 사이를 케이블로 연결한다. 물론 양측의 코어 사이에는 기둥이나 벽체같은 지지체

영국관, 오사카大阪 EXPO(1967) 포스트 위에서 집아 당겨진 지붕, 그 지붕 아래의 공간은 매우 자유로울 것이다. (왼쪽)

뉴욕 컨벤션 센터-Space Truss 장대한 내부 공간을 가능한 기둥의 거치적거림 없이 해결하고자 한다. (오른쪽)

가 없다. 그 결과 상단이 감당하고 있는 수평구조의 역학적 희생으로 그 하부의 모든 층들은 기둥이 없는 편안한 사무공간을 누리게 되는 것이다.

손바람을 만드는 부채는 매우 테크니컬한 구조적 기물이다. 부채는 가볍고 바람을 일으킬 때 꺾어지지 않아야 할 강인한 구조적 특성을 필요로 한다. 이와 비슷한 건물이 로마의 에소ESSO 본사이다.

이 사무소를 만들기 위해 3쌍의 부채 모양으로 지반에서 공중으로 확산되는 골조를 펴고, 그 사이에 바닥 면들을 걸었다. 이로써 역삼각형의 다이나믹한 건축형태를 얻게 되었다.

스페이스 프레임

교량이나 건물 지붕에 주로 사용하는 트러스 구조는 가볍고도 장대한 길이를 걸 수 있는 방법이다. 또한 목재나 철골의 부재로 구성되

라후엔떼+구조:베네데띠, 에소 본사 (1977~80) 부채살처럼 하부에서부터 벌려지는 삼각형 모양으로 구조체를 만들었다.

조형예술로서 건축, 아름다움과 그 수단

현수교 긴 길이의 교량을 중간 기둥없이 해결한다.

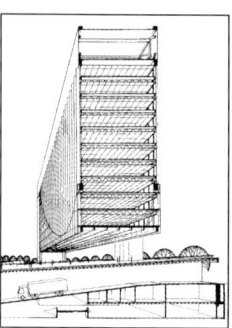
권너 버킷트, 미네아폴리스 연방저축은행 (1967~72) 건물 양쪽에 걸린 케이블로 현수곡선을 그리고 여기에 각층의 바닥을 잡아 맨다. 그래서 그 아래에는 기둥이 없는 공간이 얻어진다.

는 트러스는 단편들을 이어서 만든다는 간편함에 있다. 이때 각 부재가 만드는 삼각형의 구도는 어떤 형상보다도 안정적이다.

트러스는 한 방향으로 구성되지만 트러스를 XY 양축으로 구성하면 스페이스 트러스Space Truss가 된다. 매우 가벼운 구법으로써 장대한 공간을 뒤덮을 수 있다.

오사카大阪만국박람회의 테마관에서 스페이스 프레임은 108m × 292m의 공간을 단 4개의 기둥 위에 얹고 있다. 이로써 만국박람회 메인 이벤트를 위한 자유로운 공간이 그 밑에 형성되는 것이다.

XY축으로 전개되는 스페이스 트러스를 수평면뿐만이 아니라. 수직면까지 구성하면 매우 독창적인 공간을 얻는다. 갤러리 빙은 벽체와 지붕이 연속되는 트러스를 이루면서 율동적인 형상을 만든다. 이 입체 트러스는 단위화된 파이프와 그를 연결하는 결구로써, 비록 건축의 공간과 형태는 단위 부재가 만드는 질서에 지배될 수 밖에 없지만, 매우 자유로운 경량의 구조가 된다.

이와 같은 입체 트러스를 한층 더 발전시키어 공球과 같은 공간을 만들 수 있다. 미국의 풀러 Buckminster Fuller라는 수학자 출신의 건축가는 정4면체와 정8면체의 조합으로 8중 트러스로 공을 만든다.

그는 처음 탱크 격납고와 같은 단순히 큰 공간을 만드는 목적에서

겐조당게 丹下健三, 오사카大阪만국박람회의 테마관(1967) 천개로 덮여진 장대한 공간이 경량의 파이프 결구로 얻어진다. 이 때 파이프는 삼각형의 구도로 사각추의 조합을 이룬다.

시작하였으나, 좀 더 기하학적으로 완전한 공 모양으로 1967 몬트리얼 EXPO 미국관을 완성하였다. 이 전시관은 그 내부에 전시 공간을 자유롭게 구축한 뒤, 그 위를 공 모양의 피막으로 덮어 전천후 환경을 이룬 획기적인 아이디어이다.

원래 돔은 반구의 모양으로 형성된 표면에 균일한 힘이 분포되도록 하는 구조법이다. 만약 이 힘을 무한히 세분하며 막을 이루도록 하면 매우 얇은 단면을 가지고 공간을 만들 수 있다. 그것의 궁극적인 현상이 곧 비누방울이 만드는 공간이다.

이와 같은 원리로 돔은 반구형의 공간으로서 가볍고도 큰 공간을 덮는 수법이다.

로마 올림픽 체육관을 위해 네르비Pier Luigi Nervi는 돔과 세분된 늑골을 구성하였다. 큰크리트를 사용한 이 체육관은 외표면이 막이 되며, 그 내부는 보강 프레임이 구성되는데, 이 프레임은 '힘의 퍼짐' 이라는 현상을 선명하게 보여준다.

EPOCAT Center 거대한 공의 공간을 아주 얇은 피막으로 얻는다. 이 원리는 계란이 먼저 알고 있었다. (왼쪽)

김원, 갤러리 빙(1989) 내부와 외관. 벽과 지붕의 구조가 연속되어 일체를 이룬다. 이로써 기둥없는 내부공간의 융통성이 얻어진다. (가운데, 오른쪽)

쉘

건축은 일종의 갑각류와 같다. 겉이 안을 보호하는 단단한 껍질의 구조를 가지고 안에는 생태조직을 담고 있다. 조개는 자신의 방어력을 위해 갑각의 구조를 취하면서 이 갑옷을 최경량으로 만드는 역학에 눈뜨기 시작하였다. 사람들이 조개를 보고 배운 것이 쉘의 구조법이다.

쉘은 외표면에 흐르는 균질한 힘의 작용은 비슷하지만, 돔보다는 변화되는 방향성이 있다. 쉘은 표면장력처럼 흐르는 역학적 특질 때문에 매우 얇은 단면적을 가지고도 큰 공간을 덮을 수 있다. 다만 지지점에 집중되는 힘을 모아 처리하는 기술이 필요하다.

사아리넨의 M.I.T. 강당이나, 제르퓨스Bernard Zehrfuss의 C.N.I.T 전시관은 3점 지점 쉘이다. 이는 모든 힘의 지지가 3개의 꼭지점에 집중되는 고난도의 구조법인데, 쉘의 독특한 형상과 함께 매우 넓은 개방면을 취할 수 있는 장점 때문에 시도된다.

삐에르 루이지 네르비, 스포츠 소궁전(1959) 외관과 내부 천장, 힘의 퍼짐을 선명히 보여준다.

에로 사아리넨, M.I.T. 오디토리엄(1953~56) 3점 지지 돔의 전형성을 보인다. (왼쪽)

베르나르드 제르퓨스, CNIT 전시관(1958, 1989 개축) 3점 지지 돔, 직경이 230m에 이른다. (오른쪽)

막구조

야영 장비인 텐트는 접어지고 이동하기 위해 가급적 가벼워야 하고, 짧은 시간에 쉽게 구축할 수 있어야 하며, 완전한 쉘터(은신처)로서 공간적 효용이 해결되어야 한다.

이러한 세 가지 속성을 건축적으로 응용한 막구조는 그 소재의 소프트한 느낌 때문에 채택되기도 한다. 그림은 텐트와 같은 막의 구체에 작용하는 힘의 거동을 보여주는데, 이와 같이 균질하게 막을 타고 흐르는 힘을 지지체에 모으는 것이 막구조이다.

이 구법 역시 '기둥 없는 대공간'의 구성을 위해 매우 유효하다. 기둥이 관람객의 시야를 막지 않고 장대한 경기장의 덮개를 씌우는 일은 고난도의 기술적 해결을 필요로 한다. 1972년 뮌헨 올림픽 메인 스타디움은 투과성 막으로 경량화와 최소의 지지체로 해결한 독창적인 구법조형이다.

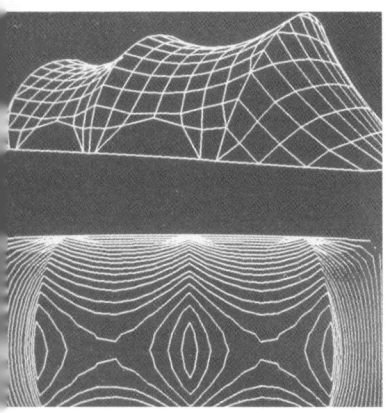

막구조 응력도 아주 얇은 피막에 흐르는 힘의 거동을 볼 수 있다. (왼쪽)

귄터 베흐니쉬+프라이 오토, 뮌헨 올림픽 주경기장(1968~72) 프라이 오토가 개발한 텐트형 막구조가 뮌헨 올림픽 스타디움을 덮는다. 객석은 맑고 경쾌하여진다. (오른쪽)

공기막 구조

해수욕에서 쓰는 고무 튜브는 얇은 고무 막으로 도넛형을 만들고 그 안에 공기를 주입하므로써 최경량의 볼륨을 얻는데, 이 튜브를 여러 개 연속적으로 이으면 공간이 이루어진다.

공기막 건축은 보통 강화섬유로 보강된 재료로 만들지만, 그 원리는 해수욕장의 고무 튜브와 다를 것이 없다. 또한 설치, 해체가 매우 간편하다. 운반된 이 튜브의 조합체에 공기를 주입하면 간단하게 공간이 구축된다. 또한 다른 장소로 이전하려면 튜브의 마개를 열어 공기를 배출시킨 뒤 둘둘 말아 간단히 옮길 수 있을 것이다.

오사카 엑스포의 미국관은 튜브 형태 대신 마치 방석과 같은 이중직의 수평면체를 만들고 여기에 공기를 주입하여 지붕을 덮었다. 이때 전시공간은 지표 밑에 형성된다.

건축면적 9,440m², 연면적 7,691m²의 거대한 공간이 지하에 잠겨져 있는 셈이다. 지면의 장대한 수평 지붕은 유리섬유로 강화된 반투명의 비닐재이다. 따라서 이 지하공간에는 은은한 자연광이 퍼져 스민다.

Davis, Brody, Chermayeff Gaismer, de Harrak Associates, 오사카大阪 EXPO 미국館(1967~70) 장경 142m, 단경 83.5m의 타원이 공기막 구조 아래 덮혀 있다. (왼쪽)

오사카大阪 EXPO 후지富山관(1970) 여러 개의 튜브를 엮어 부풀리면 공간이 만들어진다. (오른쪽)

하이테크 High Tech 건축

원정수, POSCO빌딩(1989~95) 우리나라 최초의 본격적인 인공지능형 빌딩이다.

어떤 원시적 건축도 기술을 통하지 않고는 성립되지 않지만, 현대에 이르러 기술이 건축의 주체적인 개념이 되는 경우가 있다.

건축을 위해 필요한 기술의 주체는 구조기술이겠으며, 그밖에 공기조화(냉난방, 공기가습, 청정 등)와 전기(동력과 조명 등), 수송(엘리베이터, 에스컬레이터 등)의 기술이 필요하다. 요즈음은 정보화와 컴퓨터 적용으로 또하나의 기술적 차원이 요구되는데 이것이 이른바 인공지능 건축intelligent building이다. 건물이 유지 관리되기 위한 시스템을 자동화하면서 온도, 환기, 조도 등의 모든 환경적 조건을 건물이 알아서 하는 것이다. 추우면 덥히고, 더우면 식히며, 적당히 숨쉬고, 어두우면 불을 밝히고, 외적인 침해가 발생하면 대처토록 한다.

하이테크 건축은 재료공학의 진보와 결부된다. 특히 경량화, 투명함, 항속성 문제를 해결함이다. 이상의 첨단화된 그의 구조적 특징과 내부 성능을 표현으로 들어내며 기술 미학이 된다.

뚜루 토템Tour Totem은 파리의 세느 강변에 위치한 아파트이다. 이 아파트의 외관을 보면 4개 층이 한 묶음이 되어 내어 민 보

안드로+파랫, 뚜루 토템 아파트(1978) 다각형의 평면에서 돌출하는 각 거주의 형상은 세느 강변의 경관을 가능한 넓게 접촉하고자 함이다. 구조는 4개층씩을 모아 캔티레버로 지지한다.(왼쪽)

렌조 삐아노+리차드 로저스, 뽕삐두 예술문화센터(1971~77) 외관과 상세 부분이 건축을 완성하기 위해서 영국의 고강도 철조 기술과 접합 방법이 필요하였다. (가운데, 오른쪽)

(cantilever beam)에 얹혀 있는 모습이다. 보통의 바닥구조는 매 층 마다 개별적으로 지지체에 결구되게 마련인데, 이 건축가는 이를 6개 층을 통합하고, 대신 다각 방향으로 충분히 개방성을 확보하도록 하였다. 그로써 세느 강변의 풍경을 실내로 끌어들이는 것이다.

빠리의 뽕피두 문화센터는 이 도시가 역점적으로 추진하는 문화건축 프로젝트 중의 하나로써 20세기 기술 미학의 개념을 열었다.

건축은 구조(수평과 수직 구조 전체), 설비(공기조화, 전기, 통신), 동선 공간(복도, 에스컬레이터)을 모두 밖으로 내어놓는다. 사람의 조직체와 비교하여 보면, 뼈대, 내장, 신경망 등의 모든 생체적 기관을 밖으로 들어 내놓은 형상이다.

모든 기관을 밖으로 내놓으면 안이 비워진다. 허전한 안은 기능적으로 매우 자유로워진다. 다시 말해 공간의 쓰임새로 보아서는 거치적거리는 기둥, 설비장치, 운송시설 등을 배제했기 때문이다. 마치 건축공사장의 가설 구조물처럼 생긴 구조체는 조립식으로 되어 있는데, 이러한 고난도의 기술적 해결이 곧 현대 건축의 감정으로 연결된다.

홍콩의 상하이 은행 본부는 1층부(지반층)를 최대한 비워두며, 내부

노만 포스터, 홍콩 상하이 은행 본점 (1979~86) 직립한 이 기계의 미학은 부품화된 요소와 특수한 구조를 뽐낸다. (왼쪽, 가운데)

리챠드 로저스, 로이드 보험회사(1979~86) 스테인레스 스틸과 유리를 주조로 한 건축의 기계 닮기 (오른쪽)

공간의 기둥을 최소한으로 하기 위해 특수한 구조 시스템이 쓰여지고 있다. 거대한 4개의 피어로 각 층의 바닥을 들고 있는 이 방법은 외관에서도 잘 나타나고 있다. 이러한 조립식의 구법은 각 부재의 상세가 중요하며, 건물의 전모를 기계적 장치와 같이 만든다. 첨단 기술을 과시하는 이러한 기법은 아직은 많은 비용과 공사기간을 필요로 하여 경제적 부담이 크지만, 곧잘 현대도시의 기술적 상징이 된다.

런던의 구 도심은 다른 유럽의 오래된 도시古都처럼 고풍의 낭만적 건물들이 기조를 이루고 있다. 이러한 역사적 건물들 사이에 로이드 보험회사가 마치 외계 건축처럼 자리하고 있다. 이 현대적 감각은 타이프라이터 처럼 생겨먹은, 런던의 품위와 정서로서는 못마땅한 존재라고 폄하 당하기도 했다. 외관을 지배하는 차가운 인상은 유리와 스테인레스의 금속성에 의한 것이다. 이와 같이 하이테크의 건축은 재료의 특성과 깊은 연관관계를 갖는다.

도구와 조형

형태는 가장 원초적으로 구사할 수 있는 도구에 지배된다.

결국 어떤 생각을, 무엇을 가지고, 어떻게 만들어야겠다는 생각이 건축이라는 사실을 이룬다. 소재는 재료이며 도구를 통해 구조화가 가능해진다. 최고의 현대 테크놀로지인 레이저가 있기 아주 오래 전에 석기 도구가 있었을 것이다. 초기의 석조를 만드는 도구는 쐐기와 망치였을 것이고, 목조에서는 톱과 끌이었다.

일본의 전통 건축 중에서 고대의 설楔(구사비)은 재목을 제재하는 도구인데, 일종의 도끼와 같이 아주 거친 다듬질이 가능할 뿐이다. 이는 거鋸(톱)를 사용하기 시작한 중세와 현저하게 다른 건축의 형상적 질량을 만들게 한다. 즉 고대의 거친 조형이 이루어지는 것은 설이라는 도구의 개연적 결과이다. 이에 비하여 중세부터 톱이 사용되면서 목재를 보다 가늘고 얇게 제재할 수 있으면서 일본건축 특유의 가볍고도 섬세한 조형이 이루어지는 것이다. 대패를 사용하게 된 것은 보다 뒤의 일이다.

이처럼 수많은 도구를 빌리지만 대부분 인간의 신체의 연장으로서 연장이었다. 도구는 점차 손에서 더 멀리 신장되며 자동화, 전자화되어 간다. 다시 말해 손에서 도구까지의 거리가 가까울수록 인간적인 표현이 되고, 멀어질수록 기계적인 표현이 된다.

3.5. 기능, 건축을 인간에 가깝게 하기

건축은 궁극적으로 인간을 위한 일이다. 건축은 목적 기능을 강조하지만, 그 기능의 주체는 인간이기 때문이다. 따라서 형태, 공간, 설비, 가구 등 모든 건축의 요소란 인간적 근거에서 말하지 않으면 안 된다.

건축의 미적 체험이라는 것도 전적으로 인간의 지각 문제이다. 인간은 전통적 삶과 연관되어 지역적 특질을 만들기도 한다. 그래서 건축은 삶의 모습을 그리는 것이며, 생활문화의 표현이다.

건축의 인간화라는 것은 막연한 휴머니즘을 뜻하는 것이 아니라, 아주 구체적인 실천이다. 인간의 육체적 기준에 잘 맞고, 심리적 척도에 편안하며, 감정 이입이 풍부함을 인간적 건축이라 한다.

스케일

건축의 크기를 규정하는 데에는 거리, 깊이, 높이 대한 치수가 있고 이에 대한 조형적인 생각이 스케일이다. 이미 건축에서 쓰이는 치수는 대체로 인간의 신체 치수를 원단위로 해왔다. 한국의 1자尺 또는 서양의 피트feet가 그렇듯 대체로 한 걸음, 약 30cm 남짓 한다. 면적으로는 6자×6자의 크기를 1평坪이라고 하는데, 이것은 대략 3.3m² 로, 한 사람이 두 팔을 벌리고 누운 윤곽 정도이다.

르 꼬르뷔지에는 그의 건축 치수를 결정하는데 모듈러modulor라는 기준에 의한다. 그는 신장 1.84m를 기준으로 보고, 인체 각부의 치수가 일정한 수리적 질서로 조합된 결과임을 해석해 내었다. 예를 들면 발바닥에서 무릎까지의 높이, 배꼽까지의 높이, 어깨까지의 높이, 쳐든 손끝까지의 높이 등 모든 관절 간의 치수가 계층적이라는 것이다. 그는 이러한 인간의 계통적 치수를 건축에 적용하여 각부의 크기를 결정하였다. 특히 주거 건축은 인간 생활을 위해 가장 구체적인 적용대상이라고 보고, 천장고, 문의 크기, 바닥의 크기 등의 비율을 정하여 갔다. 자연히 그 치수는 넘치지도 않고, 부족하지도

르 꼬르뷔지에, 단위주거(1945~52) 인체 척도를 건축의 치수로 적용하면서 동시에 아름다운 비례미를 만든다.

르 꼬르뷔지에, 모듈러 인체의 신장과 각부 치수가 건축에 어떻게 적용되는가를 말한다. 르 꼬르뷔지에는 자신의 건물에 이 개념을 부조로 새겼다.

않은 적절함으로 나타난다.

물론 모든 건축이 이러한 인체 치수를 절대 기준으로 삼는 것은 아니다. 어느 경우는 극단적인 높이, 과장된 길이 등으로 상징성과 표현성을 도모하는 경우도 있다. 역사적으로 고딕 건축의 드높은 높이에 대한 동경은 신을 향한 상징적 몸짓이었다.

현대건축에서도 스케일 자체가 어떤 표현의 수단이 되기도 한다. 평화의 문은 서울의 올림픽 공원의 입구를 장식하는 모뉴먼트이다. 이 기념물은 크다. 우선 클 수밖에 없는 것은 주변이 개방되어 있는 오픈 스페이스이며, 여기에서 시각적 축과 초점을 모아야 하였기 때문이다.

특히 기념적 건축에서 크기의 과장은 커진다. 독립기념관의 과장된 스케일은 넓은 대지 위에서 그 기념성을 목청 돋구어 웅변하여야 하였기 때문이다. 이와 같은 과잉된 연극적 제스츄어는 북한이나 동구권의 건축들에서도 지배적인 형식이었다.

보통 전통의 건축에서는 인간적인 크기를 쉽게 말하는데 비해, 현대 도시의 스케일을 비인간적이라고 한다. 옛 건축에서는 인간과 자연이 디자인에서 절대의 요인이었는데 비해, 현대는 자본과 효용이 더 지배적이기 때문이다.

인간적인 스케일의 문제로 돌아와 말한다면, 좋은 조형이 되기위해 그 크기가 왜 절제되어야 하는가가 분명해진다. 만약 그것이 불편하

김중업, 평화의 문(1998) 수차례의 크기가 조절되는 과정을 거쳐 지금의 스케일이 되었다. 기념적이어야 하기때문에 더 커야하든가, 주변이 오픈스페이스이기 때문에 더 커야 하든가, 예산이 없어 줄여야 하든가, 그 크기의 이유는 참 많다.

지 않은 정도라면 옷깃이 스치고 상대편의 표정을 잘 느낄 수 있는 거리가 인간 친화의 공간이 된다는 뜻이다.

일본사람의 축소 공간은 유명한 것이지만 그 극단적인 예가 소위 캡슐호텔이다. 잠만 자는 캡슐을 만들어 빌려주는 이 벌집처럼 생긴 공간의 크기를 그들은 잘 참는다.

캡슐 호텔 한 사람이 누워 수면할 수 있는 극소 공간이 도쿄의 정서이다.

개인과 사회의 거리

인간환경에서 프록세믹스(proxemics, 近接學)라는 거리의 개념이 있다. 우리가 환경에서 유지하려는 사람간의 거리는 그 관계하는 유형에 따라 달라진다. 대체로 촉감거리, 긴밀 거리, 커뮤니케이션 거리 등의 구분으로 말한다. 예를 들어 애인끼리의 친밀거리는 0 이하 이지만, 아무런 이해관계에 있지 못한 사람끼리 혼잡한 엘리베이터안에서 접촉되면 불안하거나 불쾌해진다. 반대로 사람과의 거리가 너무 멀면 친화되기 어렵다. 회의실에서 보다 깊은 커뮤니케이션을 원한다면 그 방의 크기는 사람 수에 상대하여 너무 넓어서는 안 된다. 사람들은 심리적으로 적절한 사람과의 거리를 유지할 때 편안해진다. 이러한 거리개념은 공간의 크기를 기준으로 삼는 것이다.

밀도

공간과 사람과의 관계에서 밀도도 사회적인 관계로 작용한다. 공간의 크기와 거주하는 사람수의 비율이 밀도인데, 그것은 도시를 디자인하거나, 방을 설계하거나 모두 마찬가지이다. 밀도가 과도해지면 심리적 스트레스가 높아지고 심리적 불편을 일으킨다. 반대로 밀도가 너무 여릴 경우 사람들은 소외를 느끼기 시작한다.

보통 프라이버시와 상대되는 소외는 과밀과 사적 침해만큼 문제가 될 수 있다.

한정된 공간규모 안에 너무 많은 사람이 밀집하면 혼잡이 발생한다. 다만 모든 혼잡이 불쾌한 것만은 아니다. 예를 들어 브라질의 카니발, 일본의 마쯔리 같은 상황은 극단적으로 혼잡하지만, 사람들은 그 현상을 즐기기도 한다. 그러나 대부분 일상속에서 혼잡은 정신적 스트레스와 생리적 곤란을 야기시킨다.

이제까지 이야기된 거리, 밀도, 혼잡, 프라이버시, 소외 등의 문제는 환경 디자이너들이 생각해야할 '눈에 보이지 않는 차원 hiden dimension' 이라고 한다. 그리고 현대 디자인에서 이 심리적 차원은 물리적 척도만큼 중요하게 생각한다.

행태 주의

건축의 인간화를 위한 노력에서 가장 구체적인 방법이 행태주의의

도마토 축제 보통 축제는 밀도를 극단히 높이며 고양시킨다. 이때 혼잡은 즐거움이 된다.
(Sergio Belinchon / KAL)

건축이다. 헬프린Lawrence Halprin은 도시와 건축 디자인에서 사람들이 그 장소를 어떻게 점유하고 사용하는가를 먼저 관찰한다. 이러한 정보는 일련의 코드로 기록되고, 이를 공간적으로 해석하여, 그 목적에 맞게 체화시킨다.

기본적으로 행태주의는 모든 디자인의 의사결정을 건축가가 내리는 것이 아니고 사용자에게 맡기는 것이다. 알렉산더Christopher Alexander는 작업에 앞서 사용자가 환경에서 벌리는 행동 패턴을 관찰한다. 이것을 건축언어로 번안하여 패턴 랭귀지Pattern Languages를 고안하고, 디자이너는 이를 반영하여 건축을 이룬다. 그래서 자신의 표현으로는 겸손할 수밖에 없는 행태주의 디자인은 그렇게 빛나지도 않고 기념적이지도 않게된다. 대신 가장 편안하고도 인간적인 환경을 공여한다는 확신으로 일한다.

샌프란시스코 해변가에 기라델리Ghiradelli라는 쵸코렛 공장으로 쓰이던 벽돌건물이 있었다. 이곳을 재개발하게 되었는데, 헬프린은 이 헌 건물들을 폐기하지 않고, 현재의 기라델리 스퀘어라는 상업위락

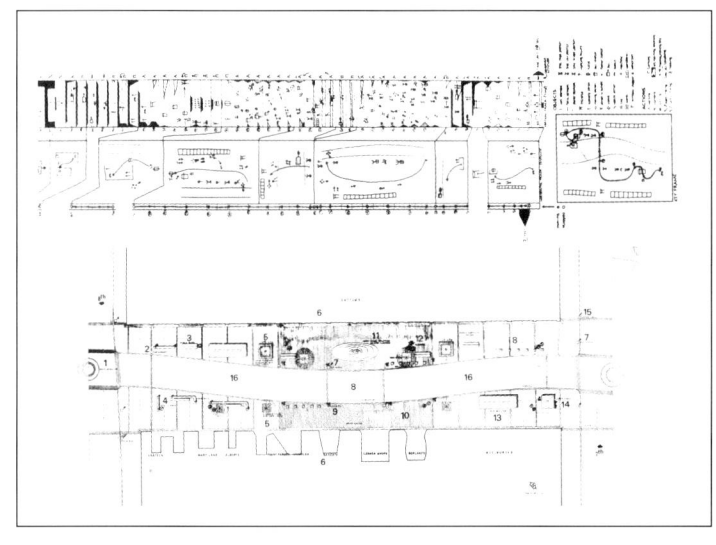

로렌스 헬프린, 니콜렛 보행자 가로(1962) 가로의 행인들이 만드는 행동을 기호로 기록하고 이를 디자인으로 푼다.

조형예술로서 건축, 아름다움과 그 수단

로렌스 헬프린, 기라델리 스퀘어(1965) 쵸코렛 공장을 재개발하여 도시의 휴식공간으로 개조하는데 시민의 행태를 중심으로 구성했다.

기능으로 고쳐 쓸 아이디어를 제기한다.

디자이너는 우선 사람들이 이동하고, 모이고, 머물고, 보고, 참여하는 등의 행동을 주목한다. 특히 사람들의 '붐비는 행위beehive of activity'를 이해하도록 노력한다. 그리고 건축가는 그가 관찰한 인간 행동의 패턴을 최대한 디자인에 옮긴다. 이러한 행태주의의 디자인은 화려하지 않지만, 시민들이 사랑하는 대중공간을 만드는 것이다.

건축의 쓰임새, 기능과 조형

건축을 디자인하는 우선의 목적은 '쓰임새'이고, 그것을 조형에 직접 연관시키는 것이 기능주의의 생각이었다.

확실히 어떤 미적 의도를 배제하고나서, 순수하게 용도라는 목적에 충실해도 아름다움에 이를 수 있다. 예를 들어 공기의 유체역학적 대응과 속도에 대한 성능으로 디자인된 비행기는 아름답다. 그것이 어떤 장식이나 수사적 뜻을 제거하고도 남는 심미의 세계이다.

호모 사피엔스 사피엔스만 생각하는 것은 아니다. 동물은 물론 생각하고, 식물도 생각한다. 생각을 하는 한 디자인이 있다. 동물은 몸의 메커니즘을 구조화하고, 최대한의 기능을 위해 형상되고, 피부의 패턴을 의상처럼 디자인한다. 자신을 방어하기 위해 뿔이나 발톱을 디자인하고 계속하여 발전시킨다. 거미는 기하학적 센스로 집을 짓고, 벌집의 뛰어난 구조성은 고도의 테크놀로지를 통한 디자인이다. 식물도 자신을 디자인한다. 꽃은 멋이 아니라, 아주 긴요한 수정의 메커니즘을 디자인한 결과이다. 선인장이 잎파리를 포기하고 몸통으로 숨쉬기를 결정한 것이나, 자신의 몸통에 간직한 물을 빼앗기지 않기위해 몸체에 강력한 가시를 돋게하는 것은 오랜 동안 생각한 결

페터&율리아 본, 쿤스트 디스코(1988) 춤추다가 컵을 카운터에 놓는 행동을 반영한다.

과이다. 다만 거기에 결여되어 있는 것은 인간적 기준에서 보아, 예술적 의지뿐이다.

건축중에도 가장 구체적인 성능 디자인은 군사적 목적에서 잘 찾아진다. 역사적으로 성곽城郭은 공격술의 진보에 대응하여 방어력을 개량하여왔다. 서양의 성곽이 별모양의 평면을 취하는 것도 미적 구성이 아니라 순전히 방어의 목적 때문이다.

만약 직선으로 이루어진 구성이라면 성벽을 기어오르는 적군을 시살할 수 있는 각도를 확보하기 어렵다. 이러한 사각을 해결하고자 삐죽하게 돌출한 부분을 만들고 여기에서 방어력을 확보하는 것이다. 그래서 건축은 기능의 사실이다.

우리나라의 성곽은 입구에 옹성이라는 부분을 첨가한다. 이것은 적의 공격으로부터 가장 취약점인 성문을 이중공간으로 하여 적군을 제어하기 위한 것이다.

기능주의

기능이 미적 의지kunst wölen에 앞서 조형을 이룬다는 생각이 20세기 초반에 보편화되었다. 이미 설리반Louis Sulivan의 '형태는 기능에 따른다'는 유명한 명제는 그 이전 형태가 역사양식 규범에 종속되었던 통념을 깨뜨린 천명이었다.

근대 디자인의 개념을 열고, 그의 교육적 실천을 보여준 바우하우스 역시 대상의 모든 허식과 장식을 벗고, 그 최후에 용도의 목적

성 천사 성 방어의 성능을 위한 다각형 구조는 여러 각도에서 공격하여 오는 적을 무찌르기에 유효하다.

고창 읍성 옹성의 구조가 허약한 성문을 방어한다.

루이스 칸, 리차드 의학연구소(1957~65) 5개로 등분된 연구공간과 이를 서비스하는 코어로 공간의 주종 시스템을 이룬다. 이러한 내적 시스템은 외관에서 분절되어 각 부분을 뚜렷하게 한다.

만을 남긴다.

그로피우스Walter Gropius는 건축의 표준화와 합리성을 건축의 생산과 기능에 결부시키어 정의하는데, 최소한 1950년대까지 세계의 건축은 그것을 궁극성으로 알았다.

디자인이 기능에 따른다는 사실은 기능이 분명한 빌딩 타입에서 더 확연해진다.

칸Louis Kahn의 리차드 의학연구소는 연구기능의 특성이 곧 공간의 구도를 만들게 한다. 즉 연구가 진행되는 연구실과 이 연구를 지원하기 위한 각종 설비가 구분되며 각각의 영역을 만드는데, 이 구분은 외관에서도 명백히 음절화articulate되면서 형태를 이룬다.

보편적으로 미술관의 조형은 전시기능에 의해 지배된다. 전시실에서 우선 필요한 환경은 직사광선을 피해야하는 것이다. 태양광선의 자외선에 대응하는 방법은 인공조명을 사용하거나, 태양광을 간접적으로 받아들이는 방법이다. 인공조명은 좋은 연색성을 만드는데 한계가 있고, 에너지 비용이 많이 든다.

경주 선재 현대미술관의 지붕은 반곡면의 천창들이 구성되어있고, 그것이 이 건축의 조형에 지배적인 역할을 한다. 전시 벽면에는 창을 낼 수 없고, 모든 채광은 천창天窓을 통해 이루어진다.

결국 잘 조절된 채광장치를 디자인하여 순화된 태양광을 전시실에 투입하는 테크닉이 중요해진다.

토착 생활과 디자인

토착적 기후와 생활 전통이 건축의 조형을 결정짓는다. 제주도의 온화한 기후는 주택의 구조를 개방적이게 하지만, 심한 바람에 대응하기 위해서는 석조의 측벽과 경사가 낮은 지붕 그리고 이 초가 지붕

김종성, 선재현대미술관(1991) 빛을 투입하기위한 지붕 구조와 외관이 기능과 표현으로 합일된다.

을 붙들어 매는 구법이 생긴다. 곧 기후가 제주 민가의 조형을 결정하는 것이다.

동남아시아 건축은 일시에 퍼붓는 많은 강수량으로 지붕의 물배가 급할 수밖에 없다. 아프리카의 주택은 건조한 기상때문에 거의 방수를 의식하지 않아도 좋다. 우리나라는 온대성 기후에서 적합한 구조를 만들지만, 북부와 남부의 가옥구조는 현저한 차이가 있다. 북부가 훨씬 폐쇄적인 구조임에 비해 남쪽으로 내려 갈수록 공간은 개방적이다.

기후, 즉 온도, 습도, 바람, 강우량, 강설량 등은 건축가가 어떤 진보적인 개념을 가지고 있던지 간에 그 디자인에서 절대적인 조건이

제주도 민가 낮은 키, 초가를 매는 방법, 양측단의 석조벽은 모두가 제주도의 거센 바람에 대응하는 구법이다.

기와집 한옥의 구조, 충효당忠孝堂 사계의 조건이 한옥의 공간과 지붕의 물매, 기와구조의 조건이 된다.

방콕의 수상주거 물은 도로이며, 상하수도이며, 공기 냉방장치이다.

된다. 어느 지역이 받고 있는 일조, 일사량에 따라 사람의 생활, 심성이 달라진다. 또한 생활의 습속이 주택 디자인을 결정짓는 것은 자연스러운 일이다.

만약 거주공간이 인간 생활의 내용을 잘 담아 내지 못하면 곧 비틀어지고 만다. 생활의 규모에 비해 집의 크기가 모자라면 생활의 내용이 밖으로 비져나온다. 홍콩의 주거 사정은 극단적인 밀도로 유명하지만, 서민 아파트가 만드는 빛나는 빨래들은 친숙한 풍경이다.

주거의 건축 형식은 내용이 개별적이므로 다채롭기 마련이다. 가족의 개성과 생활 패턴이 다양하고, 주택의 형식도 모두가 특별할 수밖에 없다.

그러나 아파트와 같은 집합주거는 집적의 방법에 따르기때문에 개별성은 보편성에 양보할 수밖에 없다. 아파트는 집합의 이점, 밀도를 높여 얻는 토지의 경제성, 반복되는 대량의 건축 시스템 그리고 이에 따른 건설 비용의 절감을 전제로 하기때문이다.

마리나 시티Marina City는 시카고 하천변에 선 쌍둥이 아파트이다. 옥수수 모양의 이 형태는 단위의 집적을 잘 나타낸다. 마치 옥수수의 알갱이가 주거 단위이며, 이것들이 옥수수 속대와 같은 수직 서비스 코어에 달려 있는 모양이다. 즉 외양이 내용을 그대로 말하는 디자인이다.

자신이 가지고있는 기능을 어떻게 밖으로 드러낼 수 있는가를 곧 건축의 표현으로 삼기도 한다. 대개 벌집처럼 생겼으면 호텔이고, 닭장처럼 생겼으면 아파트이다.

브루스 고프, 숲을 사랑하는 사람의 집(1950) 만약 숲을 흠모하는 사람이 집을 짓는다면 나무를 닮을 것이다.

太古城주택단지 홍콩의 부족한 서민 주택 규모는 생활의 내용을 밖으로 비져나오게 한다.

영국 런던 근교에 있는 파이넌셜 타임스 신문사의 외관은 전면이 투명한 유리창으로 되어있다. 건축가는 신문사의 윤전기를 매우 인상적인 기계미로 인식하고 이를 외관에서 잘 드러낼 수 있도록 하는 것을 디자인으로 한다. 아마 내부기능을 겉모습으로 하는 방법에는 옷을 벗는 투명의 방법 이상은 없을 것이다.

구치소는 수용된 피의자들의 거주를 제한하며 탈주를 막아야하는 기능이 우선이다. L.A.의 교도 센터의 외창은 좁고 길다. 좁은 것은 사람이 빠져나오기 어려울 만큼이고, 긴 것은 가급적 채광 면적을 넓히기 위한 것이다. 자연히 외관은 째어진 틈이 패턴을 이룬다. 그러나 놀라운 것은 이

방콕의 황궁皇宮 이 급한 경사의 지붕은 단순한 멋이 아니다. 그것은 집중된 강우량의 반영이다.

아프리카의 乾燥주택 강우에 대응할 염려를 벗고 나면 흙의 구조도 가능하다.

조형예술로서 건축, 아름다움과 그 수단 251

버트란드 골드버그, 마리나 시티(1963) 옥수수 대에 달린 알갱이가 곧 집합주거의 모습이다.

니콜라스 그림쇼, 파이낸셜 타임스 인쇄공장 (1987~88) 이 건축의 조형은 내부의 윤전기와 인쇄공정의 활력이 주제이다. (왼쪽)

렌쪼 삐아노, 파리 청소국(1988) 의당히 지저분할지 모르는 청소 관리소의 내용을 대신하는 깨끗하고 맑은 외관 (오른쪽)

유치장이 우리나라처럼 혐오시설이 아니고, 당당하게 도심 속에 위치한다는 점이다. 이 안에 수용된 사람들은 도시의 일상성에서 격리되어 있다는 소외감을 조금이나마 벗을 수 있고, 밖의 도시민들은 이 교도소의 존재를 법치의 상징처럼 곁에 두고 생활하는 셈이다.

물론 건축의 기능적 성질이 형태를 구체화한다고 하여 모든 건축이 그의 외적 표현을 내적 성능에 종속시키는 것만은 아니다. 반대로 어떤 건축도 쓰기 나름이라는 역설은 얼마든지 가능하다.

서울의 명동에는 일제시대 때 만들어진 국립극장이 있었다. 이 극장은 내부가 개조되어 증권회사로 바뀌었다. 객석과 무대를 모두 도려내고 사무소의 바닥을 채워 넣었다. 이제는 껍질만 남아 옛날의 낭만적 모습을 전한다.

빠리의 오르세이 근대 미술관은 원래 오르세이 기차역이었다. 도심 안의 기차역이 용도 폐기되며 방치되어 오던 것을 1986년에 미술관으로 개조하였다. 그래서 이 미술관의 내부는 장축 방향으로 긴 공간이 되는데 건축가는 마치 도시의 가로와 같은 독특한 전시공간을 만들게 되었다. 이 미술관도 외관은 옛날의 철도 역사의 모양을 그대로 유지하고 있다.

통일이 되기 전, 서독의 수도는 본Bonn이었다. 이 도시에 의사당을 짓기로 하여 거의 완공이 되었는데, 통독 후 의사당을 베를린으로 옮기게 된 사정이 생기었다. 그래서 이 의사당의 용도는 애매해졌다. 하여튼 이 의사당의 건축적 개념은 좀 특수하다.

보통 회의장이나 의사당은 극장처럼 폐쇄된 공간이 통념이다. 그러나 이 본의 의사당은 3면이 유리면으로 온통 개방되어 있다. 의사당 회의석에서 주변의 자연 녹지가 경관으로 들어온다. 이 개념에 대해 의회의 기능이 집중력을 잃고 산만해질 것 같다는 의문이 들었다. 그러나 베니쉬의 생각은 반대이다. 회의의 집중력 보다는 참석자들이 자연을 보며 여유를 갖고 보다 유연한 타협이 더 잘 될 것이라고 하였다. 매사가 의사불통인 우리나라 국회의사당도 고려할 만한 참신한 개념으로 들렸다.

통독 후 베를린이 독일의 수도가 되면서 연방의회를 재건하게 되었다. 원래 독일 의사당은 르네상스 양식으로, 동 베를린에 방치되어 있던 것을 리노베이션하게 된다. 현상설계에서 채택된 대안은 보다 획기적이어서 투명한 돔의 천장 위에 통로를 둘러 방청객이 의사당을 돌아볼 수 있게 한다. 개방성도 좀 지나치다싶은 이 개념은 심한 반발과 찬반 격론 끝에 받아들여져서 현재 베를린 관광 코스 중에 주요한 한 몫이 되고 있다.

해리 위즈, 교정소(1975) 27층의 빌딩 형 교도소. 삼각형의 타워는 재소자의 침실이다. 좁고 긴 창이지만 재소자는 이 창을 통해 시내의 일상적인 삶의 모습을 본다.

가에 아우렌티, 오르세이 미술관(1986) 옛 기차역의 긴 내부공간이 전시공간으로 된다. 내부개조에도 불구하고 보존된 외관

권터 베니쉬, 본 의사당(1991) 통념적으로 의사당은 폐쇄적인 공간이지만, 이 의회 공간은 사방이 투명하다.

3.6. 빛의 조형

우리는 빛이 있음에 형태를 알아 차리고, 색채와 질감을 안다. 그렇기 때문에 전적으로 건축은 광선 중에 전개되는 공간과 형태의 연출이다. 음영은 형태를 명백하게 하며, 공간의 구조를 시각적 사실로 만든다.

빛은 생활을 가능하게 하는 성능만이 아니라, 건축적 표현을 가능하게 하는 수단이다. 빛에는 좋은 빛과 나쁜 빛, 감동적인 빛이 있는가 하면 가짜의 빛도 있다. 따라서 건축가가 빛에 대해 얼마나 예민한 감수성을 갖느냐가 중요해진다. 그러나 빛은 고정된 물리가 아니라 현상하는 물상이기 때문에 그 장악이 쉽지만은 않다. 빛은 대기에서 미묘하게 현상하며, 건축이 빛환경에서 반응하는 감각에는 한계가 없다. 건축은 항상 일광 속에서만 있는 것이 아니라, 폭우 속에도 있고, 짙은 안개속에서도 있으며, 저녁의 노을속에도 있다.

자연에서 건축은 단순히 햇빛을 쬐고있는 것처럼 보이지만, 그는 빛을 머금으며 조형을 숨쉬게 한다. 그렇기 때문에 건축의 형태 조형은 어떻게 빛을 받을가를 생각하는 것과 같다.

빛의 물리적 속성

건축에 소리와 촉감과 향기의 차원이 없는 것은 아니지만, 조형은 시각이 지배적인 매질이다. 그래서 건축은 시형식視形式이라는 예술의 기본 속성 안에 있다.

형상, 깊이, 공간 등이 모두 빛의 존재 때문에 가능한 것이다. 색채 역시 스펙트럼의 메커니즘으로 빛이 전한다. 그러나 빛의 세계에서 인간이 지각할 수 있는 파장은 대단히 제한된 것으로써, 우리는 이를 가시광선이라는 범위에서 얻는 것뿐이다. 이 빛은 밝기의 정도, 비례, 색조, 질감 등으로 원론을 이룬다.

밝기의 정도는 조도로서 Lux를 단위로 말한다. 보통 100룩스이면 생활이 이루어지지만, 정밀한 작업을 위해서는 500룩스가 필요하듯 생활기능 마다 필요조도가 달리 있다.

그러나 밝고 어두움이란 상대적인 것이다. 어두움 속에서 미미한 빛이 매우 뚜렷할 수 있으며, 밝은 곳에서 덜 밝음이 어두운 것일 수 있다. 여기에서 상당한 빛의 표현적 성능이 시작된다.

사물의 형상에서 명암의 대비가 심하면 두드러지나, 그 대비가 약하면 같은 사물이라도 퍼져 보인다. 눈부심의 정도는 휘도輝度로 말한다. 밝은 부분과 어두운 부분의 비례 정도에 따라 생기는 눈부심이다. 보통 휘도가 높아지면 지각적으로 불쾌하나, 표현에 따라 작열하는 휘도가 의도되기도 한다.

빛에는 색조가 있어 이를 색온도色溫度라 한다. 우리는 태양 광선 아래에서의 색조를 가장 궁극적인 것으로 익혀왔다. 그러나 인조광의 종류에 따라 사물의 색조가 달라지는 것을 경험하였을 것이다.

김상만씨 댁 빛은 우리의 일상 속에 있으며 음陰과 영影으로 물성을 깊게 한다.

조형예술로서 건축, 아름다움과 그 수단　255

앙리 시리아니, 전쟁사 박물관(1987~92) 벽면에 매립된 스틱들이 광선을 받아 쏘아댄다.

예를 들어 형광등은 사물을 창백하게 만들고 백열등은 보다 따뜻하게 느껴지게 한다. 수은등은 실제보다 훨씬 푸르게 보이며, 나트륨등은 황색조를 만든다. 인조광이 태양광과 닮으려는 성질, 빛의 자연스러운 성질을 연색성演色性이라 한다. 현재까지 가장 자연광에 가까운 색성의 광원은 할로겐 램프인데, 보통 사진촬영용 조명이나 전시 조명으로 쓰인다.

빛의 색온도는 켈빈Kelvin이라는 단위로 측정하는데, 흑탄黑炭을 절대온도로 하여 타오르는 정도에 따라 색온도를 증가치로 하는 원칙이다. 점화 초기의 온도는 낮고, 점차 상승한다. 이 원리대로 켈빈치가 높으면 푸르며 차갑고, 색온도가 낮으면 황색조로 따뜻해진다. 한낮 태양광선의 켈빈치는 5,450K⁰이지만, 아침의 푸른 하늘은 12,000K⁰이며, 촛불은 1,930K⁰가 된다.

빛의 지향성과 전이성

빛의 직진하는 성질이 음shade과 영shadow을 만든다. 그것이 대상을 3차원으로 보이게 하는 귀중한 메커니즘이다. 확산만 하는 빛은 대상을 펑퍼짐하게 만든다. 그래서 입체 예술인 조각에서 빛은 그 모습을 나타내는 절대적인 조건이다. 빛의 강도와 방향이 형상의 볼륨, 운동감, 깊이, 질감 등의 지각을 사실로 이루게 하는 것이다. 평퍼짐한 조명이나 그늘 속에 있는 부조는 상상할 수 없다.

공간예술인 건축은 조각보다도 훨씬 넓은 차원의 빛을 조형한다. 건축에서 빛은 형상을 살리며, 깊이로 침투하며, 공간을 깨워서 숨쉬게 한다.

빛은 방향을 말한다. 사람도 어느 정도는 야행곤충과 같이 불을 향한 무의식적 진행의 관성이 있는지 모른다. 건축의 공간 중에서 건축가가 어떤 방향성을 유도하거나 표현하고 싶을 때 빛은 꽤 유효한 수단일 것이다.

빛은 전이성, 점진성이 있기때문에 감정을 쓰다듬는 무한한 기법이 가능하다. 그것은 마치 음계가 매우 넓은 악기를 연주하는 것과 같다. 빛은 건축적 장치에 의해 보다 구체적으로 형상화된다. 빛을 건축가가 손에 쥐는 방법에는 여러 가지가 있다. 빛을 형상화하기 위하여 빛의 기둥(光柱), 빛의 우물(光井), 빛의 상자(光箱), 빛의 씻김(washing), 광점(spoting) 등의 건축적 수법이 그러하다. 태양의 궤적은 자연히 시간의 운동을 만들며 빛의 동적 조형을 이룬다. 인공조명은 더욱 자유롭고도 다채로운 동적 연출이 가능하다. 그래서

선운사禪雲寺 형의 본질은 빛에 의존된다.

배병길, 얀 카살레+Yan Karsalé(조명 디자인), 갤러리 현대(1995) 건물 외창에 부착된 조명은 시간에따라 변조되면서 끊임없이 변화하는 야간의 풍경을 만든다.

조형예술로서 건축, 아름다움과 그 수단

빛은 현상의 조형이다.

투명성

우리의 모든 대상은 투명함, 반사함, 흡수함으로 빛의 조형에 대응된다. 반사에 의해 거울효과가 만들어지는데, 보통 말하는 거울 유리mirror glass는 그 현대적 성질 때문에 건축에서 촉망받는다. 거울 유리는 그 표면에 발라진 피막의 광반사 성질에 따라 반사의 정도가 다르고, 반사광의 선택에 따라 유리의 색조가 결정된다.

모든 질료는 완전한 투명, 불투명 또는 반투명의 상태에 있다. 빛의 완전한 투과에 의한 투명함은 현대건축에서 '투명'의 미학성으로 새삼스러워졌다.

미국 L.A. 가든 글로브의 교회는 더욱 찬란한 빛의 잔치를 벌인다. 건축가 존슨Philip Johnson은 교회의 실내가 보편적으로 암울하다는 통념을 벗고, 모든 벽체와 지붕을 투명하게 하였다. 아마 우리는 이 교회 안에서 외부와 내부의 경계를 특별히 인식하지 못할 것이다. 어떻게 보면 교회의 상징성을 적극적인 낙관성에 두고 회중들의 심성을 밝고 가볍게 하는 참례가 가능할 것이다.

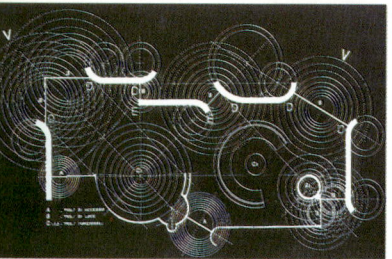

포르토게시, 빠빠니체 집(1970) 창의 위치와 형상과 크기에 따라 달라지는 빛의 속성을 표시한다.

필립 존슨, 가든 글로브 커뮤니티 교회 (1977~80) 침울한 기존 교회의 공간에서 해방된 유리의 교회, 이 교회의 신도들은 항상 태양 아래 옥외 예배의 기분이다. (왼쪽)

장 누벨, 리옹 오페라 하우스(1993) 옛 오페라 하우스의 개조, 맨 위에 짜아 올린 투명한 볼트의 공간은 발레 연습실이다. 하늘 위의 무용. (가운데, 오른쪽)

빛의 반도체

모든 종이가 셀루로이즈 성분으로 되어 있지만, 창호지는 독특한 반도체의 물성을 가지고 있다. 우리의 창호지는 그 빛의 흡수와 번짐 효과가 매우 우수하다. 일종의 광섬유와 같은 성능을 갖는 것이다. 그래서 빛을 머금는 성능이 특별하고 그 은근한 반도체의 물성이 이루어진다.

한국화가 이종상이 1997년 루브르미술관의 까루젤 홀에 설치한 벽화(원형상 97061-마리산)는 한국 종이의 반도체 성상性狀을 미적 수단으로 한다. 이 벽화는 전면에서 비추는 스포트라이트를 쓰지 않고, 흡수 조명을 수법으로 하였다. 그림은 한국 닥종이에 그려서 내려뜨려지는데, 벽화 아래에 설치된 형광등의 빛을 빨아올리며 머금게 된다. 이 전시홀에는 루브르 미술관 지하공사 중 발굴된 로마시대의 성곽이 있는데, 이 숨죽인 듯 침묵하던 성벽이 이종상의 그림과 빛으로 다시 숨쉬기 시작하는 것이다.

서양 건축의 스테인드 글래스는 색조와 함께 내부공간에 생생한 빛을 던진다. 고딕 건축부터 융성하는 이 색유리는 유리에 각종 광석을 얹어 높은 온도로 융용하며 여러 색상을 만든다. 보통 창호에서는 이 색유리 조각들을 납 프레임으로 접합시켜 모자익을 구성한다. 반도체의 성상으로써는 젖빛 유리, 착색 유리, 아크릴 등 여러 가지가 있지만, 모두 그 감성이 다르다. 아마 표현성에서 창호지와 스테인드 글래스 사이의 차이가 동서양이 달리 갖는 빛에 대한 심성의 차이일 것이다.

대부분의 재료도 두께가 얇으면 어느 정도 반도체의 성능을 띨 수 있다. 예일대학교 희귀본도서관의 외관은 대리석

이종상, 원형상 97061-마리산, 루브르 미술관의 까루셀 홀 전시(1997~98) 한국 닥종이가 갖는 광섬유질은 빛의 반도체 성질을 띠며, 수용의 미학을 이룬다.

노틀담의 스테인드 글래스 스테인드 글래스는 중세에 이르러 훨씬 커진 창의 면적을 장식하며 종교적 주제를 맡는다.

김수근, 불광동 성당(1981) 미니멀한 구성에 색조의 리듬만을 상대로 한다.

고르든 분샤프트, 예일대학교 희귀본 도서관 (1961) 유리 대신 창틀에 끼워진 대리석은 두께에 따라 빛의 반도체로서 성능을 가질 수 있다.

으로 싸여져 있어서 언듯 창이 없는 건물처럼 보인다. 그러나 이 도서관의 내부로 들어가면 외벽의 대리석이 반투과성을 발휘하며 빛을 머금어 들인다. 대리석의 석질은 오닉스 계열에서 투과성이 더 뛰어나고 무늬도 화려하다.

빛의 예술성

회화에서, 램브란트에서, 인상주의에서, 추상에서, 설치예술에 이르기까지 빛과 예술의 접촉관계는 매우 깊다.

빛은 모든 사물의 형상과 색조를 지배한다. 빛을 수단으로 하여 어떤 형상도, 어떤 깊이도, 어떤 구조도 그릴 수 있다. 그리고 빛의 동태적 현상으로 더 다양하고, 더 다이나믹하고, 더 화려하고, 더 세련된 시각 조형을 만들 수 있을 것이다.

어떤 빛은 축축하고, 어느 빛은 메마르고, 수줍은 빛이 있고, 작열하는 양광의 빛도 있다. 어떤 빛은 온화하며 어떤 빛은 음울하다. 이러한 빛의 언어를 심미하는 것은 건축뿐만이 아니라, 연극 영화에서 더 사실이다.

건축에서는 공간과 인과되면서, 침묵하는 빛이 있고 생동하는 빛이 있다. 그래서 절대로 빛은 충분한 것만이 목적이 되지는 않는다.

침묵한다는 칸Louis Kahn의 공간은 조용한 빛에 기인한다. 소란하

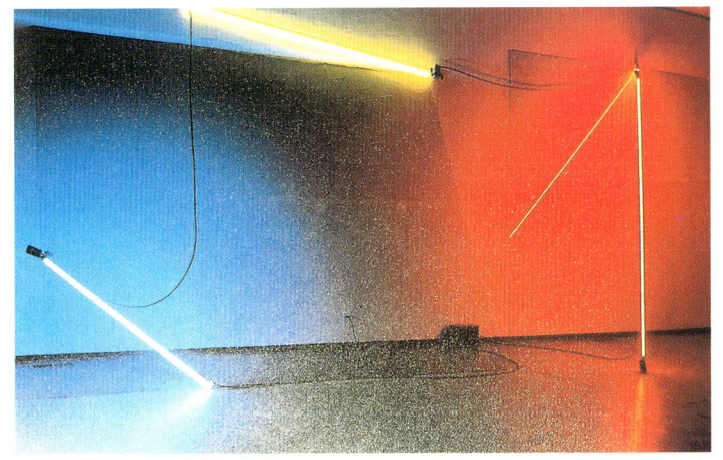

케이스 소니어/BA-O-BA XI
(1969) 네온과 유리

지 않은 빛은 여러 공간의 레이어에 의해 걸러지며 빛의 깊이를 만들고, 명명과 암흑의 대립적 관계에서 구문을 이룬다. 이 일련의 언어가 우리 의식의 심연속에 있는 망막을 두드리는 것이다.

빛의 상징성

빛은 인류의 삶과 깊은 인연이 있기 때문에 넓은 상징성을 갖는다. 역사적으로 희망, 구원 등의 상징적 기호로, 빛은 가장 빈번한 소재가 되어왔다. 암흑이 갖는 상대적 상징성은 모든 종교에서 쓰여지는 소재이었다. 특히 빛을 신성으로 여기는 전래의 의미처럼 종교건축에서 빛은 구원의 의미를 위한 보편적인 수단이었다. 고딕건축에서 평면은 십자형을 쓰는데, 그 때 두 변이 직교하는 위치에 빛의 하이라이트를 만들고 여기에 성단이 위치한다. 르네상스에서 빛은 이 위에 얹힌 쿠폴라에서 더욱 극화된다.

이러한 역사 양식에서 빛의 개념은 시대를 넘어 현대 건축에서도 건축가들에게는 중요한 테마가 된다.

사아리넨의 M.I.T. 대학교회에서와 같이 회중석이 어두운 대신 성단은 천창으로 밝혀지고 이로부터 하강하는 빛이 모든 종교적 상징

르 꼬르뷔지에, 라 뚜레뜨 수도원(1953~57~60) 종교적 상징성을 빛과 색채로 조형한다.

미켈란젤로, 산 피에트로 성당(1506~1626) 르네상스시대의 쿠폴라는 전체 공간의 중심에 위치하며, 곧 성단을 밝히는 빛을 받아들인다.

성을 대신한다. 이를 좀더 구체적으로 표현하기 위해 작가는 이 빛의 우물 속에 작은 금속 편들을 매달아 잔잔한 반사의 움직임이 있게 하였다. 아마 빛의 소리가 들릴 것이다.

다다오의 빛의 교회는 실내의 어두움과 외부의 밝음의 대비가 곧 상징적 소재가 되었다. 빛의 밝고 어두움에 대한 우리의 감각은 상대적이다. 즉 밝은 곳에서의 밝음 보다도 어두움을 배경으로 하는 밝음은 더욱 밝게 보인다는 것이다.

이 교회는 무거운 콘크리트 벽을 파내어 十자형을 만들고 투명한 빛을 상감한다. 이 상징성은 매우 간단하면서도 강력한 빛의 역학이며, 일본 문화 특유의 적요미가 거두어진다.

밤이 되어도 잠들지 않는 건축이 있다. 해가 저물며 건축은 낮의 조형을 반전시켜 밤의 조형을 준비한다. 밤과 낮의 시간 차원은 하나의 대상이 두 개의 국면을 갖게 한다. 낮에 채워졌던 것이 밤에 비워지며, 밤에 채워진 것은 낮에 다시 비워진다. 하늘은 암전되면서 건축은 자신의 시각적 레이어들을 모두 끈다. 그리고 도시에는 비추어지기만 하던 건축이 비추거나 스스로 발광하면서 나타난다. 내부의 조명이 창을 통해 투과되어 나오면서 창의 패턴이 형상화 된다.

자신을 비추는 조명의 시스템을 어떻게 갖추는가에 따라 밤의 건축이 등장하는 모습도 달라진다. 물론 네온, 전자적 시각 장치, 싸인 등을 입고 더 현란한 밤의 자태를 갖기도 한다.

오사카 번화가에 있는 키린플라자는 네 귀퉁이에 빛의 탑을 갖는다. 이 탑은 기능적 역할이 별로 없지만 단순한 건축 외관에서 빛의 탑을 만들며 난맥과 같은 밤의 도시를 지배한다. 창이 없는 검정 색 대리석의 저층부는 빛의 제단처럼 보인다. 이 4개의 수직적 빛의 타워는 밤에 더욱 큰 힘을 얻는데, 어두운 하늘을 배경으로 하는 건축조명은 땅을 퍼올리는 듯한 상승 운동으로 다이나믹하다.

라이트의 존슨 왁스 빌딩은 천장의 전면을 광천장으로 하였다. 60개의 기둥은 밑이 가늘고 위로 퍼져 지붕 밑에서는 연잎과 같은 원반으로 퍼지며 높은 실내의 높이를 떠받친다. 그 사이는 파이렉스 튜브로 자연광을 내부에 투여한다. 이 억제된 고요함, 아마 우리는 이 실내 공간에서 연못의 물 속에서 치켜 본 연잎과 그 사이로 스며드는 햇빛을 연상할 것이다.

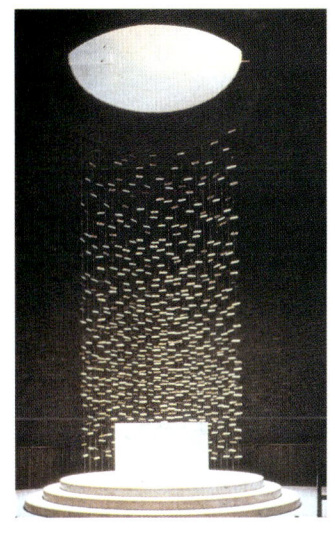

에로 사아리넨, M.I.T대학교회(1953~56) 제단을 밝히는 빛은 원통형 공간에서 금속 파편들을 타고 스미어든다.

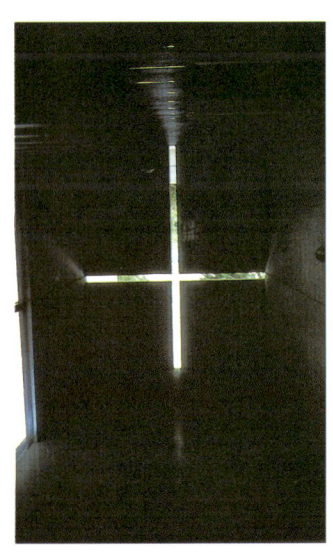

다카마스신高松伸, 키린 플라자(1987) 밤과 낮의 2개 얼굴이 다르다. 낮 동안의 반투명 유리 탑은 밤에 들어 발광체가 된다.

베로나의 크리스마스 별(1981) 조각; 낮과 밤의 연속 장면

안도 타다오, 빛의 교회(1988) 가라앉는 공간에서 각인되는 빛이 종교적 상징성이다.

프랭크 로이드 라이트, 존슨 왁스 빌딩, (1936~39) 천장을 받는 기둥 머리가 연못 밑의 수련처럼 보인다. (왼쪽)

언덕 위의 집 import-export phenomenon, 그리드 위의 투명, 불투명, DOMUS 625 1982~ (가운데, 오른쪽)

빛의 디바이스

좀더 적극적인 테크놀로지와 기법을 구사하는 건축도 있다.

빠리의 아랍문화연구소는 아랍의 문화를 서구에 알리는 거점으로 지어진 것이다. 건축은 현대적인 얼개를 바탕으로 하지만 여기에는 아랍의 전통적 감성을 수용하여야 함이 당연한다.

건축가는 카메라 렌즈처럼 빛을 변조하는 30,000여 개의 격판 조리개로 한쪽의 벽면을 구성하였다. 이 조리개가 만드는 문양은 현대적 추상화로 보이기도 하나, 그 이미지의 동기는 전통적인 아라베스크이다. 태양의 일사 조건에 따라 이 조리개는 자동적으로 조절되는데 광량이 많은 날씨에는 오므리고, 흐린 날에는 확대된다. 작가의 개념으로서 대상을 고정시키지 않고, 끊임없이 자연에 의해 조작되는 '현상의 조형'을 찾는 것이다.

빛은 물리이지만 자연의 동적 현상을 같이 한다. 그만큼 우리에게 다채로운 시각적 경험을 가능하게 한다. 빛은 인류역사 동안 줄곧 생활환경이었지만, 한편 종교만큼이나 불가해한 요소이다.

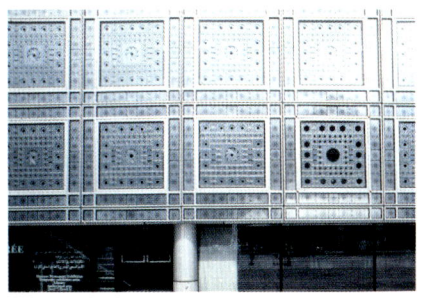 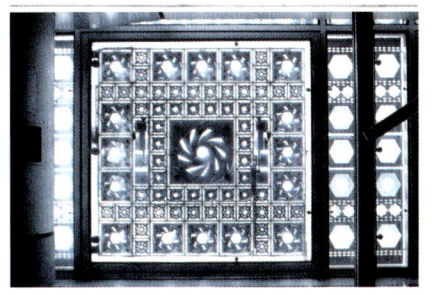

쟝 누벨, 아랍문화원 (1986) 왼쪽 외관, 오른쪽 내부 장면. 이 조리개의 장치가 햇빛의 정도에 따라 자동적으로 열리고 닫힌다. 그로써 건물의 외관이 동태적이게 된다.

3.7. 재료와 색채의 조형, 우리 눈앞의 일상

비너스를 대리석로 만들어진 원래의 것을 보는 것과 석고상으로 보는 것은 아주 다르다. 재료에서 느껴지는 시각적 촉감이 다르기 때문이다. 색채 역시 마찬가지이다. 아무리 발달한 인쇄의 매체를 통해 본다하더라도 대상이 원래 색채가 가지고 있는 빛과 공간의 관계에서 미적 체험은 다를 수밖에 없다.

그래서 재료는 단순하게 건축을 만드는 물질이 아니라, 자신의 옷을 지어 입는 시각적 사실이다. 물론 고급 재료와 싼 재료가 있으나, 그것이 건축의 질을 결정하지는 않는다. 그래서 어떤 값싼 재료라도 조형되는 뜻에 따라서는 더 이상의 가치를 갖는다.

재료 조형

재료와 건축조형의 진보

역사시대에서는 자연재의 특질이 존중되며, 주로 구조적 강도와 내구적 성능이 중요하였다. 그래서 건축의 작업은 좋은 석재나 목재의 생산지를 확보하는 일부터 시작된다. 초기의 건축은 간단한 수단으로도 그 구조와 조형이 가능한 일차구법으로 이루어진다. 목조나 석조는 주 재료가 구조를 해결하며 곧 마감재이기도 하다. 점차 재료는 구조와 마감의 역할을 분담하게 되면서 건축의 모습을 풍요롭게 한다. 미장과 모자익 등이 그러하고 석조도 양질의 대리석을 얇게 켜서 덧붙여 마감재료로 쓰였다.

다시 말해 건축의 재료는 단층에서 점차 여러 겹의 층화로 진보되어 간다. 단일 재료가 구체와 마감을 겸하던 것에서 구체와 마감이 분리되는 것으로 변하고, 구체와 기본재와 마감재가 구분되다가 현재는 여러 가지 표면처리 기법에 의해 몇 마이크론 두께의 표장을 갖기도 한다.

모더니즘시대에 콘크리트와 금속재는 그 뛰어난 구조적 성능으로 보편의 재료가 된다. 건축의 속살 안으로 숨겨 있던 콘크리트와 강재는 그의 각을 털고 표면으로 부상되며 시대형식을 만들었다.

근대 건축의 조각과 같은 조형은 콘크리트의 뛰어난 가소성으로 가

에렉테이온의 포티코 상세 건축의 재료는 구조체이면서 곧 마감을 이루며 동시에 장식의 소재가 된다. (왼쪽)

흙의 조형(14C) 흙벽돌과 진흙 마감으로 이룬 모스그 건축, 가장 유약한 재료로 구축되었음에도 불구하고 아직도 그 위용이 당당하다. (오른쪽) National Geography 1991.12.

능하게 되는 것이다.

콘크리트 구조를 이루기 위해서는 우선 만들고자 하는 형상대로 거푸집을 구성한다. 그 안에 철근을 뼈대로 심고 자갈, 모래, 시멘트를 물에 개어서 붓는다. 콘크리트를 붓는 현장은 매우 분주하고도 긴장된다. 적확하여야 하며, 시간을 지체할 수 없고, 연속성이 끊어져서는 안되며, 그리고는 콘크리트가 굳어지기까지 참을성 있게 기다려야 한다. 대개 4주일 정도가 되면 자신의 강도를 완전히 유지하게 된다. 그리고 겉의 거푸집을 떼어내면 의도한 형태의 콘크리트 구체가 나타날 것이다. 이 거푸집을 떼어내는 순간은 건축가에게, 마치 출산하는 경험과 비슷하다. 콘크리트는 거푸집 안에서 제대로 부어졌는지, 제대로 강도가 나오는지, 의도된 형상대로 유지되고 있는지, 혹시 기형이 태어나는지, 살결은 곱게 되었는지, 문제가 거푸집을 떼어내면서 비로소 알게 되는 것이다.

철강은 유리와 함께 허虛의 미학을 만든다. 미스의 미니멀한 조형은 요소의 제거로 거두어지며, 그나마 최소화된 철골의 단면적과 마지막까지 확장되는 유리에 의한다.

플라스틱 조형 거의 조각과 다름없는 형태적 자유로움을 본다.

투명성은 내외부의 경계를 소멸시킨다. 있되 없는 듯이 보이는 이러한 유리의 미학은 허의 추상성을 만든다.

현대건축에 이르러 유리의 표질은 크게 진보하여 일렉트로 크롬, 포토 크롬의 유리가 건축을 금속화하였다. 여러 가지 반사 코팅으로 만드는 반사유리는 극단적인 허의 사실을 만든다. 반사유리는 그나마 자신의 형상을 소멸시키고, 주변과 하늘을 자신의 모습에 담는다. 그 비추어지는 대상은 고정된 것이 아니기에 그 역시 현상의 사실이다.

P.P.G.는 미국의 유리회사 빌딩이다. 이 유리회사는 자신의 제품을 통해 얼마나 자유로운 건축의 모습이 가능한가를 과시하는 듯이 고딕이라는 역사적 양식을 빌려오기로 한 모양이다. 하늘을 치솟는 뾰족한 첨탑들의 구성으로 된 전체의 조형은 중세 고딕을 연상케 하나, 초고층 구조법과 어우러진 결과이다.

모더니즘 초기의 금속재는 단색조의 모습이었지만, 비철금속과 칼라 메탈은 현대건축이 훨씬 풍부한 표정을 짖게 했다. 금속성 프라스틱, 강화 프라스틱과 같은 인공합성재의 개발은 가소성과 표질성에서 조형의 임의성을 확대하였다.

고드후리드 & 페테르 뵘, 백화점 (1995) 구체에 달린 유리 막은 마치 드리워진 커튼과 같이 자유롭게 굽이진다.

통념의 극복

대부분의 재료는 오랜 시간 동안 우리의 생활 속에 같이 있어 왔기 때문에 어떤 기억과 의미를 간직하고 말한다. 석재는 무겁고 침묵하며, 목재는 따뜻하고 친근하지만, 금속은 강인하고 차갑다. 이와 같이 재료가 갖는 연상적인 기억은 손끝에서 전해진다.

근대주의까지 이러한 기본 속성은 작가가 신중하게 체득하여야 할 교과로 알아왔다.

그러나 현대건축에 이르러 이러한 상식은 거두어지며, 재료의 속성을 뛰어 넘어, 더 넓은 표현의 장을 끌여들였다. 내구성이 없다던 섬유질 재료가 강력한 구조재가 되며, 막대 형상이 통념이던 목재는 가소성을 얻을 수 있게 되고, 무겁다던 석재는 투명성을 구사한다. 그래서 재료는 쓰기 나름대로 사실이 된다.

이제 재료는 건축의 표현에서 부가적 요소가 아니라, 그 스스로 나서서 직접 말하기 시작한다.

필립 존슨, 피츠버그 유리 회사 본부(1979~84) 중세 고딕풍의 변조, 반사유리로 얻는 포스트 모더니즘 조형이다.

시게루 반, M.D.S. 미술관 종이 구조로 상당한 규모의 구체를 만들 수 있다. (왼쪽)

건축: 磯崎 新, 조각: 長澤英俊, 츠쿠바 范坡 센터 빌딩 환경미술 재료구사의 의외성은 형의 소재보다 큰 수단이 된다. (오른쪽)

조형예술로서 건축, 아름다움과 그 수단

구체와 재료 조형

건축의 구법에 소재가 적극 개입하면서 재료는 조형의 주체가 된다. 현대 건축은 형태보다도 재료의 물성 자체에 더 집요한 관심을 기울인다. 예를 들어 콘크리트는 무겁고, 무채색의 중성이며, 강인하고, 분명한 형태의 소질을 암시한다. 막구조를 가능하게 한 프라스틱 강화섬유, 비철금속의 강구조 조형 등이 그러하다.

뮌헨 올림픽 스타디움의 캐노피는 섬유재를 구조재로 쓰는데 그 원리는 큰 천막을 치는 것과 같다. 다만 천막천의 재료를 투명하게 하여 부유하는 '가벼움'으로 천개를 이룬다. 아마 세상에서 가장 가벼운 구조로써 장대한 공간을 덮는 형식이 될 것이다.

현대의 문화가 보편성에서 개별성으로 이행한다고 하였듯이, 통일과 규격화를 참지 못하게 된 현대 건축은 요소를 부단히 줄여가며 미니멀에 이르거나, 부단히 포섭하며 하이브리드(雜化)해진다.

니콜라스 그림쇼, 수퍼마켓 (1986~88), 보통 구조의 개념과 재료의 구사는 통합되는 사실이다. 이 건축에서도 철강의 강인함을 극대화하기 위해 접합 디테일이 전체 조형을 지배한다.

건축의 옷

건축이 표질을 갖는 것은 사람이 옷을 입는 것과 마찬가지이다. 우리가 속에 란제리를 입고, 블라우스를 입으며, 겉 옷을 입고, 외투를 걸치는 것과 같다. 육체의 보온과 보호만이 의상의 목적이 아니다.

여러 겹의 옷을 입는 것을 우리는 겉으로 표시한다. 속옷을 내보일 것까지야 없지만, 셔츠 위에 넥타이를 매고, 이를 잘 드러내기 위해 깃은 적당히 벌어져 있다. 모택동 스타일은 목까지 단추를 채워 한 겹의 옷밖에 표현하지 않지만, 현대의 의상은 이 겹의 표현이 중요해진다.

뉴욕의 파이낸셜 센터 Financial Center는 속옷에서부터 모두 4겹의 옷을 겹쳐있음을 드러내고 있다. 모더니즘의 레버하우스가 입고 있는 옷은 유리라는 한 겹이었다. 아니, 어쩌면 레버하우스는 벌거벗

도미니끄 뻬롤, 국립도서관(1995) 표면 유리 뒤의 목재 스크린, 투명함 뒤에 있는 서고가 햇빛에 염려스럽다. 이 압력에도 불구하고 도서관 서고의 통념을 투명함으로 깨뜨렸다. (왼쪽)

시저 펠리, 세계 재정 센터(1982~87) 자신이 모두 네 겹의 옷을 입었음을 겉으로 드러낸다. (오른쪽)

고 있는지 모른다. 이것이 모더니즘과 포스트 모더니즘의 외양 차이이다.

한국의 재료

박수근의 회화가 한국적이라는 것은 아주 쉬운 이해이다. 그가 그리는 대상, 한국 사람, 아낙네, 동네 풍경 등이 그렇지만, 가장 지배적인 회화적 요소는 캔버스 위에 칠해지는 두텁고 거친 질료와 갈색의 색조이다. 유화에서 물감을 개어 쓰는 테라핀 희석재는 기름기를 증발시키고 광택이 없는 건조한 표질이 되는데 그것이 우리의 심성이다.

어떤 인공재료의 개발에도 불구하고 우리가 토착재료에 대한 향수

한옥 부분 입면 위로부터 기와, 서까래, 기둥, 석회, 전, 사고석, 초석과 같은 잡다한 재료들이 건축의 구성 요소들이다. (왼쪽)

박수근, 아기보는 소녀(1962) 캔버스 위의 유채, 우리의 토착적 질료 (오른쪽)

를 가지고 있는 것은 누적된 기억 속에 익혀온 애정일 것이다. 우리 나라의 건축재료, 나무, 흙, 돌과 종이가 갖는 시각적 촉감을 소박, 담백하게 한다. 서양의 전통건축이 석재를 주조로 하거나, 일본 건축이 목재를 주요 수단으로 하는 것에 비해 한국의 전통소재는 다분히 복합적이다. 한옥의 조형을 구성하는 재료의 면모를 보면 위에서 아래로 다음처럼 구성되어있다.

기와(土), 서까래(木), 기둥(木), 석회(土), 문틀(木), 장식철물(鐵), 종이(木), 전博(土), 사고석(石), 석회(土), 장대석(石), 주초석(石)과 같이, 어떻게 보면 잡다한 재료를 구사하고 있다. 다시 말해 한국의 건축은 어떤 재료도 지배적으로 풍요롭지 못하므로 자연에서 얻을 수 있는 거의 모든 재료를 소재로 쓴다.

색채 조형

재료와 색채

모든 재료는 자신의 질감과 색채를 가지고 있다. 주로 자연 재료에 의존하던 역사시대 동안에 도시는 토착적인 재료와 색조를 가지게 된다. 그 보편성이 곧 풍토색이기도 하다.

이탈리아의 시에나Siena라는 도시는 여타의 유럽 도시가 풍부한 사암이나 석회암을 자원으로 가졌던 바에 비해, 석재의 자원이 충분하지 못하였다. 대신 풍부한 양질의 흙을 가지고 생산할 수 있는 벽돌이 주체적인 재료가 되었다. 이 갈색조의 흙으로 소성된 벽돌로 시가의 건축을 채워 간다. 자연히 도시 전체가 갈색의 풍경을 이루게 된 것이다.

우리가 수채화 물감의 색상 중에 Burnt Siena(구운 시에나)라는 것이

호삽 성곽의 마을 터키, 뵨 근교, 이 황량한 먼지 빛 마을에서도 삶은 피운다. (왼쪽)

이탈리아의 중세도시, 시에나 벽돌의 자체 색감으로서 갈색이 도시를 지배한다. (오른쪽)

있다. 바로 이 갈색의 이름을 짓게 한 것이 시에나의 도시 색채이다. 아마 이 물감을 시에나 풍경에 풀어 놓은 듯한 느낌을 연상하여도 좋을 것이다.

터키, 아나톨리아 고원은 불모의 황토이다. 이 황량한 환경에서도 사람들은 생존할 수 있는 방법을 체득한다. 햇볕에 말린 흙벽돌로 지을 수 있는 건축은 황토의 풍경으로 잠겨진다.

모든 재료는 아름답다.

만약 잘 되지 못한 결과가 있다면 그것은 디자이너가 잘 다루지 못하였기 때문이다. 싼 재료와 비싼 재료가 나쁜 재료와 좋은 재료가 구분되어 있는 것은 아니다. 싼 재료가 반드시 나쁜 재료인 이유가 없는 것이고, 비싼 재료라 하더라도 그것이 디자이너의 손에서 잘못 다루어지면, 추한 조형이 이루어진다는 사실이다.

재료에서 반발된 빛의 스펙트럼이 곧 색상, 명도, 채도라는 색채이다. 그래서 빛은 색채의 꽃밭을 만든다. 방위에 따른 일사 조건, 내

렘 콜하스, 넥서스 월드 일본의 색채를 흑색에서 찾았다. (왼쪽)

早川邦彦 建築研究所, The B(1988) 가변색 유리 / ∮85mm ～ ∮30mm Punched Steel Plate, Half Mirror의 텐트로써 28℃～37℃ 사이의 온도에 따른 가변색 유리로 실험중인 외장이다. (오른쪽)

부공간의 빛 환경은 재료조형에 있어서 아주 구체적인 정보로 대입되어야 한다. 영구음영 속에 있는 반사유리, 연색성이 나쁜 실내조명 조건에서 마감재의 색상은 쉽게 실패하는 사례이다.

모든 재료는 색채를 수반하는데, 대체로 자연재의 색채는 그 자신이 완벽한 색의 조화를 갖추고 있다. 그러나 인공재의 경우는 착색, 도장, 도금 등의 기법으로 디자이너가 결정하여야 한다. 색채는 단순한 감각의 문제가 아니라, 과학적인 해부가 가능한 대상이며, 많은 색채 이론가들이 색채 디자인의 여러 원리를 제안하고 있다. 그들은 색채의 세계를 과학적으로 규명하고, 조화, 대비, 악센트 등의 방법으로 일련의 좋은 시각적 구도를 구한다는 것이다. 그러나 현대건축에서 색채의 조형은 훨씬 자유롭다. 작가가 구사하고자 하는 조형의 개념이란 원리에 종속되는 것만이 아니라, 더 넓은 이해에 있기 때문이다.

막크 마크, 넥서스 월드(1991) 색채로 인해 더 선명해지는 입방체, 또는 입방체의 구조를 따르는 배색이다. (왼쪽)

로버트 벤츄리, 과학정보연구소(1978) 아주 단조로운 형태이지만, 색채로서 역동성을 이룬다. 《20th Century Architecture, Heinrich Klotz, Rizzoli》 (오른쪽)

모더니즘 과정까지만 하여도 색채는 부수적인 요소이었다. 그러나 현대 생활 환경은 넘치는 색채에 젖어 있다. 우리의 망막을 통해 수용되는 시각적 정보의 총량 중 색채가 차지하는 비중을 보면 쉽게 알 수 있다. 환경 디자인에서 색채는 비교적 적은 비용으로 큰 시각적 효과가 기대되는 경제적인 조형 수단이기도 하다.

색채와 그래픽

건축의 색채는 이미 동굴 주거에서부터 벽화를 장식하였듯이 선사시대부터 시작된다. 역사시대 이후 건축을 장식하는 벽화나 모자이크

하기아 소피아의 모자이크 모자이크는 벽화 다음으로 가장 오래된 장식 수단의 하나이다. 이 비잔틴의 회화성은 장식과 공간의 의미를 같이 전한다.

찰스 무어, 씨 랜츠 체육클럽(1971) 그래픽 – Martha and Jerry Wagner (왼쪽)

리트벨트, 쉬뢰더 주택(1924) 쉬뢰더 여사의 자택으로서 디 스틸의 예술이 직접 실내화된다. 기하학적 형태 요소들을 3원색의 색채로 분담시키고 여러 위치에서 공간적 구성을 이룬다. (오른쪽)

은 주제를 가진 회화성이었으나, 근대 추상예술의 영향 이후 그래픽 아트와 만난다. 건축은 보통 여러 가지 구조, 공간, 창호 등의 요소로 구성되는 입체형식이므로 색채는 이들 3차원의 요소를 따라 구성되기 쉽다. 네덜란드의 구성주의 작가인 리트벨트 Gerrit T. Rietveld 는 모더니즘의 색채 디자인의 전형을 만든다. 그의 쉬뢰더 주택에서 실 내외의 색채는 이들 요소들의 속성, 이른바 점, 선, 면의 구성을 따라 이루어진다. 이것이 20세기 추상예술인 몬드리안과 구성주의의 영향인 것을 알 수 있을 것이다.

모더니즘의 건축은 형태를 미니멀리즘에 가까운 단순화로 제한하는 대신, 원색과 다채색을 널리 구사한다. 포스트 모더니스트인 찰스 무어는 대부분의 설계를 그래픽 아티스트와 깊은 관계에서 작업한다. 그의 조형에서 수퍼 그래픽과 색채는 지배적인 요소이며, 옵 아트에 가까운 시각 경험을 하게 한다. 무어의 자택에서 채색 요소는 공간 전체를 장악하며 형태를 훨씬 두드러지게 한다. 또한 그의 낙천적 성격과도 같이 화제는 위트에 넘친다.

무채색 조형

눈이 와야 솔잎 푸른줄 안다는 말이 있다. 현란한 자연의 색채 세계

리챠드 마이어, 수공예 박물관 이 건축가가 백색에 집착하는 이유는 무채색으로 그의 공간을 더욱 명징하게 하는 것으로 보인다.

에서도 겨울, 절제의 계절은 독특한 색채의 미학을 우리에게 주지시킨다.

색채로부터 벗어나는 의도 역시 색채 조형이다. 무채색 또는 흑백으로서 색채를 제재하는 뜻은 색채로부터 방해받고 싶지 않은 나머지 조형적 요소를 중요하게 여기기 때문이다. 백색은 자연색에 존재하는 가장 기본적인 색채이며, 전통적으로는 완벽함과 순수함 그리고 명료함의 뜻으로 쓰인다.

마이어Richard Meier는 결벽증에 가까운 백색의 건축을 고집한다. 그의 백색은 공간과 빛의 거동을 보다 확연히 하는데 매우 중요한 조건이 된다. 백색은 마이어의 추상적인 공간이나 스케일에, 더욱이 자연과의 연관성에서 잘 작용한다.

우리의 환경은 인공적인 채색 이전에 이미 수많은 악세서리, 기호 등으로 점유당하고 있기 마련이다. 무채색으로서 흑과 백 또는 회색은 시각환경을 단조롭게 할 것이라는 우려가 있으나, 어떤 유채색이 제2차 채색을 조화시키는 것 보다는 무채색이 2차색을 수용하는 힘이 훨씬 더 크다.

색채의 상징성

색채는 어떤 기호보다도 큰 상징성을 띠기도 한다. 쉬운 예로 교통 신호의 적, 청, 황은 각기 위험(정지), 안심(출발), 경계(준비)를 뜻함으로 되어왔다. 1960년대 중국의 문화혁명 당시, 홍위병들은 교통신호의 적색이 뜻하는 '정지'가 중국 공산당의 상징인 붉은 색의 이념과 상치된다는 발상을 한 모양이다. 즉시 적색을 자신들의 이념처럼 '전진'으로 교통신호 체계를 바꾸었다. 그 날부터 교통사고가 속출한다.

색채에는 향기와 맛이 있다. 단순하게 이야기하여 색채마다의 향기는 자연향에서 기억된 심리적 결과이다. 노랑색과 레몬, 사과와 붉은 색과 같은 연상의 언어는 실제 디자인에서 사실로 구사된다.

백색은 순결, 청결과 같은 의미로 보편화되어 있다. 보통 병원의 색조가 백색인 것에도 그 이유가 있었을 것이다. 그러나 어떤 병원에서는 백색의 차가운 인상을 덮고, 밝고 부드러운 중성 색조가 그 병원 전체의 분위기가 되도록 하고 있다. 아마 환자들의 심리적 안정을 크게 도울 것이다. 이와 같이 색채는 상징성 뿐만이 아니라, 아주 구체적인 기능성을 가지고 있다.

대부분의 상징체계가 생활 속에서 양식화되어 굳어지는 것과 같이

렌조 삐아노+리차드 로저스+오브 아럽(기술), 국립 뽕삐두 예술 센터(1971~77) 빌딩에 필요한 수많은 파이프 라인이 기능별로 채색된다. (왼쪽)

하나여성 의원 서울. 담백한 유채색이 병원의 인상을 진화시킨다. (오른쪽)

색채도 오랜 일상성 속에서 익어 약속으로 공유되는 것이다. 여기에서 색채 심리학, 색채 생태학 등의 이론이 유효할 것이다.

색채의 지역성과 사회성

색채는 향토색과 같이 그 지역의 자연과 기후에 상관되며 지역성을 갖는다.
사막의 사람들은 모래 색에 익어 있고, 해안 지역은 푸른색을 먼저 선호한다. 실제로 우리나라의 남해안의 건축이 내륙지방보다 더 청색조를 띤다는 보고도 있다.
양광이 풍부한 지역과 음습한 지역이 선호하는 색채는 다르다. 지중해와 리베리아의 색채는 보다 명징하며, 북구는 조형에서 색채보다는 형태의 양감에 대한 관심이 더 강하다. 멕시코의 근대 건축가 바라간Luis Barragan은 멕시코의 전통성을 현대화하면서 그의 독창적인 작업을 보여주었다.
핑크, 보라가 크게 두드러지는 그의 색채는 멕시코의 전통에서 익어 온 것이다. 그는 공간을 기조색인 백색으로 하고 더하여질 색조를

루이스 바라간, 수녀원 성당(1959) 밝고도 진지한 종교적 색채

르 꼬르뷔지에, 롱샹 성당(1950~52~53~55) 전체적으로는 콘크리트와 백색의 무채색이지만 부분적인 원색이 공간 안에 상감되어 있다. (왼쪽)

레고레타, 까미노 레알 호텔(1968) 레고레타 Legorreta Arquitectos, 낙천적인 태양 아래의 멕시코 색채가 현대화되었다. (오른쪽)

공간화 한다.

색채는 어떤 다른 디자인의 요소보다도 민감한 사회적 속성을 나타낸다. 우리나라의 전란 중 사회를 지배하던 국방색과 카키색은 최근까지 우리 의식의 질곡처럼 되어 왔다. 유고슬라비아 내전, 동티모르에 파병되는 UN평화군의 베레모는 하늘색이고 군장차는 백색이다. 통념적으로 군인은 국방색 또는 카키색의 위장색이 통념이나, 이 평화군의 보호색은 백색이며, 곧 그 지역 시민을 향한 사회적 이미지가 되기도 한다.

버스의 도색이나, 도시환경 색채와 같이 공공부문의 색채는 대량의 색채로써 대중의 심리를 암암리에 장악하여 간다. 그래서 척박한 색채는 시민의 감성을 억척스럽게 만든다고 주장할 수도 있다.

오방색

한국의 전통색은 黃, 靑, 白, 黑, 赤의 5색이다. 이는 오행 사상에 연관되며, 중앙, 동, 서, 북, 남의 방위를 뜻하기도 한다.

우리나라의 단청은 같은 아시아 건축 중에서도 매우 독특하고 적극적인 색채의 구사를 보인다. 한국의 단청은 중국의 주朱에 비교하여도 세련된 것이고, 일본의 흑자색에 비교하여도 적극적이다.

한국의 단청은 단순한 채색 체계만이 아니라 상징과 심미를 위한 패턴을 화려하게 갖는다. 단청을 이루는 패턴은 기하 무늬와 연꽃, 구름 등의 자연 소재가 어우러진다. 한때 색채는 지배계급이 독점하기도 하여, 조선조에서는 민간건축의 색채는 제한하였다. 단청은 궁궐과 사찰에만 허용되고 민간 건축에서는 사용할 수가 없었다. 서민이 단청의 집을 가진다면 아마 상여를 탈 때일 것이다.

그러나 우리의 생활문화에서는 백의민족이라는 선입감과는 달리 매우 풍요로운 색채를 가지고 있다. 한국의 전통 색채는 색동, 섬유,

보자기 이 놀라운 안방의 가사 문화 (왼쪽)

단청 경복궁 근정전의 공포 부분 단청인데, 극채색조이나 이 색채는 처마 밑 그늘 속에 있어 들뜨지 않는다. (오른쪽)

보자기, 지紙 공예 등과 같이 생활문화 속에 정착되었던 것으로 보인다. 그들 색조는 자연 염료에서 얻어지는 것으로 매우 침착하고도 세련된 색채의 세계이었다. 푸른 쪽, 노란 치자, 붉은 잇꽃이나 소목, 지초, 황백 등의 식물성 염료는 침착하고도 뛰어난 중간색의 감각을 가능케하는 수단이다.

그것은 4계절의 변화가 무쌍하고 화려한 자연의 색채를 갖고 있었음에 무관하지 않을 것이다. 그러다가 언제부터인가 우리의 색채 환경은 척박해지기 시작하였다.

3.8. 환경 시스템으로서 건축, 그 생태학적 노력

이미 어떤 건축도 인간과 환경을 엮는 하나의 시스템이다. 앞서 이야기된 모든 건축의 요인, 도시, 대지, 공간, 구조, 설비, 가구 등이 얽힌 관계에서 건축이라는 시스템을 만드는 것이다.

여기에서 강조하는 것은 건축이 환경이라는 보다 원초적인 시스템 중의 한 부분이라는 점이다. 인공환경으로서 건축은 그의 양적 팽창을 거듭하는 동안 자연 환경을 잠식하며 피폐케 하였다. 그로써 이들 생태 관계에서 얼마나 건강한 관계를 유지하는가가 좋은 건축, 나쁜 건축의 기준이 된다.

환경과 건축

기본적으로 건축은 우리의 환경을 최선의 수준으로 유지하는 시스템이다. 환경의 의미는 매우 넓다. 사회적 인문환경은 건축과 문화 행위가 된다. 한편 지구의 환경에서 건축은 자연 생태를 바탕으로 성립된다. 보다 직접적인 생태 환경으로 말하자면 주로 대지, 열, 빛, 공기환경이 관련된다.

건축은 대지를 빌려 쓰고 빛과 열온을 자연에서 얻고, 공기를 호흡하여야 한다. 그런데 건축은 너무 이 환경자원을 무책임하게 빼앗는다. 이러한 문제 의식을 좀더 심각하게 생각하며 지구 생태의 보존과 건축 행위를 동조시키고자 하는 뜻이 있다. 특별히 이러한 대응 개념을 녹색 건축Green Architecture 또는 생태학적 건축Ecological Architecture이라 한다.

건축의 엔트로피 증대의 요인

생활의 향상은 소득, 기회, 장치, 에너지를 필연적으로 확대하여 가고, 그것이 곧 진보와 선진화의 조건이 되었다. 어떠하던 이를 대체할 수단이 없는 한 생활 향상과 에너지 소비 증대의 고리를 자를 수는 없다.

생활 환경의 자극도는 각종 매체에 의해 계속하여 상승시킨다. 비록 우리가 생활문화의 질을 높였다 하더라도 그 질의 향상 정도와 에너지 소모의 정도가 일치하는가는 의문이다. 우리가 생활 환경 중에서 전기 전자적 자극, 메디아에 의한 자극을 증대하며, 그것은 자극의 저항력 원리에 의해 끊임없이 자극을 증대시켜가기를 욕구하게 된다.

장식성에 의한 감성의 풍랑은 점차 증대일로를 이룬다.

조도는 지난 50년 사이에 약 200배 증대되어 왔으며, 색채는 척도가 분명하지 않으나 휘도와 채도에서 증대되어 간다.

생태학적 건축

사실상 건축은 여러 가지 사회 문화 행위 중에서 자연을 가장 넓게

죠지 프럼프, 유리병 집(1963)
1,800,000개의 병을 모아 집을 짓는다.

파괴하는 일 중의 하나이다. 건축은 스스로 자연스럽게 소멸되는 것이 아니라, 콘크리트, 플라스틱과 같은 비가역적 폐기물을 지구 위에 쏟아 내고 있다. 건축은 대지를 잠식하며 자연 생태의 양보를 강요한다. 건축은 엄청난 에너지를 소모하며 스스로 공해 물질을 토해 내고 있다.

여기에서 자원의 소모를 최대한 절제할 수 있는 태도를 모색하는 것이 생태학적 건축의 제1과이다.

지구 환경은 열역학 제 1법칙인 엔트로피의 원리대로, 결코 회복되지 않는다. 단지 우리는 그 파괴를 어느 정도 지연시킬 수 있을 뿐이다. 이 파괴를 최대한 지연시키려는 것에는 세가지 길이 있는데, 하나는 아껴 쓰는 일이고, 두 번째는 재활용이 가능하도록 하며, 세 번째는 자연으로 잘 회귀할 수 있도록 하는 것이다. 이 세 가지가 잘 지켜지면 건축은 훨씬 '지속 가능한 건축'이 된다.

먼저 건축은 꼭 필요한 만큼만 짓는 일이다. 사실상 우리는 가정, 사회, 국가 행위 중에 얼마나 많이 쓸데없는 공간을 가지고 있는지 모른다.

우리의 주택을 보아도 너무 큰 집이 문제이다. 큰 집은 자산의 포만감을 줄지는 몰라도 가정의 행복 조건이 되지 못한다. 오히려 너무 큰 집이 부자유스러운 가족 관계의 이유라는 것을 증명할 방법은 얼마든지 있다. 사회적으로도 우리 주변에는 필요한 범위 이상의 건축 행위가 널려 있다. 건축은 외양의 표현만들 위해서도 과잉하는 문제가 있다.

리사이클링은 일반적인 재활용과 건축의 재료와 설비들을 쉽게 자연으로 돌아가게 하는 것이다. 거의 영구히 삭지 않는 무기질 재료보다는 자연재가 좋다. 나아가서 그것을 다시 사용할 수 있으면 더 좋다. 건축의 수령을 가능한 길게 하는 것도 '지속 가능한 건축'의 일이다. 우리는 너무 쉽게 짓고, 너무 쉽게 건축을 폐기한다. 폐기 행위

어느 소시민의 주택 슬레이트 지붕의 복사열을 호박넝쿨이 가린다. 건축의 생태적 이해는 우리의 일상 속에 얼마든지 있다.

조형예술로서 건축, 아름다움과 그 수단

주택전 WOHEN 2000, 슈투트가르트
Stuttgart, multi-storey, house 6, Nature Housing, Karlasvszkolektz Kowalski, 1993, 태양열 이용 주택

HNS Architekten Hegger, 주택전 WOHEN 2000, IGA.#15, (1993) 태양열 이용 주택

는 곧 새 집을 필요로 하면서 자연의 소모를 부채질하는 것이다. 자원을 아낀다는 의미에서 최소한의 소재를 가지고 목적에 다다를 수 있다면 더욱 좋다. 사실상 무의미한 재료의 소모는 인건비의 증가와 함께 관리의 비용을 증대시킬 뿐이다. 아껴서 건축한다는 것은 단순하게 비용의 문제만이 아니라 하나의 미학적 태도가 될 수 있다. '최소의 미학' 이라는 의미는 우리나라 전통 건축에서 잘 나타나는 문화 의식이다. 아마 유교 사상이 바탕이 되면서, 건축은 장려한 조형보다도 소박하고도 꼭 맞는 환경을 더 가치있게 여기는 것이다. 그러한 가치관은 현대에서도 마찬가지여야 한다.

우리의 환경 에너지는 수자원, 화석 에너지 그리고 원자력 등을 열원으로 하여 전기, 냉난방, 동력 등을 만들어 쓰면서 엄청난 에너지원을 소모한다. 건축가들은 그밖에도 바람, 조류, 지열 등의 자연 에너지가 있다는 사실에 착안하였다. 그 중에서도 건축에서 가장 촉망받는 자연 에너지는 태양열이다. 이 태양열은 무의식적으로 빌려 쓰는 천혜이기도 하지만, 이용의 효율을 위해서는 기술, 설비, 관리의 경제성이 뒷받침되어야 한다.

태양 에너지와 건축

건축의 태양열 이용은 크게 소극적 방법Passive과 적극적 방법 Active의 두 가지 유형이 있다. 소극적 방법이란 특별한 기술적 설비를 동원하지 않고도 태양열을 받아들여 쓰는 방식이다. 쉽게 예를 들어 온실과 같은 것이다. 주택이나 빌딩에서도 온실처럼 태양 광을 흠뻑 받아들일 수 있는 투명환경을 일사 방향에 두고, 투과되어 들어온 에너지를 건축이 머금도록 하는 것이다. 기술적인 방법을 조금만 더 강구하면, 이 축열은 해가 지고 난 후에도 활용할 수 있다.

적극적 방법이란 태양열 수집판을 설치하여 에너지를 채집, 저장하여 쓰는 방법이다. 더 적극적인 방법은 태양열 전지이다. 소극적 방법은 적극적 방법에 비해 에너지 활용의 정도가 제한된다. 반면에 적극적 방법을 위한 기계설비의 유지관리가 어렵고, 관리비용이 필요하다는 점에 비해 소극적 방법은 큰 기술적 뒷받침 없이도 운영되는 반영구적 시스템이다.

풍력의 이용은 큰 바람개비를 만들어 직접 동력원으로 사용하거나,

오데이오 태양열 furnace. 남 프랑스의 이 태양열 爐는 148ft 높이의 약 10,000개의 조각거울로 이룬 거대한 초점 렌즈의 구조가 된다. 태양열은 초점을 향해 집중되어 강력한 에너지를 얻는다.

풍력의 이용 바람은 그 자체를 동력으로 할 수 있으며 발전 에너지가 되기도 한다.

발전할 수도 있다. 물론 바람의 자원이 충분한 해안이나 들판에서 유효하다는 제한성은 있다. 전통적으로 스칸디나비아 지방의 풍차가 대표적인 예이지만, 그 효율을 개선하는 기술적 모색이 이루어지고 있다.

물의 흐름도 귀중한 에너지 원이다. 전통적으로 물방앗간이 그러하다. 물론 충분한 수량과 흐름의 효율이 있어야하는 한계가 문제로 있다. 댐을 건설하여 수력발전 하는 것이 가장 보편적인 방법이나, 이미 수자원의 개발도 한계에 있다.

조력은 지역적인 규모에서 개발할 수 있다. 이 원리는 들고 나는 바닷물의 흐름을 수력 발전의 수단처럼 응용하는 것으로, 우리나라 서해안과 같이 간만의 차이가 큰 지역에서 유망하다.

자연과의 궁극 성

우리의 주변에서 벌어지고 있는 녹색 건축 Green Architecture의 개념은 크게 두 가지 방향으로 생각할 수 있다. 하나는 건축의 녹색 성능, 주로 에너지 절약을 위한 노력이고, 다른 하나는 이미지와

카에타노 페세, 오르가닉 빌딩(1993) 작가가 '수직적 정원'이라고 하는 이 건축의 개념은 생태적이지도 않고 자연의 애정도 없다. (왼쪽)

에밀리오 암바즈, ACROS(1988) 궁극적인 자연의 이해가 아니라 자연의 조형일 뿐이다. (오른쪽)

표현의 수단으로 자연을 빌리는 것이다. 아마 이 두 가지 뜻은 궁극적으로는 결합될 하나가 될 것이지만, 많은 경우가 제스처뿐일 것이 많다.

중요한 것은 건축이 존재하는 목적이다.

결국 건축이란 인간과 자연의 현상이 서로 어떤 유효한 성질을 나누는 것이다. 그래서 풍수지리의 사고가 새삼스러워 진다.

자연의 물은 생명원이며 우리를 정화시키고, 나무는 산소를 공급하며 그늘을 준다. 바람은 순화시키고 청량의 메커니즘이 강력하다.

자연은 자주 우리를 위협하지만, 더 넓은 아량으로 우리를 쓰다듬고, 섭생시키며, 더 근본적으로 '있을 수 있게' 한다. 자연의 역사에 비하면 아주 하잘 것 없는 순간에, 건축은 인공환경으로서 자연에 개입하여 왔다. 공존의 의식없이 지속되어 온 이 인공환경의 행패는 인류 문화가 자멸할 이유가 될지 모른다. 이미 많은 미래학이 이를 예감하고 있다.

근대화의 과정 중 도시와 건축은 짧지 않은 동안 자연과 건축 사이의 임차관계를 잊거나 소홀히 하였다. 경제에 지배된 도시, 관능에 기울어진 조형 그리고 탐욕과 삶의 질은 혼돈되었다. 이에 상대하여 자연은 피폐하며 순환의 섭리는 왜곡되었다.

결국 우리는 지난 실패의 끝에서 이를 되돌릴 시간이 부족함을 걱정하지만, 우리는 이의 해결을 비관하는 것만으로 책임을 벗어날 수 없다.

우리는 이러한 공존의 의식을 먼 미래의 이해에서가 아니라, 우리의 현재가 행복할 조건으로 알아야 할 것이다. 건축을 하되, 꼭 쓸만큼만 짓고 가급적 오래 쓸 수 있도록 지어야 하며, 에너지를 적게 소모하고, 재료는 다시 사용할 수 있거나 쉽게 자연으로 환원될 수 있어야 한다. 그것이 '그냥 있게 놔두었어야 할 자연'을 우리가 빌려 쓰면서 의식할 윤리이다.

3.9. 건축이라는 종합적 사실, 기술과 예술과 문화의 합창

이제까지 건축을 조형예술로서 말하기 위해 여러 가지 요인으로 갈라서 적을 수밖에 없었다. 건축을 이루기 위해 도시와 땅, 기능과 인간화, 형태, 공간, 구법, 재료와 상세, 빛과 색채, 생태학적 이해까지 그 요인은 첩첩이 겹쳐진다.

여기에서 다시한번 강조하여야 할 것은 이러한 요인들이 모두 개별적인 것이 아니라, 하나의 종합적 사실이라는 점이다. 그래서 건축은 신테시스Synthesis로 디자인하며 시스템System으로 구축되는 사실이다.

형태와 공간은 불이不二이며, 공간은 기능의 내용을 담고, 기능은 인간적 이해를 떠나 성립되지 않으며, 형태와 재료는 하나이며, 모두 구법으로 구축되지만, 재료는 색채와 같지 않고, 빛과 공간은 함께 된다. 실제로 이 많은 사실들이 어떻게 한꺼번에 생각되고 꾸려진단 말인가.

그래서 건축은 건축가가 혼자 못하며 여러 가지 컨설턴트의 지원으로 가능하다고 하였다. 우선 초기의 기획부터 그러하다.

건축을 이루기 위한 대장정

건축의 작업은 설계에 앞서 기획programming부터 XYZ로 엮어지는 사고의 구조가 시작된다.

기획은 설계에 반영될 모든 조건을 미리 예측-검증하고, 설계의 최적방향을 결정짓기 위해 여러 직종의 컨설턴트가 모여 뇌수腦髓를

프랭크 게리, 나쇼날러 네델란덴(1996) 기둥, 벽체, 창문, 허면, 돔, 모든 요소는 자신의 조형적 입장을 말한다. (오른쪽)

짜낸다. 건축주도 자신의 자산을 위해 편의성과 경제성 등의 여러 가지 이해를 요구할 것이고, 또 사회가 이를 어떻게 받아들일 것인가와 같은 사회적 윤리관 등 아주 추상적 가치까지 반영되어야 한다. 그러고 보면 프로그래머는 있지 않던 사실에서, 있을 사실을 위해, 여러 가지 있을 수 있는, 정보를 추수리는 것이다.

이러한 문제들은 우리 눈 앞에서 벌어지는 사실만이 아니라, 어느 정도 머리를 굴려야만 계산할 수 있는 경제와 효율의 가치가 있고, 작가의 미학과 윤리와 같은 추상적 가치가 또 있다.

물론 설계도 수많은 전문 기술분야의 지원없이는 불가능하다. 이 단계까지 건축은 도면으로 그려진 픽션일 뿐이다. 화가가 캔버스에서 붓을 떼는 순간 그림이 완성되지만, 건축은 이제 새로운 사실을 시작한다.

건축을 이 땅 위에 있게 하기 위해 시공의 과정에 들게 되면서, 땅이 파지고, 볼륨이 세워지며, 내용을 채우게 되고, 장식한다. 준공이라는 마지막 입맞춤으로 건축은 비로소 눈을 뜨고 숨을 쉬기 시작한다.

이 위대한 탄생까지 수십명, 수백명, 수천명, 수만명, 수십만명의 사람이 필요하다. 이러한 긴 시간동안의 과정을 궁극적으로 책임짓는 사람이 건축가인데, 그래서 우리는 그에게 종합적인 신통력을 요구하는 것이다. 물론 모든 건축가들이 그렇게 입체적인 사유에 능하고 구조적 사고에 뛰어난 것은 아니다. 많은 단세포성의 건축가들 때문에 이 시대의 건축 대다수가 의사불통으로 채워지는 것이다.

빌딩 시스템

도시와 대지와 자연의 정보는 건축이 그 위에 어떻게 얼마나 앉혀질 수 있는가를 종합한다. 만약 이들의 의사결정이 순조롭지 못할 경우

건축의 자태는 껄렁하거나 비윤리적이게 된다.

형태와 공간은 구조라는 아나토미anatomy에 의해 구축된다. 만약 이들 간의 의사결정에 애로가 있을 경우, 장애아가 탄생한다. 공간의 기능은 여러 가지 설비 시스템의 지원없이는 한시도 성능을 발휘할 수 없다. 만약 이 의사결정이 미진할 경우 미숙아가 생성된다. 어떤 건축도 궁극적으로는 인간과 환경을 엮는 하나의 시스템이다.

심미의 세계는 공간적 카타르시스, 형태적 안식감, 색채와 재료의 디자인 센스와 같은 조금은 뻔한 사실에서부터, 훨씬 철학적 메시지까지 여러 층으로 우리에게 미적 체험을 건네준다.

그렇게 건축은 아주 종합적인 사실이다.

우리가 건축의 한 부분을 단면으로 잘라보아도, 거기에 얼마나 많은 요인들이 종합되어 있는지 알 수 있다.

프랭크린 이스라엘, 브라이트 앤드 어소시에츠 (1991) 목제, 철조, 색채

예를 들어 창을 만들려 한다. 우선 창의 크기가 외관에서 얼마나 심미적으로 좋은 프로포션을 취하는가를 생각한다. 창의 크기는 단순하게 아름다움의 뜻으로 결정된 것이 아니라, 사실은 기둥간격과 수평구조 사이의 척도와 긴밀한 연관성을 갖는다. 즉 평면적으로 기둥들 사이의 간격을 몇등분하던지, 최소한 적절히 배분하는 치수가 체계화되어야 한다. 위층과 아래층 사이의 수평 구조체의 치수가 창의 높이를 지시하기도 한다. 창은 환기와 채광을 해결하기 위한 성능이 필요하다. 그래서 공기설비, 조명설비와 결부된다. 창 밑에는 대개 난방설비가 부착되고, 창 위에는 커텐 박스가 설치된다. 아마 이 부위에서 천장이 맞닥드려 있을 것이다. 창은 눈(目)이다. 그래서 안에 있는 사람에게 외부의 경치, 날씨, 자연의 정서 등을 안겨준다. 창은 여러 가지 유리 재료 중에서 선택되어 메꾸어지며, 창틀은 어떤 재료와 색채와 상세로 꾸밀 것인가를 구상한다. 문을 여닫는 방법은 당연히 중요하다. 나아가서는 유리를 어떻게 닦을 수 있는가의 방법도 강구하여야 한다. 이제 상세의 미학이 시작된다. 이상은 주로 창

이 기술적으로 취급되는 모양을 그리는 것이지만, 우리의 일은 거기에 그치지 않는다.

건축가는 창이 눈이라고 보면서 이를 통해 건축의 심성을 나타낸다고 본다. 이제 창은 상징이 되거나 감성을 갖기 시작한다. 창으로부터의 채광은 내부공간에서 빛의 뜻을 위한 수단이다. 여기에서 공간은 빛으로 침묵하거나, 빛으로 환성을 지르거나, 빛으로 적요하여진다. 건축가들은 이 빛에 철학적 의도를 싣고자 한다.

하나의 창이 디자인되기 위해 얼마나 많은 사고와 상상력과 기술성이 필요한지 .

구축적 사실

모더니즘의 건축은 가급적 이들의 복잡다난한 요소들을 뭉뚱그리는 것으로 조형되었다. 감춰질 것과 드러낼 것, 전위의 요소와 후위의 요소가 가려지고, 중요한 것과 덜 중요한 것이 가려진다. 건축의 내용에서도 주와 종의 엄연한 계급사회가 이루어진다. 그리고 모든 요소는 각각의 역할이 있지만, 주체의 요소인 형태를 위해 희생되거나, 뒤켠으로 감추어진다.

그러나 현대 건축에는 이들의 요소들이 각기 자기 할 소리가 따로 있다고 주장한다. 과히 건축 요소간의 민주화이다.

모더니즘 건축에서는 '형태'가 건축적 가치를 지배하면서, 다른 요소들은 묵묵히 뒤에서 성능을 발휘하는 역할만 맡았다. 그러나 그들 사이에서 어떤 혁명이 일어났는지, 이제 건축의 요소 중에서 구조는 감추어질 사실이 아니며, 설비는 내장이 아니고, 재료는 자신이 훨씬 더 건축의 질량을 표현할 주제라고 주장한다. 좋다! 이들의 의사를 존중하면서 그 개별성을 모아 합창하도록 하자 .

구조체는 조형의 골간을 확연히 하면서, 그 건축이 어떻게 지어지는

렘 콜하스, 쿤스트 할(1987~92) 대지, 건축의 구체, 요소, 재료의 귀납적 결과

지를 외관에서부터 잘 알 수 있게 된다. 재료의 물성은 더 분명한 가치로 인정되지만, 그러나 그들의 무작정한 주장이 건축의 형태와 공간의 소리를 흐리게 해서는 않된다. 공간은 그 혼자서도 충분히 존재할 수 있어야 하지만, 형태와 함께 빛을 기다린다. 빛은 더욱 표현적 사실이 되며 구체와 재료의 물성 표현을 돕는다. 피막은 접거나, 구기거나 꼴라쥬되거나 액상液狀이 될 수도 있다.

이와 같이 건축은 그 종합되는 수단들을 모두 드러내며 '구축 Tectonic' 된다.

요소에 대한 이해가 많고 복잡할수록 건축가는 이를 장악하고 요소 간의 분쟁을 제어할 수 있어야 한다. 만약 이를 수습할만한 제어력이 없다면, 아마 꽤 산만한 결과가 될지 모른다. 그렇지만 보다 많은 언어를 숨기지 않고 끌어내면서 건축은 더 많은 이야기를 할 수 있다고 믿는 것이다.

프랭크 게리, 구겐하임 미술관(1992~97) 전시공간은 미술의 예술적 전달을 주장으로 하기 위해, 건축은 침묵하는 것이 보편적인 규준이었다. 이 구겐하임 미술관에서 건축은 미술과 함께 자신을 관객에게 말하고자 자꾸 고개를 내민다.

결정론과 불확정성

건축이 하나의 사실이 되기 위해 어떤 것도 따로 노는 요인이 없다. 모두의 합창: 그렇게 만들어진 건축은 또 복잡한 이해에 얽히며 사회의 사실이 된다.

그렇다고 하여 이러한 요인들에 어떤 원칙이나 기준이 있다고 믿지 않는다. 오히려 모든 사실은 개별적이어서 그 상황마다의 판단이 따로 있다. 그것이 결정론으로서 미학을 믿는 모더니즘에 상대하여 건축이 더 어려워지는 현대건축의 불확정성이다. 어떤 믿을만한 원칙과 기준도 무색해졌다. 오히려 원리와 규준을 인정해서는 안된다. 비슷한 앞서의 체험이 있다고 하여도 그것을 다시 꺼내어 쓸 수는 없다. 모든 것이 결정되어 있는 것은 없기 때문에 모든 것은 처음부터 다시 시작해야 한다.

그렇다고 하여 불확정성이란 아무렇게 방임된다는 뜻은 아니다. 그

승효상, 웰컴 시티(2000) 도시에서의 한 사실을 만들기 위해 건축은 자기의 존재를 분명히 하지만, 자신의 뒤에 있던 건물들에 대해 앞을 틔운다. 그러기 위해 자신의 몸을 몇 등분해야 하였다.
그리고 자신의 내재적 성질을 위해서는 자기 몸안에 다시 공간을 만든다. 비어진 공간은 불확정적이지만, 이제 점유자들이 어떤 성능을 채워나가는 것이다.

에 그치지 않는다.

건축가는 창이 눈이라고 보면서 이를 통해 건축의 심성을 나타낸다고 본다. 이제 창은 상징이 되거나 감성을 갖기 시작한다. 창으로부터의 채광은 내부공간에서 빛의 뜻을 위한 수단이다. 여기에서 공간은 빛으로 침묵하거나, 빛으로 환성을 지르거나, 빛으로 적요하여진다. 건축가들은 이 빛에 철학적 의도를 싣고자 한다.

하나의 창이 디자인되기 위해 얼마나 많은 사고와 상상력과 가술성이 필요한지.

찾아보기

ㄱ

가든 글로브 커뮤니티 교회 258
가르니에 101
가와사키 고층아파트 194
가우디 29 30 93
간덴 44
강명구 128
갤러리 빙 234
갤러리 현대 257
거대한 아치 47 171
게란티 트러스트 빌딩 97
게리 217 290 296
결혼 예배당 29
경동교회 166
경복궁 근정전 86
경제 재정부 청사 47
경회루 184
계영빌딩 128
고딕 78 221 222
고창 읍성 247
공간사옥 151
공기막 구조 236
공업도시 101
과학과 산업 박물관 46
과학정보연구소 276
교육개발원 198
교정소 252 253
구겐하임 미술관 296
구겐하임 117 200
구성주의 105
국립도서관 271
국립민속학박물관 140
국립중앙박물관 45 150
국립중앙종합박물관 26
국제건축전시회 IBA 47
국제근대건축회의 113 125 129
국제연맹회관 125
국제연합 본부(UN) 126
국제주의 119 125 126 128
국회의사당 43
귀마르 92 93
귀엘 30 93
그라스고우 미술학교 96
그랑 프로제 46
그레고티 47
그레입스 157
그로피우스 102 113 248
그뤼커 주택 95
그림쇼 252 270
극소주의 〉 미니멀리즘
근접학 〉 프록세믹스 243
글라스고우 95
기거 153
기능주의 247 248
길드 하우스 156
길라델리 광장 246
길라르디 저택 141
김기웅 157 216
김석재 150
김수근 150 151 166 201 259
김원 234
김정수 128
김종성 248
김중업 149 166 198 210 242
까미노 레알 호텔 141

ㄴ

나쇼날러 네델란덴 빌딩 290
나이트 오브 컬럼버스 본사 144
나카긴 캡슐 타워 226
네르비 137 234
넥서스 월드 275 276
노동자 클럽 43
노이트라 127
노트르담 대성당 79
녹색 겔러리 206
누벨 46 258 265
뉴욕 금융 센터 190
뉴욕 컨벤션 센터 231
니마이어 138

ㄷ

다름슈타트, 예술인 마을 29 94
다카마스신 263
단케겐조 142
단위주거, 마르세이유 241
단테 가브리엘 로셋티 91
대우전자 본사 154
대한생명보험본사 사옥 204
덕수궁 석조전 110
데 스틸 104
데사우 바우하우스 103
도미노 120 224
도씨따니에 아파트 214
도쿄 올림픽 실내체육관 142
독립기념관 41
독일 건축 박물관 195
독일공작연맹 99 101
독일예술원 108
떼라니 107
또리노 홀 138
뚜르 토템 아파트 238
뚤루즈 미레이으 131 132
뜨룰리 34

ㄹ

라 뚜레뜨 수도원 121 206 262
라이트 109 114 117 200 264
라파엘 전파 91
러셀 호텔 88
러스킨 90
런던 박람회 88
레고레따 141 280
레버 하우스 126
레스터 대학 공학관 134
레이몬드 128
레이크 쇼어 아파트 119
로마네스크 77
로미오 줄리엣 아파트 135
로벨 주택 126
로비 하우스 115
로쉬 144
로스 28 99
로시 166
로이드 보험회사 154 239
로저스 153 238 239
로코코 82 83
롱샹 성당 121 122 280
루돌프 143 144
루드비호 29
루브르 박물관 197

르 꼬르뷔지에 31 120 206 224 241 262 280
르 바론 베르 208
리나산떼 백화점 136
리베스킨트 163
리옹 오페라 하우스 258
리차드 메디컬 연구 센터 248
리챠드 델레이 센터 143
리트벨트 105 277
릴라이언스 빌딩 96 97
링컨 센터 43

ㅁ

마드렌느 성당 87
마리나 시티 250 251
마이어 Hannes Mayer 125
마이어 Richard Meier 191 278
마추피추 77
마테라의 도심 재개발 173
막구조 235 270
맥킨토시 95
메디치 28
메타볼리즘 142
멕시코 대학 도서관 139
멘델존 100 101
모듈라 241
모리스 90
몬드리앙 104 105
몬트리얼 EXPO 미국관 233
몬트리얼 타워 132
무데하르 26 67
무솔리니 43
무어 160 277
뭉크 100
뮌헨 올림픽 주경기장 236
미국 전신전화 회사 159
미국관(몬트리얼 EXPO 67) 146
미군함 아리조나 기념관 176
미낙쉬 사원 75
미네아폴리스연방저축은행 231
미니멀리즘 152 209
미래주의 101
미술건축학관 144
미스 반 데어 로에 117 189 205
미야시마嚴島 (이츠쿠시마) 신사 176 177
미케네 24 59
미켈란젤로 50 82

미합중국의회당 88
민현식 181
밀라 저택 93
밀라노 대성당 32
밀워키 전쟁기념관 225

ㅂ

바그너 99
바나 벤츄리 주택 156
바라간 140 280
바로크 82
바르셀로나 박람회 독일관 118
바바노니아 26 27
바스꼬니 174
바우하우스 103
바이젠호프 주택전 118
바티칸 박물관 200
박길용(1899-1943) 111
박춘명 204
반 넬 공장 106
반공센터 44 45 150
배병길 257
백문기 213
버킷트 232
번함 97
베끼오 성관 박물관 23 137
베네치아 비엔날레 157
베랑제 공동주택 93
베렌스 102
베르니니 82
베르사이유 궁전 83
베를라헤 97
베를린 38 43
베를린 국제건축전 IBA 46
베를린 필 하모니 음악당 135
베스트 쇼룸 160
베흐니쉬 164 236 254
벤스베르흐 청사 135
벤츄리 156 276
벨라스카 탑 137
벵그라데쉬 의회당 210
병산서원 86
보나벤쳐 호텔 152
보타 208 220
보필 214
복자기념성당 151
본 의사당 253 254
봉정사 극락전 86

뵘 135
부르넬레스키 81
부뱅대학 기숙사 및 의학동 161
부오크센니스카 교회 124
분리파 98
불광동 성당 259
불국사 72
불레 186
붉은 집 90
브라이트 앤드 어소시에츠 293
브라질리아 138 139
브로이어 133 144
브루탈리즘 134
브릭크만 107
비비피알 B.B.P.R. 136
비엔첼 빌딩 99
비잔틴 건축 26 64
빌라 로툰다 81
빛나는 도시 120
빠리 지하철역 93
빠리 청소국 252
빠-빠니체 집 258
뺑귀쏭 213
뻬레 104
뻬롤 271
뽀르따 83
뽕삐두 센터 153 238 279
뻬렐리 타워 136
뻬아노 153 238 252

ㅅ

사브와 주택 120
사아리넨 145 172 198 211 263
사이트 SITE 150
사크사와만 77
산 마르꼬 65
산 빠올로 바질리카 63
산 삐에트로 광장 82
산 삐에트로 대성당 32 82 262
산주산겐도三十三間堂 74
산치 스투파(BC 273-150) 57
산텔리아 101
살라만카 대학 83
삼일빌딩 149 150
샤로운 135 188
서산부인과 의원 210
서울시교육위원회 149
석굴암 183

선재현대미술관 247
설리반 96
성 가족 성당 94
성모병원 카톨릭 의과대학 128
세계무역센터 145 230
세계재정센터 271
세리미에 회교사원 192
셰마토브 47
소크 연구소 148
솔레리 146
수공예 박물관 191 278
수녀원 성당 280
수니온 60
수정궁 89
수졸당 181
숲을 사랑하는 사람의 집 251
쉐이나차로 시청사 124
쉐이커 교도의 집 34
쉬르더 주택 105 277
쉬메라 수도원 177
슐레만 86
슐린 보석상점 162
스까르빠 23 137
스미슨, 알리슨, 피터 134
스위스 학생관 120
스타비오 주택 208
스탈린 양식 40 106
스털링 134 194
스토클레프 저택 99
스페인 하얀 집 35
스포츠 소궁전 235
스프렉켈센 47 171
스피어 42 107
스핑크스 55
승효상 181 194 286
시게루 반 269
시그램 빌딩 119 205
시드니 오페라하우스 30 209
시리아니 256
신 조형주의 104
신고전주의 86
신도리코 기숙사 181
신즉물주의 106
씨 랜츠 277
CNIT 전시관 235

아고라 60

아라타 이소자키 磯崎新 159 225
아랍 문화원 46 265
아르 누보 91
아몬 신전 55
아미엥 성당 33
아바즈 176
아방가르드 90
아부심벨 39
아사히旭 빌딩 111
아스카飛鳥 문화 73
아이겐 하아드 주택지구 98
아이모니노 173
아이작 뉴턴을 위한 기념물 186
아이젠만 47
아인쉬타인 타워 101
아잔타 암굴 사원 75
아카사 카리큐 赤阪離宮(영빈관) 109
아크로폴리스 37 59
아키그램 131
알까사르 황실 26
알렉산더 245
알버트 기념탑 28
알비니 136
알지에 개발개획 34
알테스 미술관 87
알토 123
암바즈 288
암석구의 도시 Mesa City 146
암스테르담 주식거래소 97
앙코르 와트 24 68
야마자키 145 230
약현성당 110
얀 199
에렉테이온 266
에른스트 루드비히 관 95
에소 본사 231 232
에스오엠(SOM) 126 143 144 229
에팟캇 234
에펠탑 89
엑스터 도서관 147
엠아티(MIT) 강당 235 263
영조법식 71
예술과 공예 Art and Crafts 90
예일대학 생화학관 145
예일대학 영국미술원 148
예일대학교 희귀본 도서관 260
오고르만 139

오디토리엄 빌딩 97
오르가닉 빌딩 288
오르세이 미술관 253
오르타 92
오사카 EXPO 미국관 237
오사카 EXPO 후지관 237
오사카성의 천수각天守閣 85
오사카 만국박람회 232
오스트리아 여행사 162 211
오토 236
올브리히29 94
YMCA 회관 129
와타나베 요지 152
웃손 30 209
웅거스 195
원정수 157 237
원주 만종교회 213
웨브 91
웰컴 시티 296
위트니 미술관 143
윈스로우 주택 115
유겐트 스틸 94
유네스코 빌딩 132
유니 카페 104
유리관 102
유소니언 115
유태 박물관 163
육군 군종센터 150
윤봉길의사 기념관 216
윤주헌 206
을지로16,17재개발지구 173
음악의 도시 196
이광노 149
이븐 툴른 모스크 66
이세신궁伊勢神宮 23 74
이스라엘 293
21세기 도시공원 164
이종상 259
이코노미스트 빌딩 134
이탈리아 시민궁전 108
이희태 151
인민대학습당 40
일 제슈 성당 83
일리노이 주정부 청사 199

ㅈ

자유센터 44 45 150
장제장(벽제) 201

전몰 기념관 213
전신우체국 43
전쟁 박물관 256
전주시청사 157
절대주의 105
절충주의 87
정인국 128 149
제3 인터네셔널 기념탑 106
제3스카이 빌딩 152
제국호텔 109
제르퓨스 235
제체션 관 99
제퍼슨 기념관 45
제퍼슨 기념탑 172
젱크스 163
조선은행 110
조선총독부 34 41
존슨 왁스 264
종로타워 172
존 헨콕 센터 151 229
존슨 144 269 258
주 그리스 미국대사관 114
주한 프랑스대사관 150
중국은행 218
중앙관상대 128
지앙지에스蔣介石 기념관 46
지하교회catacomb 63
지하저수조Yerebatan SarayI 178

ㅊ

차링 크로스 역 165
체르니코프 106
체육궁전(로마 E.U.R.) 138
체이스 만하탄 은행 137
최식 댁 191
충현교회 212
충효당 180 250
츄미 164
츠언스 대안탑 70
츠쿠바筑坡 문화센터 159 269

ㅋ

카가와香川현 청사 142
카라칼라 욕장 62
카르낙 대신전 32 38 184
카이저 빌헤름 교회 211
칸 147 210 261 248
칸딜리스 131

켈빈 256
코스타 139
코시엔甲子園 호텔 109
콜로세움 62
쿠로카와 키쇼 黑川紀章 226
쿡 131
쿤스트 디스코 226 246
쿤스트 할 164 295
크노소스 24 58
크라운 홀 119 189
클럭 98
클림트 98 99
키린 플라자 263
키타큐슈北九州 시립미술관 225
킴벨 미술관 149

ㅌ

타우트 102
타지마할 76 184
탈리어신 116 117
태고성太古城주택단지 251
테오티후칸 76 139
투베르쿠로이스 요양원 123
트리스탄 짜르 주택 100
T.W.A. 터미널 198 211
팀 텐 130

ㅍ

파구스 공장 102
파렐 162
파르네스 저택 81
파르테논 59
파시스트의 집 108
파이낸셜 타임스 인쇄공장 252
파인실버 46
파일 보딩겐 206
PAN AM 빌딩 143
판테온 62
팔라디오 81
퍼스트 내셔널 은행 228
퍼스트 인터스테이트 타워 152
페르가몬 아크로 폴리스 62
페르가몬 박물관 39
페세 288
페이 152 197 218
페트로나스 빌딩 228
펙스톤 89
펠리 190 228 271

펠찌히 101
평화의 문 166 242
포구앙스 동대전 70
포럼 데잘 174
POSCO빌딩 237
포스터 154 239
포스트 모더니즘 155 214
포트만 187
포틀란드 청사 158
표현주의 100 135
풀러 146 223 233
프라이스 176
프랑클린가 아파트 104
플럭-인 도시 131
피렌체 대성당 81
피사 사원 77
피츠버그 유리회사 본부 268 269
핀란드관 123

ㅎ

하기아 소피아 65
하나여성 의원 279
하늘의 집 178
하스하우스 159
하이브릿드 162 270
하이얏트 리전시 호텔 187
하이퍼 지어데직 돔 146
하투샤 55
한국은행 별관 157
한스워스 주택 118
핼프린 245
현수교 232
호프만 99
홀라인 159 162 211
홍콩 상하이 은행 본점 154 238
화신백화점 111
황궁皇宮 251
후기 르네상스 82
후기 모더니즘 151 166
후미히코 마키 200 204
훈데르트바사르 208
휘도브로 47
히로시마廣島 평화센터 142
히타이트 55
힘멜부라우 165

참고문헌

1 사회문화로서 건축 그 사회의 거울

- 安輝濬 편저, 國寶-20(繪畫), 藝耕産業社, 1986
- 韓國美術全集-12(繪畫), 同和出版社, 1973
- 김형국, 권태준, 강홍빈, 사람의 都市, 심설당, 1985
- Sigfried Giedion, *ARCHITECTURE AND THE PHENOMENA OF TRANSITION*, Harvard, 1971
- Building Press, *Springer Wien New York*, 2000
- Paul Holberion, *THE WORLD OF ARCHITECTURE*, Crescent, 1988
- Roger K. Lewis 저, 김현중 역, *A Candid Guide to the Profession ARCHITECTURE*, 도서출판 국제, 1999

2 역사에서의 건축 시간의 모습

- Sir Banister Fletcher, *A HISTOY OF ARCHITECTURE*, Butterworths, 1987
- 정인국, 서양건축사, 문운당, 1987
- H. W. Janson, Anthony F. Janson, *HISTORY OF ART*, Thamesa & Hudson, 2001
- Jan Gympel, *THE STORY OF ARCHITECTURE From Antiquity to the present*, Könemann, 1996

2.1 고대, 시간의 향기

- OUR WORLD' HERITAGE, *National Geographic Society*, 1987
- Dietrich Wildung, *EGYPT, FROM PREHISTORY TO THE ROMANS*, Benedikt Taschen, 1997
- Andreas Volwahsen, Henri Stierlin, *Architecture of the World INDIA*, Benedikt Taschen, 1997
- Henri Stierlin, *GREECE, FROM MYCENAE TO THE PARTHENON*, Benedikt Taschen, 1997
- Thomas Gordon Smith, *TUSCAN TO LAURENTIAN HOUSE*, Livermore California, 1979-80
- Ekrem Akurgal, *ANCIENT CIVILIZATIONS AND RUINS OF TURKEY*, N.E.T., 1993
- Cyril Mango, *BYZANTINE ARCHITECTURE*, Electa, 1986
- Rowland J. Mainstone, *HAGIA SOPHIA*, Thames and Hudson, 1988
- Henri Stierlin, *TURKEY, FROM THE SELCUKS TO THE OTTOMANS*, Taschen, 1998
- Godfrey Goodwin, *A HISTORY OF OTTOMAN ARCHITECTURE*, Thames and Hudson, 1992
- Martin Frishman, Hasan-Uddin Kahn 편, *THE MOSQUE*, Thames and Hudson, 1994
- Reha Günay, *SINAN, THE ARCHITECT AND HIS WORKS*, Yapı-Endüstri Merkezi Yayınları, 1997
- Marianne Barrucand, Achim Bednorz, *ARCHITECTURE MAURE*, Taschen, 1992
- The Fire of Excellence, *SPANISH AND PORTUGUESE ORIENTAL ARCHITECTURE*, Miles Danby, Garnet, 1997
- Brigitte Hintzen-Bohlen, *ART & ARCHITECTURE ANDALUCIA*, Konemann, 2000
- 中國建築科學研究院 편, 한동수, 양호영 공역, 中國古建築, 세진사, 1993
- 李允, 이상해, 한동수, 이주행, 조인숙 역, 중국건축의 원리, 시공사, 2000
- 정인국, 韓國建築樣式論, 일지사, 1995
- 西和夫, 穗積和夫 저, 이무희, 진경돈 공역, 일본건축사, 세진사, 1995
- Mario Bussagli, *ORIENTAL ARCHITECTURE*, Electa, Rizzoli, 1981
- Wojciech G. Lesnikowski, *RATINALISM AND ROMANTICISM*, McGraw Hill, 1982
- 박순관, 이기민 역, 합리주의와 낭만주의 건축, 국제출판공사, 1986
- Caroline Constant, *THE PALLADIO GUIDE*, Princeton Architectural Press and Croline Constant, The Architectural Press (London), 1987
- Manfred Wundram, Thomas Pape, Paolo Marton, *ANDREA PALLADIO*, Benedikt Taschen, 1990
- Rolf Toman, Achim Bednorz, *BAROQUE, ARCHITECTURE SCULPTURE, PAINTING*, Könemann, 1998
- 建築明治100年, 新建築 1966.6-월호

2.2 모더니즘의 개화 아방 가르드의 꽃밭

- Sigfried Giedion, *SPACE TIME & ARCHITECTURE: THE GROWTH OF A NEW TRADITION*, Harvard University Press, 1988
- Klaus Jurgen Sembach, *ART NOUVEAU*, Taschen, 1991
- 임석재, 불어권 아르누보 건축, 발언, 1997
- 細江英公, ガウディの宇宙, 集英社, 1985
- 임석재, 비엔나 아르누보 건축, 문예마당, 1995
- Kenneth Frampton, *G. A. DOCUMENT SPECIAL ISSUE 1851-1919*, ADA Edita, 1981
- *CHARLE RENNI MACKINTOSH*, Process: Architecture 50호, 1984
- Kenneth Frampton, *G. A. DOCUMENT SPECIAL ISSUE 1920-1920*, ADA Edita, 1981
- Hans Hollein, Catherine Cooke, *VIENNA DREAM & REALITY, Architectural Desin*, 55호, 1986
- Benedetto Gravagnuolo, *ADOLF LOOS, Art Data*, Idea Books Edizioni, 1982
- Wolfgang Pehnt, *EXPRESSIONIST ARCHITECTURE*, Thames and Hudson, 1992

- Hans M. Wingler, *BAUHAUS*, The MIT Press, 1981
- Paul Overy, *DE STIJL*, T & H, 1991
- *JACOB TCHERNYKHOV AND HIS ARCHITECTURE FANTASIES*, Precess 26, 1981
- 建築昭和史, 新建築 1975. 12월 임시증간호, 新建築社
- 尹一柱, 韓國 洋式建築 80年史, 冶庭文化社, 1966
- 尹一柱, 韓國現代美術史(建築), 國立現代美術館, 1978

2.3 모더니즘, 세계의 합창
- William J. R. Curtis, *MODERN ARCHITECTURE SINCE 1900*, Phaidon, 1996
- 建築の 20世紀, Delphi, 1998, 東京都 現代美術館 전시회 (1998. 7. 10-9. 6.)
- Reyner Banham, *AGE OF THE MASTERS*, Icon Editions Harper & Row, Publishers, 1975
- Walter Gropius, *WALTER GROPIUS, THE NEW ARCHITECTURE AND THE BAUHAUS*, The MIT Press
- Frank Lloyd Wright, *THE LIVING CITY*, Plume Books, 1970
- Frank Lloyd Wright, THE NATURAL HOUSE, Plume Books, 1970
- Werner Blaser, *MIES VAN DER ROHE, CONTINUING THE CHICAGO SCHOOL OF ARCHITECTURE*, Birkhäuser Verlag, 1981
- W. Boesiger, O. Stonorov, *LE CRBUSIER, Vol-1-8*, A. D. A. Edita, 1979
- *ALVAR AALTO, 1963-70*, Praeger Publishers, 1971
- Henry-Russell Hitchcock, Philip Johnson, *THE INTERNATIONAL STYLE*, W. W. Norton & Company, 1976
- *S.O.M. SKIDMORE, OWING & MERRILL Architecture and Urbanism 1973-1983*, Thames and Hudson, 1984
- 정인국, 현대건축론, 야정문화사, 1996
- *AESTHETICS AND TECHNOLOGY IN BUILDING, BY PIER LUIGI NERVI*, Harvard, 1965
- Sergio Los, Klaus Frahm, *SCARPA*, Taschen, 1994
- Nikolaus Pevsner, *Architectural Press*, 1996
- Nikolaus Pevsner, *AN OUTLINE OF EUROPWAN ARCHITECTURE*, Penguin Books, 1981
- Francisco Bullrich, *NEW DIRECTIONS IN LATIN AMERICAN ARCHITECTURE*, Studio Vista, 1969
- Wayne Attoe, *LA ARQUTIETURA DE RICARDO LEGORRETA*, Noriega Editores, 1993
- Yutaka Saito, *LUIS BARRAGAN*, Noriega Edotores, 1994
- Robert Stern, *New Directions in AMERICAN ARCHITECTURE*, Studio Vista, 1969
- G. E. Kidder Smith, *Souce Book of AMERICAN ARCHITECTURE*, Princeton
- David B. Brownlee, *LUISI. KHAN*, Rizzoli, 1991
- 韓國建築家 '80, 공간사, 1981
- 정인하, 김수근건축론, Spacetime, 2000
- 정인하, 김중업건축론, 산업도서출판공사, 1998
- Charles A. Jencks, *LATE MODERN ARCHITECTURE*, Academy Editions, 1980
- *GA Document 3호*, ADA Edita, 1981
- Kenneth Frampton, *G. A. DOCUMENT SPECIAL ISSUE 1970-1980*, ADA Edita, 1981
- Catherine Slessor, *ECO-TECH Sustainable Architecture and High Technology*, Thames and Hudson, 1997

2.4 모더니즘 이후, 개념의 시장
- Charles Jencks, *POST MODERNISM*, Rizzoli, 1987
- Chales Jencks, *POST-MODERNISM The New Classicism in Art and Architecture*, Rizzoli, 1987
- Chales Jencks, *THE NEW MODERNS From Late to Neo-Modernism*, Rizzoli, 1990
- PHILIP JOHNSON AND JOHN BURGEE, *Republic Bank*, Houston, Texas, 1981-84
- Andreas Papadakis & Harriet Waltson, Edited, *NEW CLASSICISM, Rizzoli*, 1990
- Robert Venturi, *VENTURI SCOTT BROWN AND ASSOCIATES*, 플러스, 1992
- Rob Krier, *ELEMENTS OF ARCHITECTURE*, AD Publication Ltd., 1983
- Alexander Tzonis and Liane Lefaivre, *CLASSIAL ARCHITECTURE The Poetics of Order*, The MIT Press, 1986
- Philip Johnson anf John Burgee, *AT & T Corporate Headquaters*, New York, 1979-84
- 現代アーキテクチャー選集-5, *ROBERT A. M. STERN Buildings and Projects*, Rizzoli, 1981
- Andreas Papadakis, Catherine Cooke, Andrew Benjamin, *DECONSTRUCTION*, Academy Editions, 1989
- *OMA, REM KOOLHAAS 1992-1996*, El Croquis 79, 1996
- ALDO ROSSI, *Building and Project*, Rizzoli, 1985
- 한국건축가협회, 한국현대건축총람, 기문당, 1998
- 한국건축가협회 편찬위원회, 서울올림픽건축, 한국건축가협회, 1988
- Michael Benedikt 편집, *CYBERSPACE*, The MIT Press, Cambridge, Massachusetts, 1992

3 조형예술로서 건축, 아름다움과 그 수단
- Jack L. Nasar편, *ENVIRONMENTAL AESTHETICS*, Cambridge University Press, 1988
- Andreas Papadakis편, *THEORY + EXPERIMENTATI- ON*, A. R. Academy Edition, 1993
- Anthony C. Antoniades 저, 윤도근, 유희준 역, *建築. 環境 디자인 原理의 전개*, 기문당, 1986

3.1 도시와 장소와 대지, 건축의 시작 점
- Charles K. Hoyt, *MORE PLACE FOR PEOPLE*, McGraw-Hill

Book Company, 1983
- Ronald Lee Fleming, Ronata von Tscharner, *PLACE MAKERS*, Harcourt Brace Jovanivich, Publishers, 1987
- Christian Norberg-Shultz 저, 민경호, 배웅규, 최강림 역, *場所의 魂*, 태림문화사, 1996
- *EMILIO AMBASZ*, Sigma Kino, 1991
- 李夢日, *韓國風水思想史*, 명보문화사, 1991

3.2 공간, 건축예술의 으뜸 요소
- 안영배, + 산조, 발언, 1999
- 김봉렬, 시대를 담는 그릇, 이상건축, 1999
- Richard Meier, *RICHARD MEIER ARCHITECT*, Rizzoli, 1984
- Bruno Zevi Joseph A. Barry (Editor), *ARCHITECTURE AS SPACE: How To Look At Architecture*, Da Capo Press, Incorporated, 1993
- Iain Mackenzie, *DYNAMISM OF SPACE: A THEOLOGICAL STUDY INTO THE NATURE OF SPACE*, Morehouse Publishing, Publication Date: July 1995
- *EERO SAARINEN*, A+U, 1983

3.3 형태, 아름다움에 이름
- Rudolf Arnheim, *THE DYNAMIC OF ARCHITECTUR-AL FORM*, University of California Press, 1977
- Christian Norberg Schulz, *MEANING IN WESTERN ARCHITECTURE*, Praeger, 1975
- Kurt Rowland, *THE DEVEMOPMENT OF SHAPE*, Ginn and Company Ltd.
- *ERWIN HEERICH Project*, Herausgegeben von Karl-Heinrich Muller
- Charles Moore, Gerald Allen, *DIMENSIONS Space, Shape & Scale in Architecture*, Architectural Record Books, 1976
- Francesco Dal Co, MARIO BOTTA, *ARCHITECTURE 1960-1985*, Electa, Rizzoli, 1985
- Alexander Tzonis and Liane Lefaivre, *CLASSIAL ARCHITECTURE The Poetics of Order*, The MIT Press, 1986
- Robert Jensen, Patricia Conway, *ORNAMENTALISM*, Potter, 1982

3.4 구조, 건축을 세우는 법
- デザイナーのための構造チシクリスト, 建築文化 7월호 臨時增刊, 彰國社편, 1972
- HUGH SUBBINS, Process: Architecture 10호
- *THE STRUCTURAL ARCHITECTURE OF CHICAGO*, 高山正實 편, Process: Architecture 102호, 1992
- 日本萬國博覽會, 建築文化 1970.4월호
- EXPO'70, Osaka, 新建築 1970.5월호

- Reyner Banham, *MEGASTRUCTURE, Urban Futures of the Recent Past*, T & H, 1976

3.5 기능, 건축을 인간에 가깝게 하기
- C. M. Deasy, *DESIGN FOR HUMAN AFFAIRS*, Schenkman Publishing Company, 1974
- John Darragh & James S. Syder, *Museum Design, PLANNING AND BUILDING FOR ART*, Oxford University Press, 1993
- Edward T. Hall, *THE HIDDEN DIMENSION*, Doubleday Anchor Book, 1969
- *LAWRENCE HALPRIN*, Process, 1978
- Lawrence Halprin, *THE RSVP CYCLES, CREATIVE PROCESSS IN THE HUMAN ENVIRONMENT*, Braziller, 1979
- Oscar Newman, *DEFENSIBLE SPACE Crime Prevention Through Urban Design*, Macmillan Publishing Co., 1973
- *THE FACES OF CITIES AND ARCHITECTURE: The Climate of the Moddle East and India*, Process: Architecture 53호, 1985

3.6 빛의 조형, 보이는 것 이상
- 東宮傳, 東宮洋美, *世界の建築照明とライトアップ*, 學藝出版社, 1990
- Jean Butterfield, *THE ART OF LIGHT + SPACE*, Abbe-Ville Press, 1993

3.7 재료와 색채의 조형, 우리 눈앞의 일상
- *ERIC OWEN MOSS*, Rizzoli, 1991
- 박돈서, 건축색채론, 아주대학교 출판부, 1998
- カラープランニングセンタ 編, *環境色彩デザイン, 調査から設計まで*, 美術出版公社, 1984

3.8 환경 시스템으로써 건축, 그 생태학적 노력
- Dorothy Mackenzie, *GREEN DESIGN, DESIGN FOR THE ENVIRONMENT*, Laurence King Ltd., 1991
- Brenda and Robert Vale, *GREEN ARCHITECTURE, DESIGN FOR A SUSTAINABLE FUTURE*, T&H, 1991
- Ian L. McHarg, *DESIGN WITH NATURE*, Doubleday, Natural Histoty Press, 1971
- Werk Stadt Wohnen, Stuutgart, 전시회, 1993. 5. -10.
- *EMILIO AMBASZ INVENTIONS*, Rizzoli, 1992

3.9 건축이라는 종합적 사실, 기술과 예술과 문화의 합창
- *FRANKLIN D. ISRAEL*, Rizzoli, 1992
- *FRANK D. GEHRY*, C3, 1998. 1/6